Kanban

kurz & gut

Kanban

kurz & gut

Susanne Bartel

O'REILLY®

Susanne Bartel

Lektorat: Alexandra Follenius
Copy-Editing: Sibylle Feldmann, *www.richtiger-text.de*
Satz: III-Satz, *www.drei-satz.de*
Herstellung: Stefanie Weidner
Umschlaggestaltung: Karen Montgomery, Michael Oréal, *www.oreal.de*
Druck und Bindung: mediaprint solutions GmbH, 33100 Paderborn

Bibliografische Information der Deutschen Nationalbibliothek
Die Deutsche Nationalbibliothek verzeichnet diese Publikation in der Deutschen Nationalbibliografie; detaillierte bibliografische Daten sind im Internet über *http://dnb.d-nb.de* abrufbar.

ISBN:
Print 978-3-96009-178-3
PDF 978-3-96010-704-0
ePub 978-3-96010-705-7
mobi 978-3-96010-706-4

1. Auflage 2023

Wieblinger Weg 17
69123 Heidelberg

Hinweis:
Dieses Buch wurde mit mineralölfreien Farben auf PEFC-zertifiziertem Papier aus nachhaltiger Waldwirtschaft gedruckt. Der Umwelt zuliebe verzichten wir zusätzlich auf die Einschweißfolie. Hergestellt in Deutschland.

PEFC-zertifiziert
Dieses Buch stammt aus nachhaltig bewirtschafteten Wäldern und kontrollierten Quellen
PEFC
PEFC/04-31-0810
www.pefc.de

Schreiben Sie uns:
Falls Sie Anregungen, Wünsche und Kommentare haben, lassen Sie es uns wissen: *kommentar@oreilly.de*.

5 4 3 2 1 0

Für Leia, Mila, Luke und Andreas

Inhalt

Teil I: Der Einstieg

Teil II: Die Kanban-Praktiken

Teil III: Ihr Start mit Kanban

Teil IV: Weiterführende Themen

Geleitwort

Von Zeit zu Zeit sitze ich auf meinen Flügen vorne im Flugzeug und unterhalte mich mit den Geschäftsleuten neben mir. »Erzählen Sie mir, womit Sie Ihren Lebensunterhalt verdienen?«, fragen sie mich. »Unternehmen bezahlen mir Geld, um ihren Managern den gesunden Menschenverstand beizubringen.« Diese Antwort erscheint etwas salopp, aber sie hat eine tiefe Wahrheit.

»Stop starting, start finishing« ist ein Satz, den ich zum ersten Mal im Winter 2004 bei einem Team verwendete, das für mich an einem Technologieprojekt in der Mobilfunkabteilung von Motorola arbeitete. Heute hat es sich als Mantra durchgesetzt.

In unserem persönlichen Leben erkennen wir die inhärenten Wahrheiten solcher einfachen Ratschläge: Ist es besser, immer wieder neue Projekte rund um das Haus zu beginnen und nie etwas zu beenden, oder sollten Sie sich darauf konzentrieren, ein Projekt abzuschließen, bevor Sie das nächste beginnen? Fragen Sie dazu gern Ihren Partner!

Wenn Ihre Arbeit unsichtbar ist – finden Sie einen Weg, diese sichtbar zu machen. Wenn man mit anderen zusammenarbeitet, scheint es fast essenziell, die gemeinsame Arbeit sichtbar zu machen, und doch war dies vor 20 Jahren ein revolutionärer Ratschlag.

Fragen wie »Wer sind Ihre Kunden?«, »Worum bitten sie Sie?«, »Was tun Sie, um diese Anfragen zu erfüllen und zu liefern?« und »Wie geht es weiter, wenn Sie fertig sind?« scheinen einfache Fragen zu sein, die jeder Manager beantworten können sollte. Und dennoch tun sich Manager, die ich treffe, mit diesen Fragen oft schwer, wenn es um immaterielle Güter, Wissensarbeit und professionelle Dienstleistungen – die modernen Industrien des 21. Jahrhunderts – geht. Fortgeschrittenere, exotischere Fragen wie »Warum haben Ihre Kunden Sie darum gebeten?«, »Welcher Zweck oder Grund steckt hinter der Kundenanfrage?«, »Was sind die Kundenerwartungen an die Lieferung?« und »Mit welchen Risiken müssen die Kunden umgehen, die zu diesen Erwartungen führen?« übersteigen die Fähigkeiten der meisten Manager in modernen Unternehmen bei Weitem.

Wenn es unsichtbar ist, machen Sie es sichtbar. Wenn der Arbeitsfluss, der zur Fertigstellung erforderlich ist, unsichtbar ist, machen Sie ihn sichtbar. Was ist die zu erbringende Leistung? Wenn die Art der Arbeit bekannt ist, machen Sie diese sichtbar. Wenn Sie nicht über unbegrenzte Kapazitäten verfügen, machen Sie Ihre Kapazität, Ihr Work-in-Progress-Limit, sichtbar. Wenn die Anfrage mit Risiken verbunden ist, machen Sie diese sichtbar. Beginnen Sie erst mit neuer Arbeit, nachdem Sie laufende Arbeiten abgeschlossen haben. Im Nachhinein erscheinen diese Dinge auf gesundem Menschenverstand zu beruhen, und doch waren es revolutionäre Ideen, als ich mich vor etwas mehr als 20 Jahren auf diese Reise begab.

Managen Sie die Arbeit und nicht diejenigen, die die Arbeit erledigen. Beschränken Sie die Menge der Arbeit und nicht das Zeitfenster, das für die Erledigung der Arbeit zur Verfügung steht. In einer physischen Umgebung scheint dies offensichtlich zu sein: Wenn Ihr Kunde einen Espresso bestellt hat, machen Sie ihm einen. Wenn Ihre Espressomaschine über zwei Siebträger verfügt, können Sie nicht mehr als zwei Espressos gleichzeitig zubereiten, die Bestellung für einen dritten muss also in die Warteschlange gestellt werden, bis freie Kapazitäten vorhanden sind. Auch hier ist es gesunder Menschenverstand, aber niemand dachte so über Probleme der Wissensarbeit nach, bis ich diese Ideen als Kanban-Methode populär machte.

Die Einführung dieses gesunden Menschenverstands in die IT-Abteilung von Microsoft im Jahr 2004 führte zu spektakulären Ergebnissen: Die Produktivität der von den Kunden geschätzten IT-Systemfunktionen verdreifachte sich, während die Lieferzeiten um mehr als 90 % sanken und die termintreue Lieferung von 0 auf 98 %

stieg. All dies wurde innerhalb von weniger als einem Jahr erreicht – fast ohne Geld, ohne zusätzliches Personal und ohne Änderungen an den zugrunde liegenden Prozessen und der Softwareentwicklungsmethodik. Die einfache Anwendung des gesunden Menschenverstands, die zu einer besseren Entscheidungsfindung im Management führte, erzeugte spektakuläre Ergebnisse.

In der Einfachheit liegt eine immense Kraft. Ein paar einfache Regeln für das Management in modernen Unternehmen können zu spektakulären Verbesserungen führen. Verbesserungen, die so peinlich beeindruckend sind, dass der gesunde Menschenverstand unmöglich dafür verantwortlich sein kann. Sicherlich muss doch die Komplexität der Probleme komplizierte Lösungen erfordern, die so groß und schwer umzusetzen sind, dass nur eine kleine Elite sie bewältigen kann? Das ist die Herausforderung für das Ego, mit der wir zwei Jahrzehnte lang gerungen haben.

In diesem Buch zeigt Susanne Bartel, wie die Kraft in der Einfachheit der Kanban-Methode liegt. Wie ein paar einfache Regeln Ihre Leistung revolutionieren und Ihr Leben irreversibel verändern können.

David J. Anderson

Bilbao, März 2023

Vorwort

Viele Menschen verbinden mit Kanban die weitverbreiteten »Zu erledigen«-, »In Arbeit«- und »Abgeschlossen«-Boards mit bunten Aufgabenzetteln. Im Internet werden häufig Zettellisten am Kühlschrank als »Kanban« angepriesen. Sicherlich ist das ein guter Ansatz, Ihren Haushalt zu organisieren, in der Kanban-Methode steckt jedoch wesentlich mehr. Mit diesem Buch möchte ich ein vollständiges Bild der Methode zeichnen und dabei helfen, die großen Potenziale bekannter zu machen. Kanban ist eben deutlich mehr als Klebezettel an der Wand. Im Folgenden werden Ihnen daher methodische Grundlagen solide vermittelt, Beispiele vorgestellt und viele praktische Informationen gegeben, die Ihnen den Start und die kontinuierliche Arbeit mit Kanban erleichtern werden.

Für wen sich dieses Buch eignet

Das Buch richtet sich mit der Mission »Kanban for the Masses« an ein breites Publikum. Es wendet sich dabei sowohl an Einsteiger in das Thema als auch an Fortgeschrittene. Fokus des Buchs ist der effektive Einsatz der Methode in Unternehmen. Sicher werden Sie jedoch auch viele Anregungen für den Einsatz beispielsweise daheim oder in Ihrem lokalen Turnverein mitnehmen können.

Das Buch ist für Sie geeignet, wenn Sie mit Kanban in einem Team oder auch direkt teamübergreifend starten oder sich zunächst nur orientieren möchten, um sich entscheiden zu können, ob Kanban für Sie geeignet wäre. Falls Sie Kanban bereits im Einsatz haben, finden Sie viele praktische Tipps zur Umsetzung der Prinzipien und Praktiken sowie Impulse für weitere Entwicklungsschritte.

Das Buch wendet sich einerseits an Personen, die Kanban praktizieren möchten. Diejenigen finden neben nötigen Hintergrundinformationen viele praktische Hinweise, die bei der Anwendung der Methode helfen werden. Andererseits bietet es Führungskräften, die das Potenzial der Methode beurteilen und eine Einführung im eigenen Unternehmen in Erwägung ziehen oder konkret angehen und effektiv unterstützen möchten, die dafür nötigen Informationen.

Wie arbeitet man mit diesem Buch

Wenn Sie bisher kaum Vorkenntnisse zum Thema Kanban haben, ist das Buch für Sie so aufgebaut, dass Sie es von Anfang bis Ende einfach durchlesen können.

Einen Überblick über Kanban bekommen Sie in Teil I, *Der Einstieg*. Hier lernen Sie Motivationen für die Methode, die Kanban-Prinzipien und wichtige Grundbegriffe kennen. Teil II, *Die Kanban-Praktiken*, macht Sie mit den sechs Praktiken von Kanban, deren Motivation sowie der praktischen Umsetzung der Praktiken vertraut. Teil III, *Ihr Start mit Kanban*, unterstützt und begleitet Sie bei der erfolgreichen Einführung von Kanban in Ihrer Organisation. Dort lernen Sie auch drei Anwendungsbeispiele aus der Praxis kennen.

So sehr mir das Thema Kanban-Coaching auch am Herzen liegt: Dieses Buch endet da, wo das Coaching so richtig anfängt. Natürlich sind grundlegende Überlegungen zu Veränderungsaspekten und zur Einführung bereits Teil dieses Buchs. Im abschließenden Teil IV, *Weiterführende Themen*, finden Sie neben anderen fortgeschrittenen Thematiken wie Upstream und Skalierung auch eine kurze Einführung in das Kanban-Coaching.

Sollten Sie schon Grundwissen haben und zu einzelnen Themen eine Vertiefung oder praktische Tipps suchen, können Sie auch das Inhaltsverzeichnis oder den Index nutzen, um die eine oder andere Abkürzung zu nehmen.

Jeweils am Ende der Teile I bis III finden Sie im Abschnitt »Reflexion« einige Angebote zur Wiederholung und zum Transfer des Gelesenen in Ihren Kontext. Die dort enthaltenen Rätsel und Fragestellungen können Sie zur selbstständigen Reflexion nutzen.

Danke!

Meine eigene Reise zu und mit Kanban startete mit der Masterclass bei David J. Anderson. Diese hat ein Fenster in eine für mich neue Welt geöffnet und den ersten Kontakt zu einer großartigen Community hergestellt. Seither sind die Kanban-Community und auch die gemeinsame Arbeit mit David stetiger Quell für Inspirationen, neues Wissen und Impulse. Danke.

Ein großes Dankeschön gebührt ebenso den vielen Teilnehmenden an meinen Kanban-Kursen im Laufe der letzten Jahre. Zu lehren bedeutet zu lernen! Viele – oftmals zunächst überraschende – Fragen haben mich gezwungen, neue Perspektiven einzunehmen, Dinge zu hinterfragen und Themen tiefer zu erkunden. Gleiches gilt für das weltweite Trainer- und Beraternetzwerk der Kanban University. Die Ausbildung von Kanban-Trainerinnen und -Trainern ist stets eine große Freude.

Hier im Norden der Republik ist die norddeutsche »Agile by Nature«-Truppe beheimatet. Auf dem »Agile by Nature«-Camp 2022 konnte ich mich zu meinem Buchprojekt austauschen und auch einen großen Teil der Reviewer rekrutieren, bei denen ich mich sehr bedanken möchte: Per Jochumsen, Stephan Potapski und Thorsten Sturm.

Außerdem danke an Hennry Bode und meine deutschen Trainer- und Beraterkolleginnen und -kollegen Mark Geschke, Mathias Tölken, Wolfgang Wiedenroth, Sven Günther, Thomas Epping, Silke Noll aus »Down Under« und natürlich meinen Mann Andreas Bartel für den fachlichen Review und die Unterstützung.

Vielen Dank auch an die drei Organisationen, die offen in den Interviews über ihre Kanban-Reise berichtet haben! Die gemeinsame Reflexion war wirklich spannend. Die Ergebnisse finden Sie in den Interviews in Kapitel 12, *Beispiele aus der Praxis*.

Zum Thema *Flow*, Zusammenarbeit und Anwendung von flusssteuernden Kanban-Praktiken waren die vielen Okaloa-Flowlab-Workshops wertvoll, und zwar sowohl als Teilnehmende bei Workshops von Patrick Steyaert und Arlette Vercammen als auch moderierend mit vielfältigen Gruppen und Set-ups. Die Möglichkeit, auch weiterführende Techniken zu simulieren und zu erproben, hat mir sehr bei der Vertiefung meines Wissens geholfen und mich ermutigt, diese dann in der Praxis einzusetzen.

Danke ebenfalls an meinen geschätzten Kollegen und Freund Rolf Dräther, der mich mit der Idee für dieses Buch mit dem Verlag in Kontakt gebracht hat. Und natürlich an Alexandra Follenius, die die Entstehung dieses Buchs mit Rat und Geduld begleitet hat.

Die Reviewer stellten mir übrigens die Frage: »Wieso die Fische auf dem Cover?« Nun ja, die ganzen knuddeligen Tierchen waren schon alle vergeben, und Fische haben ja einen deutlichen Bezug zu Wasser und Flüssen bzw. dem Fluss. Bei den beiden dargestellten Fischen handelt es sich um zwei Exemplare der Art Catlabarbe. Schauen Sie gern in das Kolophon am Ende des Buchs, dort können Sie mehr zu den Catlabarben erfahren.

Somit kann ich diesen Abschnitt mit einem Zitat von Douglas Adams schließen:

»Thanks for all the fish!«

TEIL I

Der Einstieg

KAPITEL 1

Einführung

In diesem ersten Kapitel bekommen Sie einen Überblick über Kanban. Es wendet sich damit vor allem an Einsteiger in das Thema. Aber auch wenn Sie bereits einige Vorkenntnisse mitbringen, überfliegen Sie es gern noch einmal.

Nach einer ersten kurzen Orientierung lernen Sie hier typische Motivationen für die Anwendung von Kanban kennen: Weshalb wird Kanban eingesetzt, und welche Vorteile bringt es? Wie könnte »Eine Woche mit Kanban« aussehen? Abschließend werden die verschiedenen Ausprägungen von Kanban und das Reifegradmodell Kanban Maturity Model (KMM) angesprochen.

Was ist denn nun dieses Kanban?

Eine der spannendsten Übungen in unseren Kanban-Kursen lautet: »Was ist denn nun dieses Kanban?« Hier bitten wir die Teilnehmenden am Kursende, dies einem fiktiven Gesprächspartner zu erklären. Nach kurzem Überlegen gibt es stets verschiedene, aber selten wirklich falsche Antworten und immer wertvolle Dialoge. Kanban hat viele verschiedene Aspekte und vielfältige Vorteile.

Mit bunten Klebezetteln zugepflasterte Wände sind wohl das, was die meisten Menschen zunächst einmal mit Kanban assoziieren. Im Anschluss an die Lektüre dieses Buchs können auch Sie sicher eine differenziertere Antwort geben. Die Begriffe *Kanban* und *Kanban-Methode* werden in diesem Buch übrigens synonym verwendet.

Zunächst einmal zur Einordnung: Kanban ist eine Veränderungs- und Managementmethode. Im deutschen Sprachraum wird dies oft als »Ach, das ist also etwas für das Management da oben« missverstanden. Tatsächlich ist mit *Managementmethode* aber das Managen, also das Organisieren und Steuern von Arbeit, gemeint. Außerdem stellt Ihnen Kanban ein sehr effektives Werkzeug zur Verfügung, um Veränderungen als einen alltäglichen Teil der Arbeit kontinuierlich voranzubringen. Dieser Aspekt wird leider häufig vernachlässigt. Ich hoffe, auch die Veränderungsaspekte mit diesem Buch bekannter zu machen.

Der folgende Kasten fasst die Definition der Kanban-Methode zusammen. Womöglich sind Sie noch nicht mit allen Begriffen vertraut. Die genannten Elemente lernen Sie in diesem und dem folgenden Kapitel näher kennen.

Die Kanban-Methode

- *Kanban* ist eine Methode, um auf Wissensarbeit basierende Dienstleistungen zu managen und kontinuierlich in kleinen Schritten zu verbessern.
- *Kanban-Prinzipien und -Praktiken* geben dabei konkrete Hilfestellungen für Verhaltensweisen.
- Mit sogenannten *Kanban-Boards* wird die Arbeit visualisiert, und ihr Fluss, das heißt der Weg von der Platzierung der Anfrage bis hin zur Lieferung, wird transparent gemacht.
- *Kanban-Systeme* enthalten neben dem Board auch Vereinbarungen, beispielsweise zur Begrenzung der Menge angefangener Arbeit, zu Regelmeetings sowie zu Feedback-Schleifen zur Verankerung einer systematischen Steuerung und Verbesserung.

Kanban ist somit ein probates Hilfsmittel für alle, die aktiv ihre Arbeit steuern und vor allen Dingen auch verbessern wollen. Dies gilt für sämtliche Positionen und Bereiche von Organisationen und schließt Führungskräfte natürlicherweise ein. Produktmanager managen beispielsweise die Entwicklung und den weiteren Lebenszyklus von Produkten, Projektmanager managen Projekte. Es gibt in Unternehmen naturgemäß viele Dinge zu managen (im Sinne von organisieren bzw. steuern).

Die Kanban-Methode für die Wissensarbeit wurde erstmals 2010 von David J. Anderson im sogenannten *Blue Book* [Anderson 2011] beschrieben. Sie wurde vom Signalkartensystem der »schlanken Produktion« (*Lean*) inspiriert. Dieses System ist die Quelle für die Kanban-Praktik *Limitiere die parallele Arbeit (das WIP)*, die jedoch nur eine unter diversen Praktiken und Prinzipien der Methode ist. Im oben genannten Buch finden Sie viele interessante Hintergrundinformationen zur Entstehung der Methode.

Der Begriff der Wissensarbeit geht auf Peter Drucker zurück, der sich neben anderen Ökonomen schon sehr früh mit diesem Thema beschäftigt hat [Drucker 1969]. Er definierte den »Wissensarbeiter« als jemanden, dessen Hauptbeitrag zur Wertschöpfung in der Organisation von der Anwendung seines Wissens statt seiner Muskelkraft und -koordinierung abhängt. Heutzutage findet sich Wissensarbeit in vielen Bereichen, z.B. in der Gestaltung, Produktentwicklung, Informationstechnik, Forschung und Beratung.

Es ist wichtig zu verstehen, dass Kanban keine definierten Prozessabläufe mitbringt – Sie bekommen keine vorgefertigte Lösung dazu, wie Sie Ihre jeweiligen Dienstleistungen (z.B. Ihre Marketingservices, Personalprozesse oder die Entwicklung von Softwareprodukten) am besten liefern können. Erfahrungsgemäß ist dieses domänenspezifische, fachliche Wissen in Ihrer Organisation bereits vorhanden. Es befindet sich in den Köpfen der Mitarbeitenden und spiegelt sich auch in der etablierten Arbeitsweise wider. Diese folgt typischerweise »Prozessen« (im Sinne von einer Reihe wiederkehrender, aufeinander wirkender Aktivitäten) und weiteren Vereinbarungen.

Genau diese etablierten Prozesse und implizit oder explizit existierenden Vereinbarungen werden Sie im ersten Schritt mit Kanban sichtbar machen, um die dazugehörigen Dienstleistungen besser zu steuern und auch zu verbessern. Diesen Vorgang nennt man *kanbanisieren*, nicht zu verwechseln mit dem Verspeisen von Angehörigen der eigenen Spezies. Im Kanban-Jargon sagen wir dazu: Wir legen das Kanban-System über den vorhandenen Prozess, das heißt über Ihre aktuelle Arbeitsweise, die in Ihrer Organisation dabei kontinuierlich weitergeht.

Dadurch ist die Kanban-Methode zum einen in der Einführung risikoarm und zum anderen breit anwendbar. Gleichzeitig erschwert es die eher abstrakte Definition zunächst, ein konkretes Bild der Anwendung von Kanban im eigenen Arbeitsumfeld zu entwickeln. Praktisch nichts wird durch die Methode starr vorgeschrieben, stattdessen werden die Systeme mit Unterstützung bewährter Verfahren jeweils dem konkreten Einsatzzweck und dem Umfeld entsprechend gestaltet. In Teil III, *Ihr Start mit Kanban*, bekommen Sie Hilfestellungen für einen geschmeidigen Start mit Kanban. Als Ergebnis haben Sie dann ein maßgeschneidertes Hilfsmittel, das die vorhandenen Arbeitsabläufe unterstützt und in einem für Ihre Organisation verträglichen Veränderungstempo weiterentwickelt.

Sicher wird Kanban auch für Sie sehr schnell an Leben gewinnen. Im Abschnitt »Eine Woche mit Kanban« auf Seite 36 lernen Sie ein Beispiel kennen, das Ihnen helfen wird, ein konkreteres Bild zu entwickeln. Absolut empfehlenswert sind auch Simulationen, in denen Sie die Methode und deren Effekte im Zeitraffer in einer sicheren Umgebung erleben können; es gibt sie in den verschiedensten Ausführungen (siehe dazu den Abschnitt »Simulationen« auf Seite 212).

Nach dem, was Sie bisher gelesen haben: Für welche Anwendungsfälle ist Kanban Ihrer Meinung nach geeignet?

1. Eine Universitätsfakultät, die neue Studiengänge entwickelt.
2. Ein Softwareentwicklungsteam, das eine App weiterentwickelt.
3. Ein Reisebüro, das für Kunden Individualreisen passgenau zusammenstellt und bucht.
4. Eine kleine Manufaktur für maßgeschneiderte Vintage-Kleider.

Sie ahnen es: In allen genannten Fällen könnte Kanban zur Anwendung kommen. Neben dem Vorhandensein eines Prozesses besteht eine weitere wichtige Voraussetzung lediglich darin, dass es bei den Beteiligten eine gewisse Motivation zur Veränderung gibt, z. B. basierend auf vorhandenen Unzufriedenheiten oder angestrebten Zielen. Ansonsten besteht die Gefahr eines Zombie-Boards an der Wand, von dem bald die Zettel wie trockenes Herbstlaub abfallen werden.

Grenzen der Einsatzmöglichkeiten

Sie haben nun ein Bild davon, wie breit die Methode einsetzbar ist. An dieser Stelle möchte ich noch kurz erläutern, wo Kanban im Bereich der Wissensarbeit typischerweise nur bedingt einsetzbar ist.

Dies sind zum einen Umfelder, in denen Anfragen von Kunden praktisch nicht abweisbar, steuerbar und/oder sehr schnelllebig sind. Ein Beispiel hierfür sind Kundenhotlines in Callcentern, also der sogenannte »1st Level«, wo zunächst alle Kundenanfragen landen. Jeder Anruf ist ein »Bedarf« und muss schnellstmöglich beantwortet werden. Anrufe sind unabweisbar. Aufgabe der Hotline ist es, Anliegen zu verstehen, gegebenenfalls direkt zu lösen oder firmenintern weiter auf den richtigen Weg zu bringen. Im weiteren Verlauf kann Kanban allerdings dann sehr gut unterstützen: Wenn Kundenprobleme in Fachabteilungen landen, können diese im Vergleich zu anderen Anfragen in Bezug auf deren Dringlichkeit bewertet und in eine Bearbeitungsreihenfolge gebracht werden.

Ein weiterer Bereich, für den Kanban eher ungeeignet ist, sind kreative Unterfangen z. B. zur Ideenfindung oder Problemlösung. Für den Einsatz von Kanban sollte es einen wie auch immer gearteten wiederkehrenden Prozess oder Arbeitsfluss geben. Im kreativen Chaos (im tatsächlichen Sinne) wird Kanban schwierig anzuwenden und vermutlich wenig sinnvoll sein. Stellen Sie sich beispielsweise ein Innovationszentrum einer großen Firma vor, in dem neue Ideen entwickelt und bei Eignung für die Umsetzung vorbereitet werden. Bei der eigentlichen Ideenfindung wird Kanban nicht hilfreich sein. Hierzu können von den Teams z. B. Kreativitätstechniken oder Design Thinking genutzt werden. Andererseits kann Kanban hervorragend zur übergreifenden Steuerung aller Inkubatoren genutzt werden.

Kanban und Führungskräfte

Das Wichtigste für die Führungskräfte unter Ihnen vorab:

Machen Sie sich Kanban zunutze und bringen Sie sich ein! Überlassen Sie Kanban also nicht »nur« Ihren Teams!

Kanban ist nicht die »Das Team soll schneller arbeiten«-Wunderpille. Seien Sie ein aktiver Teil des Systems, agieren Sie effektiv an den richtigen Stellen (und halten Sie sich aus anderen heraus).

Kanban gibt Ihnen als moderne Führungskraft konkrete und wirkungsvolle Interaktionspunkte. Unterstützen Sie mit Entscheidungen und Richtungsangaben sowie im Ausnahme- bzw. Eskalationsfall. Schaffen Sie gemeinsam mit Ihren Mitarbeitenden unter Nutzung der Kanban-Praktiken einen Rahmen zur Selbstorganisation. Dies wird Sie von alltäglichen Koordinierungsaufgaben entlasten und Ihnen Freiräume dafür schaffen, Ihren (eigentlichen) Aufgaben als Führungskraft nachzukommen.

Ehe es jedoch so weit ist, sollten und können Sie Ihr Team bei der Einführung von Kanban unterstützen. In Teil III, *Ihr Start mit Kanban*, finden Sie jede Menge praktischer Hinweise für den Start mit Kanban und auch zu den organisatorischen Voraussetzungen.

Ist das geschafft, wird Kanban Sie so in Ihrer Rolle unterstützen:

- Kanban schafft den Rahmen und bietet Praktiken zum selbstorganisierten Arbeiten Ihrer Teams, vor allem durch eine verbesserte Transparenz durch Visualisierungspraktiken und gemeinsam getroffene Vereinbarungen.
- Kanban ermöglicht eine deutlich höhere Transparenz – Informationen auf dem richtigen Level stehen durch Kanban-Boards sowie Kennzahlen und Diagramms zur Verfügung.
- Kanban bietet Ihnen systematische Möglichkeiten, durch eine den Prioritäten entsprechende Einsteuerung der Arbeit Einfluss zu nehmen.
- Kanban ermöglicht Ihnen, die Kommunikation strukturierter und fokussierter zu gestalten.
- Kanban stärkt den Fokus auf die Ergebnisse sowie die Qualität der Dienstleistung.
- Kanban schafft Voraussetzungen für eine kontinuierliche Weiterentwicklung und Verbesserung der Dienstleistungen und die Verankerung dieser Optimierungen in der Arbeitsweise.

Nach diesem kleinen Ausblick zurück zum Startpunkt. Wie kann nun eine Reise mit Kanban aussehen?

Ihre Reise mit Kanban

Für Ihre Entdeckungsreise mit Kanban versetzen Sie sich doch kurz einmal an die dänische Ostseeküste. Sie ist am Ufer sehr flach, und das Wasser ist seicht. Sie können also gefahrlos direkt baden gehen, sich an das Wasser gewöhnen, Schritt für Schritt weiter eintauchen und unabhängig von Ihren Schwimmfähigkeiten Ihr Badeerlebnis genießen.

Auf Ihre Arbeit mit Kanban übertragen, bedeutet dies, dass Sie schnell und mit wenig Risiko Vorteile spüren werden können, sobald Sie mit der Anwendung von Kanban-Prinzipien und -Praktiken beginnen. Das kann z.B. ein nachhaltigeres Arbeitstempo sein oder die Möglichkeit, sich auf einzelne Aufgaben zu fokussieren.

Wenn Sie sich ein wenig mit dem Wasser vertraut gemacht und geübt haben, können Sie Schritt für Schritt tiefer hineingehen, um neue Dinge zu entdecken und zu erproben. Auch mit Kanban können Sie nach und nach mit zunehmender Erfahrung, den gewonnenen Erkenntnissen und weiterem Wissen immer tiefer in die Anwendung der Methode eintauchen und kontinuierlich mehr Verbesserungen erreichen.

Kanban ist eng mit anderen Wissensbereichen verknüpft. Bei Themenstellungen rund um den Umgang von Menschen mit Veränderungen und dem Verhalten von Gruppen trifft man auf die Soziologie, beim Thema Coachen von Führungskräften auf die Managementlehre oder beim Arbeiten mit den Kennzahlen auf Methoden zur statistischen Auswertung sowie auf wahrscheinlichkeitsbasierte Prognosen. Ich persönlich finde dies sehr spannend und reizvoll. Natürlich ist es Ihnen überlassen, wie weit Sie diese Reise bringen wird. Bei Interesse bieten sowohl die deutsche als auch die weltweite Kanban-Community viele Anknüpfungspunkte und Inspiration.

Weshalb Kanban?

Nun, im Kern geht es um Veränderung. Die Basis dafür ist jedoch das Sichtbarmachen und die effektive Steuerung der Arbeit. Die Kanban-Methode geht hier ein zentrales Problem der heutigen Arbeitswelt an: das ständige Konkurrieren der vielfältigen Aufgaben und Abläufe um die Aufmerksamkeit und damit die Bearbeitung durch Menschen und Organisationen insgesamt. Aufgrund der häufig in großer Zahl gleichzeitig vorliegenden Anfragen entstehen bei fehlender Steuerung der Arbeitsprozesse und vor allem auch das Multitasking Zeitverluste und Überlastung.

Um dies näher zu erkunden, möchte ich Sie auf einen kleinen Ausflug in das menschliche Hirn mitnehmen. Im Folgenden betrachten wir kurz die unvermeidbaren Umschaltverluste bei Kontextwechseln, die im Rahmen des sogenannten Multitaskings auftreten.

Die beschriebenen Effekte werden durch Kanban effektiv adressiert: Die Methode orientiert sich stark an den menschlichen Eigenschaften sowohl Einzelner als auch am Verhalten von und in Gruppen. Beim leider recht verbreiteten Bild, bei Kanban handele es sich um eine Methode, mit deren Hilfe Arbeit roboterhaft wie am Fließband abgearbeitet wird, handelt es sich tatsächlich um eine Fehlannahme.

Lassen Sie uns nun kurz betrachten, was beim Multitasking im Hirn geschieht.

Kontextwechsel und Umschaltverluste

Es gibt umfangreiche Studien[1], die belegen, dass wir Menschen nicht in der Lage sind, *Multitasking* zu betreiben, also zwei oder mehr Aufgaben gleichzeitig mit der gleichen Aufmerksamkeit zu bewältigen. Dies verhindern Engpässe im menschlichen Hirn, die dazu führen, dass die tatsächliche Leistungsfähigkeit durch Multitasking reduziert wird, statt sie wie erhofft zu erhöhen (»Ich erledige zwei Dinge parallel«). Das Gehirn kann sich stets nur auf eine Sache konzentrieren. Dies gilt für Tätigkeiten, die nicht automatisiert im Hirn ablaufen. Deshalb können Sie wahrscheinlich gut beim Bügeln

1 Einen guten Überblick bietet z.B. [Baethge/Rigotti 2010].

fernsehen, jedoch nicht bei laufender Videokonferenz Ihre E-Mails bearbeiten.[2]

Da unser Hirn nicht auf zwei Dinge gleichzeitig fokussieren kann, wählen wir aus, welcher Tätigkeit wir unsere volle Aufmerksamkeit schenken. Dies geschieht zwingend und unbewusst durch einen Mechanismus namens *adaptive Exekutivkontrolle*. Als Konsequenz fokussieren wir statt auf zwei Dinge parallel immer kurz auf eine Sache, diese unterbrechen wir dann, wechseln zur nächsten, fahren diese wieder hoch, dann herunter, wechseln zurück und so weiter. Dieser Prozess wird auch als *Kontextwechsel* bezeichnet. Dabei entstehen signifikante Umschaltverluste, also zusätzliche Zeitaufwände für das (vermeintlich) parallele Behandeln mehrerer Dinge, denn es wird Zeit benötigt, um sich jeweils in die neue Aufgabe einzudenken und dort wieder produktiv zu sein.

Geradezu ein Klassiker zu diesem Thema ist ein Diagramm von Gerald Weinberg [Weinberg 1992]. Es stellt den Anteil der Umschaltverluste im Verhältnis zur verbleibenden Arbeitszeit je Aufgabe dar. Die Umschaltverluste entstehen durch die Aufwände für die Kontextwechsel. Für ein einzelnes menschliches Gehirn haben Sie diese im vorherigen Abschnitt bereits kennengelernt. Auf eine größere Aufgabe oder Initiative übertragen, die von einem Kontextwechsel betroffen ist, gibt es analoge Aufwände: Durch das Unterbrechen einer Arbeit müssen Ergebnisse gespeichert werden, um die Arbeit später fortsetzen zu können. Für die neue Aufgabe müssen gegebenenfalls Dokumente gesichtet und Personen in das entsprechende Sozialgefüge integriert werden, z.B. in ein Projektteam. Es wird also ein wenig dauern, bis alles vollständig am Laufen ist.

Da dieses Diagramm in der ursprünglichen Form etwas irreführend ist, wird es in Abbildung 1-1 leicht adaptiert wiedergegeben, und zwar mit der gesamten für die jeweilige Anzahl von Projekten verfügbaren Arbeitszeit.

2 Für weitere Recherchen bietet sich z.B. diese Quelle an: *https://wikiede.icu/wiki/Human_multitasking*.

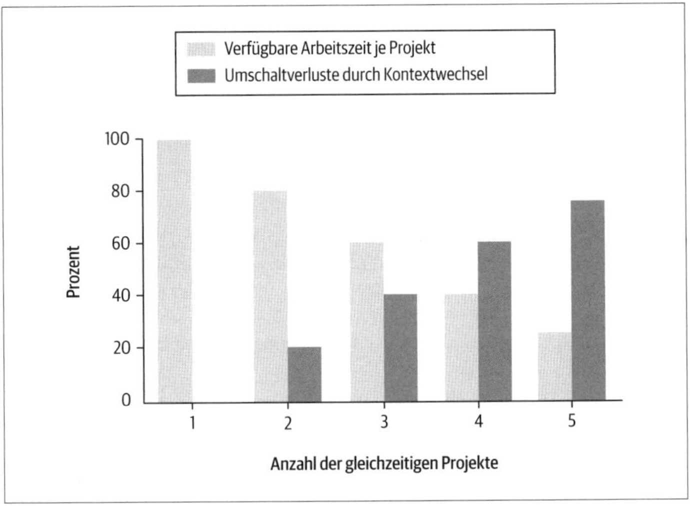

Abbildung 1-1: Umschaltverluste bei Kontextwechseln

Wenn Sie eine bestimmte Zeit lang an einer Aufgabe arbeiten, können Sie dieser 100 % Ihrer Aufmerksamkeit widmen. Nehmen Sie eine zweite Aufgabe hinzu, werden Sie schon 20 % für den Kontextwechsel verlieren und somit nur noch je 40 % für jede Aufgabe zur Verfügung haben. Sie sehen im Diagramm, dass Sie bereits bei drei Aufgaben fast die Hälfte Ihrer Zeit durch Umschaltverluste bei den Kontextwechseln verlieren!

Neben diesen direkten Umschaltverlusten werden als negative Effekte des Multitaskings unter anderem reduzierte Produktivität sowie höhere Fehleranfälligkeit beobachtet. Sie kennen dies sicher auch aus eigener Erfahrung und wissen, dass Multitasking kognitiv sehr anstrengend und ermüdend ist.

Die Dynamik der heutigen Arbeitsumgebungen macht es verlockend und anscheinend nötig, mehrere Dinge gleichzeitig zu tun. Dies geschieht auf allen Ebenen: von den Mitarbeitenden, die an mehreren Aufgaben oder für verschiedene Projekte arbeiten, über Teams, die mehrere Produkte parallel entwickeln, bis zu Organisationen, die eine zweistellige Anzahl von Projekten gleichzeitig steuern. Aufsummiert über ganze Organisationen, führt dies zu massiven Verlusten.

In all unserer »Busy-ness« (also Betriebsamkeit) geht der Fokus oft verloren. Leider wird von den meisten Menschen massiv unterschätzt, wie schlecht wir tatsächlich im Multitasking sind (und das schließt uns Frauen mit ein).

Henrik Kniberg prägte auf der USI[3] in Paris im Juni 2017 dieses Zitat: »What happens when you focus on keeping people busy? What do you get? Busy people!« Nur weil Menschen viel zu tun haben, bedeutet dies noch lange nicht, dass auch viel geschafft wird.

Der Fokus auf Kosteneffizienz und das Streben nach »Produktivität« (gemessen an der Auslastung der Mitarbeitenden und Teams) ist weit verbreitet. Unzählige Führungskräfte haben sich dem Fehlglauben verschrieben, dass gute Ergebnisse erreicht werden, wenn man die Leute nur maximal beschäftigt hält. Eventuell haben auch Sie schon Äußerungen wie »Unsere Entwickler sind zu teuer, um sie untätig rumzusitzen zu lassen« gehört. Leider ist das »Beschäftigtsein« kulturell immer noch sehr positiv belegt und wird mit »fleißig« assoziiert, obwohl die Ergebnisse in den heutigen Arbeitsumgebungen nun wirklich nicht überzeugen.

Motivationen für den Einsatz von Kanban

Lassen Sie uns nach diesen einführenden Überlegungen nun erkunden, welche Beweggründe es gibt, Kanban einzusetzen. Diese sind zu drei Themen zusammengefasst, die als sogenannte *Kanban-Agenden* bezeichnet werden.

Agenda 1: Nachhaltigkeit

Die wohl verbreitetste Motivation, Kanban anzuwenden, ist: heraus aus der Überlastung und hin zu einer nachhaltigen Arbeitsweise. Ein wichtiger Schlüssel hierzu ist es, die oben beschriebenen negativen Effekte durch Kontextwechsel zu vermeiden, die typischerweise

3 USI Unexpected Sources of Innovation, 19./20.06.2017, Paris.

durch zu viele gleichzeitig angenommene Arbeitsaufträge verursacht werden. Tatsächlich tragen die Umschaltverluste signifikant zu Überlastungseffekten bei – ein Teufelskreis, den zu unterbrechen Kanban hilft! Dies betrifft sowohl Einzelne als auch Teams.

Wenn das gelingt, verbessert sich durch ein nachhaltiges Arbeitstempo und fokussierte Arbeit die Arbeitszufriedenheit in der Organisation. Achtung, tappen Sie nicht in die Falle, an dieser Stelle aufzuhören und auf einem »falschen Plateau« zu verharren: Aus Sicht der Kunden (den Abnehmern der Dienstleistungen) sind Verbesserungen zunächst nicht zwingend spürbar. Die Kundenzufriedenheit wird von der folgenden Agenda adressiert.

Agenda 2: Serviceorientierung

Das Lenken der Sicht auf den Kunden führt uns zur nächsten wichtigen Motivation, der sogenannten Serviceorientierung: Hier geht es darum, nicht nur die Arbeitsumgebung für Einzelne und Teams zu verbessern, sondern darüber hinaus die Dienstleistung aus Sicht der Kunden zu optimieren. Das eine zieht nicht zwangsläufig das andere nach sich. Wahrscheinlich sind auch Ihnen Beispiele von gut funktionierenden Teams bekannt, deren Kunden trotzdem unzufrieden waren. Oftmals ist mangelnde Koordinierung über organisatorische Grenzen hinweg eine Ursache. Dies ist typischerweise der Wirkungsbereich von Personen im mittleren und oberen Management. Durch das Prinzip der Serviceorientierung (siehe Abschnitt »Dienstleistungsprinzipien« auf Seite 57) und die damit verbundenen Praktiken und geförderten Werte bekommt die mittlere Führungsebene effektive Managementwerkzeuge an die Hand. Dadurch wiederum werden diese Führungskräfte stärker in ihrer Managementfunktion eingebunden und in ihrer Position gestärkt. Dies zieht in der Regel verbesserte Kommunikation und Zusammenarbeit über Team- und Abteilungsgrenzen hinweg nach sich.

Damit ist Kanban auch ein effektives Tool zur Organisationsentwicklung! Lassen Sie uns dies nachfolgend anhand der Metapher eines Staffellaufs weiter erkunden.

Ein häufiger Irrglaube in Bezug auf Kanban ist, dass es nur für Teams geeignet sei. Natürlich funktioniert Kanban in einem einzelnen Team sehr gut. Typischerweise liegen jedoch weitere große Potenziale im Zusammenspiel zwischen verschiedenen Teams oder Einheiten einer Organisation.

Ein schönes Sinnbild hierfür ist ein 4×100-m-Staffellauf: Vier Läuferinnen laufen nacheinander 100 Meter und übergeben jeweils der nächsten Läuferin den Stab mit dem gemeinsamen Ziel, dass die letzte Läuferin schnellstmöglich über die Ziellinie kommt.

Beim Erbringen einer Dienstleistung in einem größeren Unternehmen ist es ein wenig wie beim Staffellauf: Sie können vier Weltklasseläuferinnen aufstellen (also jeweils ein Team). Um ein gutes Ergebnis zu erzielen, reicht das jedoch nicht. Sie müssen dazu auch die Wechsel trainieren, das heißt die Übergabe des Stabs innerhalb der Wechselzone, und zwar so, dass die übergebende Läuferin möglichst nicht abbremsen muss und die Folgeläuferin schnell beschleunigen kann. Dies ist eine komplexe Angelegenheit, hängt stark von den Fähigkeiten der Läuferinnen ab und verlangt viel Training. Wenn jede einfach so schnell läuft, wie es ihr möglich ist, kann es Probleme geben, vom nötigen Abbremsen der anderen bis zu Disqualifikationen, weil Wechselzonen überschritten werden oder gar der Stab fallen gelassen wurde.

Ein Beispiel war die 4×100-m-Staffel der Herren bei der Leichtathletik-WM 2022 in den USA: Zwar war die Summe der Einzelsprintzeiten aller US-amerikanischen Läufer deutlich kleiner als die der anderen Staffeln, dennoch siegte die kanadische Staffel. Ein Wechsel bei den amerikanischen Läufern war zu holprig und kostete viel Zeit, sodass es am Ende »nur« für Silber reichte. Bei den Olympischen Spielen 2021 verpasste die amerikanische Staffel sogar das Finale. Im Nachhinein wurde bekannt, dass kaum Wechsel trainiert wurden.

Was bedeutet dies nun für den Einsatz von Kanban? Kommt es bei Ihnen auch vor, dass der Stab zwischen den Abteilungen fallen gelassen wird? Oder dass ein Läufer sich nicht auf den Vorläufer einstellt, zu schnell startet und so die Stabübergabe erschwert? Sogenannte lokale Suboptimierungen, also eine Optimierung der Einzelleistung (Team) statt der Gesamtleistung (kundenorientierter Service), sind weit verbreitet. Hier einen Gesamtüberblick über das ganze »Rennen« (d.h. die gesamte Erbringung der Dienstleistung) herzustellen, birgt oft großes Potenzial. Mit dem Einsatz von Kanban können Sie all diese Effekte gut erkennen und adressieren.

Im Abschnitt »Kunden und Services« auf Seite 46 werden Sie mehr darüber erfahren. Nehmen Sie aus dieser Einführung mit, dass Kanban sowohl einzelnen Personen als auch Teams und ganzen (Bereichen von) Organisationen hilft. Neben der Arbeit innerhalb von Teams werden die Übergaben, das heißt die Koordinierung zwischen den Beteiligten, verbessert, unabhängig von deren Zugehörigkeit zu Teams oder Abteilungen.

Mit Kanban haben Sie also die Möglichkeit, den ganzen Staffellauf zu trainieren und zu verbessern, nicht nur die einzelne Teilstrecke.

Agenda 3: Überlebensfähigkeit der Organisation

Der Vollständigkeit halber sei hier noch die dritte und anspruchsvollste Agenda erwähnt. Diese adressiert das obere Management in Organisationen und geht über den Rahmen dieses Buchs hinaus.

Hierbei wird das obere Management durch fortgeschrittenere Kanban-Techniken dabei unterstützt, das Geschäft in Hinblick auf Strategie und Positionierung zu führen. Ein wichtiger Punkt ist z.B. die Kopplung der Strategie mit dem operativen Geschäft. Fokus ist die langfristige Sicherung der Existenz der Organisation durch Eigenschaften wie Resilienz oder die Fähigkeit, sich neu zu erfinden.

Nach dieser ersten Orientierung innerhalb von Kanban möchte ich Ihnen die Methode kurz durch einen exemplarischen Anwendungsfall illustrieren.

Eine Woche mit Kanban

Wir erleben diese eine Woche aus Sicht eines Projektmanagers (Per Meier) und einer Analystin (Ariane Frey) in der fiktiven Marketingagentur »101 Brands«. 101 Brands arbeitet schon seit Längerem mit Kanban. Dieses Beispiel soll die Anwendung von Kanban und deren Effekte deutlich machen. Es stellt in keiner Weise eine Referenz dar, sondern beschreibt eine von unzähligen Erscheinungsformen von

Kanban. Ziel ist es, dass Sie sich ein Bild vom »Leben mit Kanban« machen können, ehe wir im nächsten Abschnitt in die Details der Kanban-Prinzipien und -Praktiken eintauchen.

Montag

Per kommt um 8 Uhr morgens nach einer Woche Urlaub wieder ins Haus. Er denkt sich: »Erst mal sehen, wie es so läuft ...«, und schaut direkt mit seiner Kaffeetasse in der Hand beim Kanban-Projekt-Board im ersten Stock vorbei. Hier sieht er alle Projekte, die derzeit aktiv oder in Planung sind, im Überblick. Die meisten dieser Projekte beschäftigen sich mit der Neueinführung von Produkten in deren Zielmärkte. Das Board könnte so aussehen wie das in Abbildung 1-2.

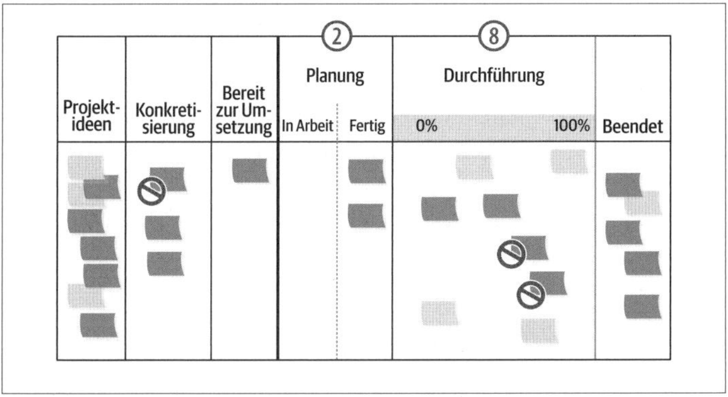

Abbildung 1-2: Beispiel-Board »101-Brands-Projekte«

Auf diesem Board sind alle Projekte auf einzelnen Karten dargestellt. Jeder Geschäftsbereich hat eigene Kartenfarben. Alle Karten sind je nach der Phase, in der sie sich aktuell befinden, in verschiedenen Spalten angeordnet. Diese Spalten wurden entsprechend dem in der Organisation bereits etablierten Prozess für Projekte modelliert.

Ganz links ist Platz für alle neuen *Projektideen*. Wie üblich hängen hier viele Karten. Danach folgen Projektideen, die gerade *konkretisiert* werden. Projektideen, die umgesetzt werden sollen, sind in der

Spalte *Bereit zur Umsetzung* zu finden. Danach folgen alle Projekte, die in *Planung* sind. Die nächsten Projekte befinden sich in der *Durchführung*, und in der letzten Spalte hängen die *beendeten* Projekte. Jedes Mal, wenn ein Projekt dorthin verschoben werden kann, wird eine Klingel geläutet, um es zu feiern! Per bemerkt, dass das Projektmanagementteam in seiner Abwesenheit eine Skala von 0 % bis 100 % in der Spalte *Durchführung* etabliert hat. Klasse Idee, jetzt sieht man besser, wo die einzelnen Projekte stehen.

Über einigen Spalten befinden sich eingekreiste Zahlen, sogenannte WIP-Limits. Diese bestimmen die maximale Anzahl der Karten, die in diesen Spalten erlaubt ist. Damit wird das fokussierte Bearbeiten von Projekten unter Berücksichtigung der vorhandenen Kapazitäten in der Organisation unterstützt.

Per ist erleichtert, auf den ersten Blick sieht alles gut aus: Viele Projekte haben sich vorwärtsbewegt, und eines wurde abgeschlossen. Bei näherem Hinsehen entdeckt Per Markierungen an zwei seiner Projekte, die sich in der Durchführung befinden: Seine Kollegen haben hier *Blocker* eingetragen, die wohl den Fortgang dieser beiden Projekte behindern.

Nun gut, mal abwarten. Um 10 Uhr ist heute eh das wöchentliche Projekt-Stand-up-Meeting, da werden diese Blocker auf jeden Fall zur Sprache kommen.

Bis dahin kann Per nun seine E-Mails der vergangenen Woche sichten. Dabei denkt er kurz zurück an die Zeiten vor dem Kanban-Board, als er sich die Informationen, die er jetzt auf dem Board findet, bei den einzelnen Leuten einholen musste.

10 Uhr: Alle Teamleiter und Abteilungsleiterinnen stehen vor dem Board. »Willkommen zurück!«, wird Per freudig begrüßt. Lena übernimmt heute die Moderation. Sie gehen das Board Spalte für Spalte von rechts nach links durch und besprechen kurz alle Projektkarten. Bei den meisten gibt es nur ein kurzes »Läuft!«. Die beiden Projektkarten mit der Blocker-Kennzeichnung werden kurz diskutiert. Diese stecken wohl in der Marktrecherche fest. Kollegen berichten, dass es hier im verantwortlichen Team namens »Delta Machine« Lizenzprobleme mit dem verwendeten Tool gibt.

Per übernimmt die Verantwortung, sich um die Behebung der beiden Blocker zu kümmern und dazu die entsprechenden Kolleginnen zu kontaktieren.

11 Uhr: Ariane, die Analystin, nimmt am täglichen Koordinierungsmeeting ihres Teams Delta Machine teil, das Marktrecherchen für die ganze Organisation durchführt. Dazu treffen sich alle Teammitglieder vor einem großen Monitor mit dem elektronischen Kanban-Board. Dabei handelt es sich um das zweite Kanban-Board bei 101 Brands, das nur die Arbeit des Teams Delta Machine abbildet. Zwei Personen arbeiten heute von zu Hause und sind per Videoschaltung dabei. Das Meeting dauert nur fünf Minuten – bis auf Beschaffungsprobleme bei einer für einige Projekte benötigten Softwarelizenz alles läuft ohne Probleme. Außerdem haben zwei Teammitglieder ein fachliches Thema angesprochen, das sie direkt im Anschluss an das Meeting gemeinsam klären möchten.

Direkt nach dem Meeting kommt Per bei Ariane vorbei und erbittet Hilfe bei dem Thema, das wohl zwei Projekte blockiert. Ariane geht gemeinsam mit Per zu ihrer Teamleiterin Nicole.

Dienstag

Um 11 Uhr ist wieder »Daily« im Team Delta Machine. Ariane berichtet kurz über ihren Fortschritt bei der Recherche und dass sie bei einem Thema festhängt. Philip hat gerade eine Aufgabe abgeschlossen und bietet seine Hilfe an. Er hängt seinen Avatar neben Arianes auf die Karte.

Mittwoch

15 Uhr: Gemeinsam mit Philip hat Ariane nun die Recherche für Pers Problem abgeschlossen. Da es dringend war, ruft sie Per noch an und informiert ihn. Per bedankt sich und entfernt die beiden Blocker-Markierungen von seinen beiden Projekten. Vorher notiert er noch das Lösungsdatum, das nun neben der Blocker-Ursache und dem Startdatum auf der Rückseite der Karte steht. Die Blocker-Zettel legt er zu den anderen in die Archivbox. Die Zettel in dieser Box werden sie beim monatlichen Rückblick auswerten. Per hat schon eine Idee, wie diese Art von Verzögerung in Zukunft vermieden werden kann.

Freitag

Das monatliche Projektnachschubmeeting steht an. Dazu trifft Per sich mit dem Projektmanagement-Office-Team und den Abteilungsleitern vor dem Board. Meist sind sie in 15 bis 30 Minuten fertig.

Vorher wird geprüft, ob Nachschub auf dem Board benötigt wird. Analog zu einem Supermarkt, in dem regelmäßig die Regale aufgefüllt werden, wählt der Teilnehmerkreis aus den umsetzungsbereiten Projektkandidaten auf Basis vereinbarter Kriterien ein neues Projekt aus, das in die Planungsphase starten soll, sobald die Beteiligten signalisiert haben, dass sie dafür Kapazitäten haben.

Heute bekommt er die Mitteilung, dass das Meeting ausfällt, denn die gemeinsam definierte Kapazität für Projekte ist bereits voll ausgeschöpft. Dies können alle Beteiligten anhand der eingangs beschriebenen WIP-Limits (Sie erinnern sich, die Zahlen in den Kreisen über dem Board) erkennen. Es sind bereits acht von möglichen acht Projekten in der Durchführung. Für zwei neue Projekte sind die Grobplanungen abgeschlossen. Diese können aber nicht starten, da die Durchführung »voll« ist. Es ergibt daher auch keinen Sinn, die Planung für weitere Projekte zu starten. 101 Brands hat in den letzten beiden Jahren gelernt, dass acht Projekte gleichzeitig die maximale Anzahl von Projekten sind, die die Organisation zusätzlich zum Tagesgeschäft stemmen kann.

Per erinnert sich mit Grausen an die Zeiten, als mehr als 50 Projekte gleichzeitig in Arbeit waren – aber nicht sichtbar, sondern verstreut in Excel-Listen. Damals hat er seine halbe Zeit damit verbracht, den »Ressourcen« (Projektmitarbeitenden) nachzujagen, damit diese die gerade am höchsten priorisierten Projekte voranbringen.

Per lächelt und nutzt die freie Zeit, um sich noch einen Kaffee zu holen. In der Kaffeeküche trifft er auf Conrad, den Kanban-Coach. Beide freuen sich über das unerwartete Treffen, denn Conrad ist nur noch alle paar Wochen im Haus und unterstützt punktuell. Kanban läuft schon lange ohne ihn! Conrad erzählt, dass er gerade eine weitere Kanban-Implementierung im IT-Bereich unterstützt.

Gestern war die Grundlagenschulung, und heute entwirft er mit zwei Gruppen deren Kanban-Systeme. Morgen soll es dann losgehen mit Kanban. Conrad muss gleich weiter. Er lädt Per noch ein, in ein paar Tagen in den dritten Stock zu kommen, um sich die entstandenen Kanban-Boards anzuschauen. Per freut sich und nimmt dankend an.

Sie haben nun eine erste Idee davon, wie Einführung und Anwendung von Kanban im Arbeitsalltag aussehen können.

Sie erinnern sich vielleicht an den einführenden Hinweis, dass es Kanban in vielfältigen Erscheinungsformen gibt. Diese betrachten wir im nächsten Abschnitt näher.

Kanban in verschiedensten Ausprägungen

Kanban-Implementierungen gibt es in mannigfaltigen Ausprägungen und mit verschiedenen Zielsetzungen und Wirkungsgraden. So gibt es recht einfach gehaltene Boards mit wenigen Spalten und bunten Klebezetteln an der Wand, die einer Handvoll Personen z.B. in einer Einkaufsabteilung helfen, den Überblick über ihre Aufgaben zu behalten, um nichts zu vergessen. Häufig werden über lange Zeit hinweg entwickelte Kanban-Systeme mit strukturierten Boards, zugehörigen Regelungen und Regelmeetings von einem oder mehreren Teams genutzt, um ihre Arbeit besser zu organisieren und ihre Dienstleistungen kontinuierlich verbessern. Des Weiteren kann Kanban beispielsweise auch als ein Werkzeug zur Organisationsentwicklung eingesetzt werden.

Wie »macht« man denn nun Kanban? Das Wichtigste: Der Ausgangspunkt ist stets die aktuelle Arbeitsweise! Basierend darauf wird ein passgenaues, einzigartiges Kanban-System entworfen und in Betrieb genommen. Dieses besteht im Kern aus einem Board und Karten, die zusammen den Arbeitsfluss abbilden. Hinzu kommen Vereinbarungen und neue bzw. angepasste Regelmeetings. Sie erinnern sich, diesen Prozess nennt man auch »kanbanisieren«.

Welche Dinge bestimmen, wie »Ihr Kanban« konkret aussehen sollte? Dies sind:

- Der Umfang oder Bereich der Arbeit, die damit gesteuert werden soll. Dies kann die Arbeit Einzelner, eines Teams oder ganzer Organisationsbereiche (z.B. einer Produktmanagementabteilung oder eines Geschäftsbereichs) sein.
- Das vorhandene Kanban-Wissen in der Organisation. Erfahrungsgemäß ist dies ein limitierender Faktor. Vor allem Führungskräfte sollten sich ein solides methodisches Wissen aneignen und es nicht den Teams überlassen, dies zu tun.
- Die gelebten Werte und die dadurch geprägte Kultur der Organisation.
- Eine weitere wichtige Frage ist die der Zielsetzung der Kanban-Implementierung: beispielsweise die verbesserte Zusammenarbeit in einem Team oder die Verbesserung strategisch wichtiger Dienstleistungen einer Organisation.

Sie sehen schon, es gibt hier viele verschiedene Faktoren. Daher ist es auch nicht zielführend, ein und dieselbe Schablone »überzustülpen«. Stattdessen werden die in Teil II beschriebenen Kanban-Praktiken in verschiedenen konkreten Ausprägungen jeweils passend eingesetzt.

Dies möchte ich kurz am Beispiel der Kanban-Praktik *Visualisiere* veranschaulichen: In einem Team in einem frühen Stadium angewendet, könnte die Visualisierung der Arbeit in einem einfachen Board mit vier Spalten erfolgen. Für ein weiterentwickeltes, mehrere Teams koordinierendes Kanban-Board könnte ein Arbeitsfluss in 13 Spalten dargestellt werden. Diese sind in drei Zeilen (*Swimlanes*) unterteilt, die jeweils zu bestimmten Aufgabenbereichen zugehörige Karten enthalten. Des Weiteren finden sich um das Board herum Hinweise zu getroffenen Vereinbarungen.

Die Zielsetzung in beiden Beispielen ist dieselbe, nämlich den Fluss der Arbeit abzubilden, um diese besser steuern und verbessern zu können. Die Umsetzung weicht jedoch entsprechend den oben beschriebenen Faktoren ab und wird sich über die Zeit weiterentwickeln.

Unterschiedliche angewendete Praktiken führen zu verschiedenartigen Wirkungsgraden. Diese haben Sie bereits eingangs im Abschnitt »Motivationen für den Einsatz von Kanban« auf Seite 33 in Form der drei Agenden kennengelernt.

Als Hilfsmittel, um bei all diesen Faktoren ein passgenaues Kanban-System zu etablieren und anschließend (gemeinsam mit der Organisation) kontinuierlich zu verschiedenen Wirkungsgraden weiterzuentwickeln, gibt es das Reifegradmodell KMM (*Kanban Maturity Model*). Eine kurze Einführung dazu finden Sie im nächsten Abschnitt.

Das Reifegradmodell Kanban Maturity Model (KMM)

Das Reifegradmodell *Kanban Maturity Model* (KMM) basiert auf mehr als zehn Jahren Erfahrung und beobachteten Mustern bei der Implementierung von Kanban. Es ist in Organisationen aller Art und Größe anwendbar.

Für Personen, die Kanban-Implementierungen und organisatorische Veränderungen voranbringen möchten, bringt das KMM eine bewährte Roadmap mit, die dabei unterstützt, die richtigen Veränderungsschritte zur richtigen Zeit zu initiieren und das Kanban-System zielgerichtet weiterzuentwickeln.

Dazu beschreibt das Modell zunächst sieben Reifegradstufen von Organisationen. Diese dienen dazu, den aktuellen Reifegrad einer Organisation zu verstehen und darauf basierend im Zusammenspiel von Organisationskultur, gelebten Werten und angewendeten Praktiken die Geschäftsergebnisse schrittweise zu verbessern.

Im Modell enthalten sind über 150 spezifische Kanban-Praktiken (d.h. konkrete Ausprägungen der allgemeinen Praktiken je nach Kontext) sowie kulturelle Werte der sieben Reifegrade der Organisation.

Weitere Informationen finden Sie auf der Website *kmm.plus* sowie im zugehörigen Buch, das unter anderem in deutscher [Anderson/Bozheva 2021] und englischer Sprache [Anderson/Bozheva 2020] erhältlich ist.

Für den Zweck dieses Buchs lehne ich mich mit den Begriffen Team- und Kundenorientierung an das KMM an. Diese entsprechen im Modell den Stufen 1 und 2. Teamorientierung (Stufe 1) ist geprägt durch Transparenz, Zusammenarbeit und Initiative innerhalb von Teams. Auf der Stufe der Kundenorientierung (Stufe 2) ist dann der Arbeitsfluss im gesamten Service, also von der Anforderung des Kunden bis zur Lieferung im Blick und wird – wenn nötig – team- und bereichsübergreifend gesteuert. Dies wird gestützt durch Werte wie Kundenbewusstsein, Fluss und Respekt.

Lassen Sie uns nun wichtige Begriffe sowie die zugrunde liegenden Prinzipien und Werte von Kanban erkunden.

KAPITEL 2

Grundlagen der Methode

In diesem Kapitel werden grundlegende Begriffe erklärt, um Ihnen das Verständnis des weiteren Texts zu vereinfachen. Zudem bekommen Sie einen Überblick über die Kanban-Prinzipien und -Werte, die all Ihre Tätigkeiten mit Kanban leiten sollten.

Grundlegende Kanban-Begriffe

Bei der Arbeit mit Kanban werden Ihnen einige Begriffe häufig begegnen. Diese werden hier kurz erklärt. Dabei und im weiteren Verlauf des Buchs nenne ich auch die englischen Versionen der Fachbegriffe, wenn diese von der deutschen Bezeichnung abweichen. Die internationale Kanban-Community ist überwiegend englischsprachig. Die Kenntnis der entsprechenden englischen Begriffe wird Ihnen den Zugang und die Zusammenarbeit mit der Community erleichtern.

Arbeitsfluss (Workflow)

Als Arbeitsfluss bezeichnet man den Weg der Arbeit in einem bestimmten Teilabschnitt oder dem gesamten Prozess von der Anfrage bis zur Lieferung. Mit einer wiederkehrenden Folge von Aktivitäten werden Anfragen z.B. näher erkundet, deren Umsetzung wird geplant, die Umsetzung wird durchgeführt und abgeschlossen.

Die Betrachtung des Arbeitsflusses führt uns direkt zur Verwendung der Begriffe *Kunde* und *Service* im Kanban-Kontext.

Kunden und Services

Als Kunde bezeichnen wir die Personen oder die Partei, die eine Serviceanfrage stellen und dann die Ergebnisse erhalten. Mit der Anfrage durch die Kunden haben wir übrigens den Startpunkt des Arbeitsflusses gefunden.

Der oder die Anfragende (*Servicenehmer*) Ihrer Dienstleistungen ist Ihr Kunde. Wenn ein Service wiederum einen anderen Service in Anspruch nimmt, kann der anfragende Service als interner Kunde dieses Service betrachtet werden.

Kunde

Diejenigen Personen oder Parteien, die Anfragen für Services platzieren und die Lieferung entgegennehmen.

Kunden können von innerhalb oder außerhalb der eigenen Organisation kommen. In der Anwendung der Kanban-Methode macht das keinen Unterschied.

Der Begriff des Service ist zentral in Kanban. Im Kasten unten finden Sie die im Kanban-Kontext angewendete Definition.

Service

Ein Service beginnt mit einer Kundenanfrage, die an die Organisation gerichtet wird.

Die entsprechende Leistung wird durch eine Reihe von Aktivitäten (den Arbeitsfluss) erbracht. Dafür arbeiten eine oder mehrere Personen zusammen, gegebenenfalls auch über verschiedene organisatorische Einheiten hinweg. Das Ergebnis wird an den Kunden geliefert und von diesem akzeptiert.

Ein Service kann durch ein oder mehrere Kanban-Systeme im Zusammenspiel gesteuert werden.

Aus der Serviceperspektive betrachtet, kann eine Anfrage durch die Art des Arbeitsgegenstands und den resultierenden Arbeitsfluss stark variieren: von einer einfachen Aufgabe über einen konkreten

Arbeitsgegenstand wie eine Marktanalyse oder ein neues Softwarefeature bis zum Steuern von Produktentwicklungsprozessen, Projekten oder Initiativen.

Lassen Sie uns etwas näher auf Services schauen. In Tabelle 2-1 finden Sie einige konkrete Beispiele für Services in Organisationen. Für alle Beispiele wäre Kanban eine geeignete Methode, um die Erbringung zu steuern und zu verbessern.

Tabelle 2-1: Beispiele für Services

Service	Arbeitsgegenstände	Kunden	Erbringung durch
Einkaufsdienste zur Beschaffung externer Leistungen und Produkte	Beschaffungsanfragen	alle Mitarbeitenden aus dem Bereich der Organisation	ein Einkaufsteam in Zusammenarbeit mit externen Lieferanten
Entwicklung neuer Versicherungstarife	Kfz-Versicherungstarife, Software-Anpassungen	(potenzielle) Kunden der Versicherung	mehrere Abteilungen im Zusammenspiel: von Kalkulation bis zur Bereitstellung auf dem Versicherungsportal
Betrieb der Desktopsysteme	Problemmeldungen, Störungen	alle Mitarbeitenden	ein zentrales Team
Steuerung von Studiengängen	Studiengänge, Prüfungen	alle Studierenden und Lehrenden	das Team im Referat
Managen des Projektportfolios	Projektideen, Projekte	alle Führungskräfte und Projektleitende	das Projektmanagement-Office (PMO)
Entwicklung neuer Halbleiterprodukte	Produktanfragen von Kunden	Abnehmer der Chips, z. B. Kfz-Hersteller	mehrere Teams in der Entwicklungsorganisation

Ihnen ist womöglich aufgefallen, dass keiner dieser Services den Namen einer Abteilung trägt. Der Grund dafür ist, dass sich vor allem Services für externe Kunden typischerweise nicht um Abteilungsgrenzen scheren. Stattdessen werden diese durch Anforderungen erbracht, die sich munter kreuz und quer durch die Organisation bewegen. Das bedeutet, dass viele Services nicht durch ein einzelnes

Team erbracht werden, sondern dass mehrere Teams oder Abteilungen involviert sind. Dies erklärt auch den begrenzten Nutzen, der mit rein teamorientierten Ansätzen erreichbar ist.

Teamorientierte Kanban-Systeme sind häufig noch der Startpunkt für Kanban-Implementierungen. Hier ist zumindest anfänglich das Bewusstsein für die Services, an deren Erbringung das Team beteiligt ist, eher schwach ausgeprägt. Die Sicht endet typischerweise an Teamgrenzen. Durch die Anwendung von Kanban unter Nutzung der später noch beschriebenen Dienstleistungsprinzipien (siehe Abschnitt »Dienstleistungsprinzipien« auf Seite 57) wird diese Sicht nach und nach erweitert.

Weitere praktische Informationen und Hilfestellungen zum Identifizieren und Modellieren Ihrer Services finden Sie in Teil III, *Ihr Start mit Kanban*.

Kanban-Systeme

Wenn die Kanban-Methode angewendet wird, führt dies im ersten Schritt zur Etablierung eines sogenannten »Kanban-Systems«.

Ein Kanban-System besteht im Kern aus dem für den jeweiligen Kontext entworfenen Kanban-Board und den Karten, mit denen die Arbeit und deren Fluss durch das System abgebildet wird. Außerdem enthält es zwischen den Beteiligten getroffene Vereinbarungen zur Steuerung der Arbeit sowie Regelmeetings. Darüber hinaus können Kennzahlen gesammelt und in Diagrammen dargestellt werden. Mehr dazu erfahren Sie im Teil II, *Die Kanban-Praktiken*.

Mit Kanban etablieren Sie ein über die Zeit hinweg immer ausgereifteres Steuerungssystem, quasi ein eigenes Betriebssystem, das die Erbringung und Verbesserung der Dienstleistungen durch sämtliche Beteiligte transparent steuert.

Ein Kanban-System kann team- oder serviceorientiert sein. Das heißt, zum einen kann die Arbeit eines Teams dargestellt und gesteuert werden. In einem serviceorientierten Kanban-System wird die Arbeit einer oder mehrerer Service(s), an denen Mitglieder verschiedener organisatorischer Einheiten beteiligt sein können, von der Anfrage bis zur Lieferung gesteuert.

Kanban-Systeme können sich daher stark unterscheiden. Die im Kasten genannten Punkte können zur Identifizierung und Charakterisierung genutzt werden.

Charakterisierung eines Kanban-Systems

- Welche Dienstleistung(en) bzw. Team(s) werden gesteuert?
- Welche Anfragen werden dazu bearbeitet, und wer stellt diese?
- Wie sind das Board und die Karten sowie Vereinbarungen und Regelmeetings definiert?
- Welche Personen arbeiten mit diesem System?

Nachfolgend stelle ich Ihnen zwei sehr unterschiedliche Beispiele für Kanban-Systeme vor. Trotz aller Unterschiede werden in beiden Fällen die gleichen Kanban-Prinzipien und -Praktiken angewendet.

Beispiel 1: Ein Projektportfolio-Kanban-System

Es steuert die Auswahl, Initiierung, Implementierung und übergreifende Steuerung und Überwachung aller Projekte in einem Geschäftsbereich. Jede Karte auf dem Board stellt ein Projekt dar. Alle aktiven Projektleitenden, die PMO-Mitarbeitenden und das Managementteam arbeiten mit dem Board. Es gibt ein Meeting alle zwei Wochen, in dem sämtliche Projekte mithilfe des Boards besprochen werden. Einmal im Quartal werden Daten ausgewertet und Verbesserungsmaßnahmen definiert und initiiert.

Beispiel 2: Ein Kanban-System eines Softwareentwicklungsteams

Es steuert die Entwicklung einer Applikation. Auf den Karten befinden sich sogenannte *User Stories*, das heißt Anforderungsbeschreibungen aus Nutzersicht. Das Board bildet den Arbeitsfluss von der Idee bis zum erfolgten Release in den Applikations-Store ab. Mit dem Board arbeiten acht Softwareentwickler/Tester, zwei UX-Designer, ein Teamleiter und eine Produktmanagerin. Diese treffen sich täglich vor dem Board und steuern damit ihre Arbeit. Alle zwei Wochen reflektiert das Team auch mit Unterstützung von Daten die eigene Arbeitsweise und Dienstleistung aus Sicht des Kunden.

Kanban-Systeme und Services

Wie passen nun Kanban-Systeme und Services zusammen? Ein Service kann durch ein oder mehrere Kanban-Systeme (und gegebenenfalls weitere, anders koordinierte Organisationseinheiten) erbracht werden. Durch verbesserte Kommunikation der Systeme untereinander wird sich die Dienstleistung insgesamt verbessern. In Abbildung 2-1 sehen Sie ein Beispiel für das Zusammenspiel von Services.

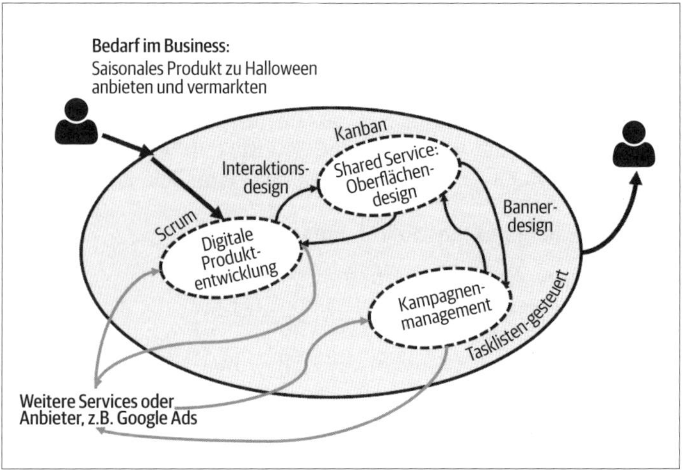

Abbildung 2-1: Zusammenwirken von Services

In diesem Beispiel gibt es einen Bedarf auf der Geschäftsseite, saisonal zu Halloween ein digitales Produkt im Onlinestore verfügbar zu machen und unterstützt durch eine passende Vermarktung möglichst viel Umsatz zu generieren.

Der übergreifende Service wäre also »Implementierung und Vermarktung neuer Produkte«. Dieser Service könnte mit einem Kanban-System gesteuert werden oder auch auf andere Art und Weise, z. B. mit einem Projektplan oder Aufgaben in MS Planner.

Dieser übergreifende Service wiederum nutzt drei in der Organisation etablierte Sub-Services:

- »Digitale Produktentwicklung« durch Produktmanager und agile Softwareentwicklungsteams.
- Für das »Oberflächendesign« sowohl im Produkt als auch in den Marketingmaterialien einen sogenannten »Shared Service«, der von vielen Gruppen innerhalb der Organisation genutzt wird.
- »Kampagnenmanagement« für die zielgruppengerechte Vermarktung auf den geeigneten Kanälen.

Damit am Ende das gewünschte Ergebnis steht, in diesem Fall ein erfolgreiches saisonales Produkt, müssen diese Services eng kooperieren. Durch die Kanban-Brille betrachtet, fordern sie gegenseitig ihre Services an. Die Steuerung kann sowohl lateral im Netzwerk als auch durch den übergeordneten Service erfolgen.

Abschließend noch ein wichtiger Hinweis, um Missverständnisse zu vermeiden: Damit ein Service (egal auf welcher Ebene) Kanban anwenden kann, müssen nicht alle umgebenden Services im Netzwerk durch Kanban-Systeme gesteuert werden! Lesen Sie dazu auch die Anmerkungen in Abbildung 2-1 oben: Die Produktentwicklung könnte nach Scrum arbeiten, das Oberflächendesign mit Kanban, und das Kampagnenmanagement könnte keine spezielle Methode nutzen oder sich durch Tasklisten steuern. Aus der Sicht jedes Kanban-Systems werden die Schnittstellen betrachtet. Die Effektivität des Managements der angesprochenen Services ist ein wichtiger Faktor für dessen Lieferqualität. Es gibt jedoch keinen zwingenden Grund, hier Kanban einzuführen, wenn der jeweilige Service in sich ausreichend reaktionsfähig ist und zuverlässig liefert.

Upstream und Downstream

Im Kanban-Kontext und auch in diesem Buch werden Ihnen die Begriffe *Upstream* (flussaufwärts) und *Downstream* (flussabwärts) begegnen. Die gängige Flussmetapher (Fluss wie in Bächen, Flüssen oder auch Arbeit) hilft hier beim Verständnis. Die Arbeit »fließt« durch verschiedene Stufen oder Aktivitäten (siehe Abbildung 2-2).

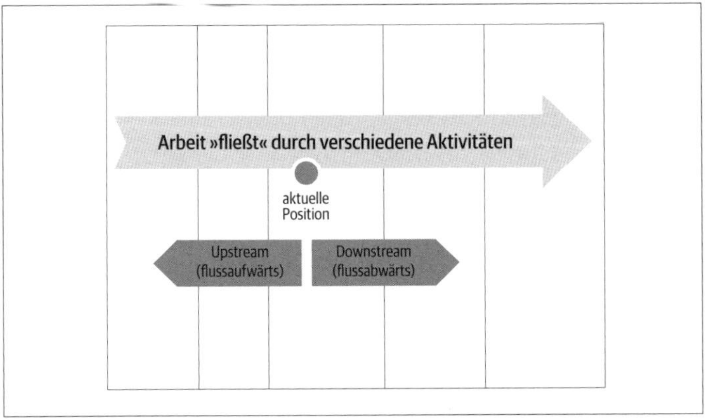

Abbildung 2-2: Upstream und Downstream im Arbeitsfluss

Allgemein gesprochen, bezieht sich Upstream jeweils auf den Bereich des Arbeitsflusses, der zeitlich vor der aktuellen Position liegt, das heißt auf vorherige Prozessschritte, die typischerweise links auf dem Board dargestellt werden. Downstream bezeichnet Tätigkeiten, die im Arbeitsfluss später folgen und sich weiter rechts auf dem Board befinden.

Die meisten Kanban-Systeme starten mit der Abbildung des Teils des Arbeitsflusses, in dem Kundenanfragen tatsächlich bearbeitet und die Ergebnisse geliefert werden. Dieser Systemteil wird als *Delivery Kanban*, also *Liefer-Kanban* oder *Liefersystem* bezeichnet.

Davor (Upstream) passiert in vielen Fällen jedoch einiges. Zwischen Kundenanfrage oder Ideengenerierung und dem Beginn der Umsetzung einer Lösung liegen oftmals Tage oder Monate und umfangreiche Aktivitäten. Dies sind z.B. Analysen, Prüfen auf strategische Eignung, Budget- oder Genehmigungsverfahren oder auch kreative Lösungsfindungen, Synthetisieren von Ideen etc. All dies wird im sogenannten *Upstream Kanban* dargestellt und gesteuert. Dies ist dann ein dem Liefer-Kanban vorgelagerter Systemteil, der oftmals als Trichter dargestellt wird.

Mehr Details zu *Upstream* finden Sie in Kapitel 13, *Upstream Kanban*.

Bestandteile der Methode

Kanban wird definiert durch Prinzipien und Praktiken. Diese sind durch ein Wertegerüst gestützt. Prinzipien, Praktiken und Werte bedingen und unterstützen einander. Der Kasten unten gibt Ihnen einen Überblick über die Elemente, die die Kanban-Methode beschreiben. Sie wirken am effektivsten im Zusammenspiel.

Bestandteile der Kanban-Methode

Vier Sätze an grundlegenden Prinzipien, an denen sich alle Handlungen ausrichten sollten:

- *Veränderungsprinzipien* als oberster Leitsatz sowie die fortgeschritteneren
- *Dienstleistungsprinzipien*,
- *Skalierungsprinzipien* und
- *Coaching-Prinzipien*.

Sechs allgemeine Kanban-Praktiken:

- Visualisiere
- Limitiere die parallele Arbeit (das WIP)
- Manage den Arbeitsfluss
- Mache Regeln explizit
- Implementiere Feedback-Schleifen
- Verbessere gemeinsam, entwickle experimentell weiter

Zudem mehr als 150 spezifische Kanban-Praktiken[1] je nach Kontext und Werten.

Die Kanban-Prinzipien gelten immer, Anzahl und Ausprägung der angewendeten Praktiken sind dagegen vielfältig.

1 Diese sind im Kanban-Reifegradmodell *Kanban Maturity Model* (KMM) enthalten und beschrieben, siehe die Informationen zu KMM im Abschnitt »Das Reifegradmodell Kanban Maturity Model (KMM)« auf Seite 43.

Wie im vorherigen Abschnitt beschrieben, ist jede Kanban-Implementierung einzigartig, abhängig vom Kontext, dem Reifegrad der Organisation und dem abgedeckten Umfang des Kanban-Systems.

Im Folgenden bekommen Sie einen Einblick in die Kanban-Prinzipien und -Werte. Die allgemeinen Praktiken werden detailliert in Teil II, *Die Kanban-Praktiken* beschrieben.

Prinzipien

Ich möchte Sie bewusst zuerst mit den Prinzipien vertraut machen. Es kommt häufig vor, dass die Kanban-Praktiken (beschrieben in Teil II) recht mechanisch umgesetzt werden, ohne sich des Zwecks oder deren Ziele bewusst zu sein. Dies führt leider zu »blutleeren« Implementierungen, die längerfristig nicht bestehen können bzw. nicht den möglichen Nutzen bringen.

Nehmen Sie sich daher die Zeit, die zentralen Prinzipien zu verstehen. Diese stellen die Grundlage der Arbeit mit Kanban dar und werden Ihnen helfen, das Potenzial von Kanban weit über »wir verschieben Klebezettel an der Wand« hinaus zu nutzen. Der folgende Kasten gibt einen ersten Überblick.

Überblick: Prinzipien

Für alle Kanban-Implementierungen gültig:

- Die *Veränderungsprinzipien* sind die obersten Leitsätze für den Umgang mit Veränderungen.

Wenn Sie Kanban auch über Teamgrenzen hinweg anwenden, gelten zusätzlich diese fortgeschritteneren Sätze:

- *Dienstleistungsprinzipien* unterstützen die Entwicklung einer Serviceorientierung als Schlüssel zu höherem Reifegrad.
- *Skalierungsprinzipien* leiten die Etablierung übergreifender und verknüpfter Kanban-Systeme.

Diese Prinzipien werden in den nachfolgenden Abschnitten erläutert. Einen kurzen Einblick in die weiterführenden *Coaching-Prinzipien* bekommen Sie in Kapitel 16, *Kanban-Coaching*.

Veränderungsprinzipien

Durch die Anwendung von Kanban streben wir an, in vielen kleinen Schritten (evolutionär) zu einem Optimum zu gelangen, anstatt mit einem vordefinierten Endzustand in einen Transformationsprozess zu gehen.

Die zugehörigen Prinzipien sind nachfolgend dargestellt. »Starte mit dem, was jetzt getan wird«, auf Englisch »Start where you are«, ist quasi die oberste Direktive[2], der erste Leitsatz jeder Kanban-Implementierung.

Veränderungsprinzipien

- Starte mit dem, was jetzt getan wird:
  - Verstehe die aktuellen Abläufe so, wie sie derzeit wirklich gelebt werden.
  - Berücksichtige die existierenden Rollen, Verantwortlichkeiten und Titel.
- Führe Einigung herbei darüber, Verbesserung durch evolutionäre Veränderungen anzustreben.
- Ermutige zu Handlungen von Leadership auf allen Ebenen.

Der erste Punkt der Prinzipien liest sich recht harmlos, in der Umsetzung hat er jedoch weitreichende Auswirkungen. Reflektieren Sie an dieser Stelle einmal Ihre Erfahrungen mit Veränderungsinitiativen. Eventuell kennen auch Sie Beispiele von »Big-Bang-Transformationsprojekten«, die einen großen zu Beginn definierten Veränderungsschritt versucht haben und vielfach gescheitert sind.

2 Star-Trek-Fans dürfte die »oberste Direktive« (Prime Directive) als wichtigste offizielle Direktive der Sternenflotte mit dem Prinzip der Nichteinmischung in andere Zivilisationen bekannt sein.

Die oben beschriebenen Veränderungsprinzipien zahlen auf die Werte Verständnis und Respekt ein. Bei der Arbeit mit Kanban bringen wir den aktuellen Arbeitsweisen und Organisationsstrukturen Wertschätzung und Respekt entgegen. Alle Gegebenheiten haben sich über die Zeit entwickelt, meist aus guten Gründen. Auch wenn aus einer Außensicht manche Dinge nicht sinnvoll oder optimal erscheinen mögen, werden nicht direkt Änderungen vorgeschlagen oder umgesetzt.

Mit der Kanban-Methode versuchen wir also *nicht*, vom aktuellen Zustand mit einem großen durchgeplanten Sprung zu einem vordefinierten zukünftigen Zustand zu kommen. Die Erfahrung zeigt, dass dieser Ansatz für Veränderungen selten funktioniert. Ist es nicht auch ein etwas anmaßender Gedanke, als Außenstehende mit einer vordefinierten Lösung zu kommen, die alle Probleme magischerweise löst? Selbst wenn dies gelänge: Es liegt in der menschlichen Natur, Veränderungen als potenziell bedrohlich anzusehen, insbesondere wenn diese die eigene Stellung in der Organisation und damit das eigene Bild und den Status betreffen. Im Ergebnis entsteht ein starker Veränderungswiderstand, der Verbesserungen erschwert, verzögert oder gar verhindert.

Kurz: Bei der Begleitung von Kanban-Initiativen helfen wir Menschen dabei, vorhandene Probleme zu sehen, geben ihnen eine Sprache, diese differenziert zu benennen, selbst auf Verbesserungsideen zu kommen und diese zu initiieren. Damit vermeiden wir viele Widerstände und aktivieren die vorhandenen Ressourcen (d.h. Erfahrungen, Kenntnisse, Arbeitsweisen, Ideen) der Organisation.

Kanban nutzt dafür einen evolutionären Ansatz für Änderungen, der auf der bestehenden und durch Kanban-Boards transparent gemachten Arbeitsweise aufsetzt und diese durch verschiedene Feedback-Mechanismen zu verbessern sucht. Die Kanban-Methode fördert evolutionären Wandel auf Basis der Erkenntnisse, die Menschen bei der Arbeit mit Kanban-Boards gewinnen.

Kanban ermutigt und unterstützt die Beteiligten, Verantwortung für die permanente Verbesserung der Arbeitsweisen zu übernehmen und diese aktiv auszuüben. Diese Leadership-Aktivitäten sind nicht immer das, was als traditionelle Führungsaufgabe verstanden wird. Oft können dies kleine Beobachtungen und Verbesserungsvorschläge sein, die von Menschen ohne offizielle Führungsrolle in der Organisation kommen.

Im nächsten Abschnitt bekommen Sie einen Einblick in die Dienstleistungsprinzipien, die oftmals wertvolle Veränderungsimpulse liefern.

Dienstleistungsprinzipien

Kanban fördert eine Sichtweise, die sich an den für Kunden erbrachten Dienstleistungen orientiert. Diese Sicht hilft, die Organisation besser zu verstehen und sich stärker bewusst zu werden, wie Arbeit durch sie fließt.

Die unten im Kasten zusammengefassten Prinzipien können möglicherweise nicht von Anfang an genutzt werden in Organisationen, die noch keine Kultur der Serviceorientierung ausgeprägt haben oder in denen Kundenfokus nicht gelebt wird.

Die Anwendung geeigneter Praktiken (beispielsweise Visualisierung des »größeren Bilds« und Feedback-Schleifen) fördert diese Prinzipien.

Dienstleistungsprinzipien

- Verstehe die Bedürfnisse und Erwartungen der Kunden und fokussiere dich auf diese.
- Manage die Arbeit, lass die Menschen sich selbst um die Arbeit herum organisieren.
- Entwickle das Netzwerk aus Services und dessen Vereinbarungen beständig weiter, um Ergebnisse zu verbessern.

Lassen Sie uns diese Prinzipien näher betrachten.

Dienstleistungsprinzip 1: Verstehe die Bedürfnisse und Erwartungen der Kunden und fokussiere dich auf diese.

Hier finden Sie die Kundenorientierung in der Kanban-Methode. Diese ist in den Kanban-Praktiken selbst nicht besonders sichtbar. Dieses Prinzip ist daher als Leitfaden und Orientierung in der Arbeit mit Kanban sehr wichtig. Es geht nicht (nur) darum, Teams effektiv und effizient zu machen, sondern darum, sich schrittweise an den Bedarfen der Kunden auszurichten und diese im Fokus der täglichen Arbeit und für Verbesserungen zu halten.

Dienstleistungsprinzip 2: Manage die Arbeit, lass die Menschen sich selbst um die Arbeit herum organisieren.

Lesen Sie den Satz gern noch einmal in Ruhe durch – er ist von großer Bedeutung! Dieses Prinzip stellt gemeinsam mit den Praktiken zur Visualisierung und der Vereinbarung von Regeln eine effektive Basis für Selbstorganisation dar.

Haben Sie auch schon beobachtet, wie Menschen vor Kanban-Boards fragen: »Habt ihr alle genug zu tun?« oder: »Was macht Seyhan heute?« Diese Art von Fragen sollten die Ausnahme sein, wenn dieses Prinzip befolgt wird. Es geht genau nicht um die direkte Steuerung von Menschen (mit dem Ziel, sicherzustellen, dass ja alle immer viel zu tun haben).

Stattdessen fördern wir die Fokussierung auf die Arbeitsgegenstände, die sich durch ihre verschiedenen Stufen im Arbeitsfluss bewegen. Dies kann sich beispielsweise in Fragen wie diesen ausdrücken: »Was ist noch zu tun, um die Karte XY fertigzustellen?« oder: »Wieso hängt das Projekt Z schon 15 Tage in der Initiierung fest?« Wir setzen Vertrauen in die Menschen, die mit dem System arbeiten, sich schlau so zu organisieren, dass diese Arbeit gemeinsam bestmöglich bewältigt wird. Die Kanban-Praktiken bieten hierzu wichtige Hilfestellung.

Dienstleistungsprinzip 3: Entwickle das Netzwerk aus Services und dessen Vereinbarungen beständig weiter, um Ergebnisse zu verbessern.

Mit diesem Prinzip bewegen wir uns in den Bereich miteinander verknüpfter Services. Damit können auch Services, die andere Services nutzen, gesteuert und verbessert werden. Hieraus entstehen oft Impulse zur Organisationsentwicklung.

Die Skalierungsprinzipien weiter unten knüpfen hieran an.

Ein pragmatisches Hilfsmittel, um eine an Services orientierte Sicht- und Denkweise einzunehmen, ist die sogenannte *Kanban-Linse* (*Kanban Lens*).

Die Kanban-Linse

Dieses Konzept wurde von David J. Anderson [Kanban Lens] und Andy Carmichael [Carmichael 2018] beschrieben und auf verschiedenen Konferenzen propagiert.

> ## Die Kanban-Linse
>
> Die Kanban-Linse ist ein Denkmodell, das die Anwendung der Serviceorientierung unterstützt. Es beschreibt eine Art und Weise, die aktuelle Struktur und Funktionsweise einer Organisation wahrzunehmen und diese anschließend innerhalb dieser Gegebenheiten ohne Reorganisation zu »kanbanisieren«:
>
> - Sieh Arbeit als Fluss (von der Anfrage bis zum erfüllten Bedarf).
> - Sieh Arbeitsfluss als eine Reihe von (kreativen) Aktivitäten, die auf die Arbeit angewendet werden.
> - Sieh Wissensarbeit als einen Service.
> - Sieh deine Organisation als ein Netzwerk von Services.

Organisationen werden in Kanban als organische Einheiten betrachtet, die aus einem Netzwerk von »lebenden und atmenden« Services bestehen, die sich individuell weiterentwickeln. Kundenanfragen fließen durch dieses Netzwerk von Services.

Aus meiner Erfahrung ist die Kanban-Linse ein Schlüssel zu deutlich spürbaren Verbesserungen. Diese Sichtweise einzunehmen, bietet erfrischende und überraschende Erkenntnisse, vor allem in größeren Organisationen und Konzernen. Es ist erstaunlich, welche Reibungspunkte und Dysfunktionen aufgedeckt werden, wenn man die Organisationsstruktur weitestgehend ausblendet. Dies ist oft ein wichtiger Schlüssel, um von einer Teamorientierung zu einer Kundenorientierung zu gelangen.

Praktisch angewendet, bedeutet die Kanban-Linse: Halten Sie zunächst Ausschau nach Interaktionen, in denen eine Partei Anforderungen oder Anfragen an eine andere stellt. Dann setzen Sie dieser Anfrage eine Go-Pro-Kamera auf die imaginäre Schulter und verfolgen sie nun auf ihrer Reise durch die Organisation bis zur Lieferung an den Kunden. Lassen Sie sich dabei nicht von organisatorischen Strukturen oder irgendwelchen Kästchen in Organisationsdiagrammen aufhalten! Gratulation, Sie haben einen Service und den zugehörigen Arbeitsfluss identifiziert.

Kanban-Linse und Dienstleistungsprinzipien

Die Kanban-Linse und Dienstleistungsprinzipien haben den Zweck, Team- und Abteilungsdenken schrittweise durch einen Fokus auf den Kunden und die erbrachten Dienstleistungen zu ersetzen.

Kanban unterstützt dabei, diese Dienstleistungen organisationsübergreifend innerhalb der existierenden Strukturen effektiv zu erbringen und zu verbessern.

Die Dienstleistungsprinzipien bilden die Basis für den organischen Skalierungsansatz von Kanban. Die entsprechenden Skalierungsprinzipien stelle ich Ihnen im folgenden Abschnitt vor.

Skalierungsprinzipien

Mit *Skalierung*, also »Vergrößern«, werden häufig Ansätze bezeichnet, die die breitere Anwendung einer Methode oder eines Frameworks innerhalb eines Unternehmens team- und bereichsübergreifend ermöglichen, also beispielsweise in der gesamten Produktentwicklungsgruppe oder im zentralen IT-Bereich eines Konzerns.

An dieser Stelle gibt es gute Neuigkeiten: So, wie Sie Kanban in diesem Buch bisher kennengelernt haben, skaliert es bereits! Es sind keine weiteren Schichten, Frameworks oder Ähnliches nötig. Wenden Sie einfach Praktiken und Prinzipien weiter an. Der Schlüssel dazu liegt in der Serviceorientierung, die Sie ja im vorherigen Abschnitt kennengelernt haben. Grob gesprochen, verknüpfen wir Kanban-Systeme, die verschiedene Services steuern, mit Kanban-

Bordmitteln, also Praktiken. Dadurch ergibt sich ein organischer und verteilter Ansatz.

Jedes Kanban-System hat für sich eigene Regeln, Boards, Karten und Feedback-Schleifen. Berührungspunkte mit anderen Kanban-Systemen gibt es natürlich zum einen über Karten, die als Kopien, Teile oder übergeordnete Elemente auf andere Boards gelangen. Wichtig sind andererseits auch Regeln: Wie sind die Kommunikationswege und -mittel der Anforderungen und Lieferungen von Services untereinander? Wie werden Anfragen im Auswahlprozess behandelt? Des Weiteren können übergreifende Feedback-Schleifen etabliert werden, die den Fluss und die Balance in diesem Netzwerk überprüfen und Verbesserungen treiben.

Einen Überblick über die Skalierungsprinzipien finden Sie im folgenden Kasten.

Skalierungsprinzipien

- Skaliere in einer serviceorientierten Art und Weise, und zwar einen Service nach dem anderen.
- Entwerfe jedes Kanban-System beginnend mit dem aktuellen Zustand unter Nutzung von Kanban Design Workshops. Versuche nicht, eine große oder allumfassende Lösung auf Enterprise-Ebene zu entwerfen.
- Nutze die Feedback-Schleifen (Kanban-Kadenzen) als das Managementsystem, das Balance ermöglicht und zu besserer Unternehmensdienstleistung führt.

Eventuell sind Sie an dieser Stelle mit diesem Thema noch etwas überfordert, da Ihnen ein genaueres Bild von Kanban bisher fehlt. Kommen Sie in diesem Fall gern später zu diesem Abschnitt zurück. Außerdem finden Sie weitere Informationen darüber, wie Skalierung in der Praxis geschieht, in Kapitel 14, *Skalieren*. Dort lernen Sie auch typische Entwicklungsszenarien kennen.

Als letztes Thema in diesem einführenden Kapitel möchte ich Sie nun noch mit wichtigen Werten vertraut machen, die bei der Anwendung von Kanban eine Rolle spielen.

Werte

Kanban-Implementierungen bewegen sich nicht im luftleeren Raum, sondern sind immer eingebettet in die Gegebenheiten der Organisation. Dazu gehören Strukturen, etablierte und akzeptierte Verhaltensweisen und Normen, die die Kultur bilden.

Bei der Arbeit mit Kanban und der Begleitung der entsprechenden Veränderungsinitiativen adressieren wir Werte typischerweise nicht direkt. Dennoch ist ein Verständnis der Werte und die Fähigkeit zu erkennen, wie diese in einem bestimmten Kontext ausgeprägt sind, sehr hilfreich: Kenntnisse über die Kultur helfen, Kanban passend anzuwenden. Aus jahrelangen Beobachtungen und Erfahrungen wissen wir mittlerweile, dass Werte bzw. deren Fehlen die Anwendbarkeit von Praktiken verzögert oder sogar behindert. Gleichzeitig werden Werte durch gezielte und schrittweise Etablierung von Praktiken, die bestimmte Verhaltensweisen fördern, weiterentwickelt. Die folgende Liste fasst die teamorientierten Werte des Reifegrads 1 (Teamorientierung) zusammen.

Transparenz
: Wenn dieser Wert stark ausgeprägt ist, wird die Verfügbarkeit von Informationen eingefordert. Das (wissentliche oder unwissentliche) Verbergen von Informationen wird nicht geduldet.

  Transparenz ist eine wichtige Voraussetzung für Zusammenarbeit: Wenn in einem Team beispielsweise jeder sieht, woran die anderen arbeiten, können die Teammitglieder realistische Erwartungen aufbauen, sich gegenseitig unterstützen und zusammenarbeiten.

Zusammenarbeit
: Menschen arbeiten als Team zusammen, um ein gemeinsames Ziel zu erreichen. Falls nötig, geben sie einen Teil ihrer eigenen Agenda auf, um mit anderen zusammenzuarbeiten und deren oder übergeordnete Ziele zu erreichen.

Initiative übernehmen
: Es wird eine Kultur (weiter)entwickelt, in der zu Initiative im Interesse besserer Dienstleistungen ermutigt und diese belohnt

wird: »If you see something, do something about it.« Wenn man eine Handlungsmöglichkeit im Interesse des Teams sieht und diese im Rahmen der Fähigkeiten und Erfahrungen ausführen kann, sollte man die Initiative ergreifen und es einfach tun (»Just do it!«).

Für eine weitere Entwicklung und verbesserte Kundenorientierung kommen die Werte in folgender Liste hinzu:

Handeln aus Leadership
: Dieser Wert baut auf »Initiative übernehmen« auf. Hier bemühen sich Einzelne, andere dazu zu bewegen, Initiative zu ergreifen.

Kundenbewusstsein
: Die Menschen in der Organisation bemühen sich, zu verstehen, wer die Kunden sind und wie deren Bedarfe aussehen. Kundenbewusstsein stellt eine hervorragende Möglichkeit dar, (mehrere) Teams an einem gemeinsamen Ziel auszurichten.

Evolutionäre Veränderungen
: Führungskräfte demonstrieren Geduld und erkennen an, dass das Erzwingen idealistischer Systeme nur weitere Probleme verursacht. Sie verstehen, dass man mit vielen kleinen, risikoärmeren Schritten auf ein Ziel hin schneller zu besseren Ergebnissen gelangt.

Arbeitsfluss
: Es gibt ein Interesse an Laufzeiten. Lange Laufzeiten, Stillstände oder Verzögerungen werden bemerkt, und es gibt Bemühungen, diese zu reduzieren. Es ist Menschen wichtig, Dinge abzuschließen, anstatt neue zu beginnen.

  Außerdem wird ein gleichmäßiger Arbeitsfluss wertgeschätzt. Eine gleichmäßige Ankunft von Arbeit ohne Spitzen ist respektvoll denjenigen gegenüber, die diese erledigen, und ein wichtiger Beitrag zur Vermeidung und Behebung von Überlastung.

  Ein geglätteter Fluss trägt zur Vorhersagbarkeit bei und unterstützt Kundenorientierung. Gleichzeitig kann Kundenorientierung ein wichtiger Motivator sein, um den Fluss zu glätten.

Narrative

Narrative, also Geschichten, sind wirksam, um bei Menschen Motivation und Orientierung zu erreichen. Mit Narrativen angereicherte Kennzahlen oder Ziele fördern Verständnis für und die Orientierung am Kunden. Beispiel: »Am 15.11. muss diese Kampagne geschaltet werden, da der Kunde dann seine Pop-up-Stores in europäischen Metropolen eröffnet.«

Respekt

Respekt in diesem Kontext setzt den gegenseitigen Respekt von Menschen untereinander voraus. Darüber hinaus geht es darum, Fähigkeiten, Gegebenheiten und Kontext anzuerkennen. Objektive Entscheidungen basierend auf Fakten und Belegen werden geschätzt. Gewinne für Einzelne auf Kosten anderer oder durch Zwang erreichte Ergebnisse sind nicht akzeptiert.

Personen bringen einander Empathie und Respekt entgegen und erkennen vorhandene Grenzen (auch in der Leistungsfähigkeit) an.

Verständnis (organisationsintern)

Die Menschen in der Organisation streben ein Verständnis für das »Was?«, »Wie?«, »Weshalb?« und »Durch wen?« der Arbeit in der Organisation an. Um dieses zu entwickeln, nutzen sie Beobachtungen, Studien, das Sammeln von Belegen, Modelle und Experimente.

Es gibt ein Verständnis dafür, dass Arbeit verschiedene Formen annehmen kann und verschiedene Behandlungsweisen nötig sein können.

Im Rahmen dieses Buchs können die Werte und deren Adressierung nicht weiter betrachtet werden. Halten Sie gern auf Basis der kurzen Vorstellung in den Tabellen oben im Alltag ein wenig Ausschau und entwickeln Sie ein Gefühl dafür, welche Werte schon präsent sind und welche weniger.

Reflexion zu Teil I

1. Beantworten Sie sich folgende Frage: »Was ist denn nun dieses Kanban?« Wenn Sie mögen, suchen Sie sich einen Gesprächspartner und verwickeln Sie ihn in ein Gespräch.
2. Falls Ihr Ziel ist, Kanban auf eine Eignung in Ihrer Organisation zu prüfen: Was macht, nach der bisherigen Lektüre, Kanban für Sie interessant? Gibt es bestimmte Aspekte, die beim Lesen Ihre besondere Aufmerksamkeit geweckt haben? Worin könnten Vorteile liegen? Gibt es möglicherweise auch Einschränkungen und, wenn ja, welcher Art?
3. Halten Sie in den nächsten Tagen Ausschau nach »Services« in Ihrer Organisation. Finden Sie mindestens drei interne und drei externe Services und tragen Sie sie in eine Tabelle nach diesem Schema ein:

Service (Leistung)	Anforderer	Erbracht durch	Besondere Merkmale?
Büromittelbeschaffung	alle Mitarbeitenden	Zentraleinkauf, Assistenzen der Bereiche	gemeinsamer Service

4. Schauen Sie sich die beschriebenen Werte nochmals an: Welche sind stark, welche schwach ausgeprägt in Ihrer Organisation?

TEIL II

Die Kanban-Praktiken

In diesem Teil des Buchs lernen Sie die Kanban-Praktiken kennen. Für diese bilden die Kanban-Prinzipien, die Sie im vorherigen Kapitel kennengelernt haben, den Rahmen. Die Kanban-Praktiken liefern Ihnen ergänzend zu den Prinzipien konkrete Verfahren, Verhaltensweisen und Techniken, die Sie bei der Erbringung und kontinuierlichen Verbesserung Ihrer Dienstleistungen unterstützen.

Nach einem Überblick beschreibt dieser Teil die sechs allgemeinen Kanban-Praktiken mit deren Zielsetzung und Funktion. Sie bekommen außerdem jeweils Tipps und Hinweise zur Einführung und Weiterentwicklung der Praktiken in Ihrem eigenen Umfeld. Nachdem Sie die Kanban-Praktiken einzeln kennengelernt haben, erhalten Sie abschließend noch einen Eindruck davon, wie sie im Zusammenspiel funktionieren.

Kanban-Praktiken im Überblick

Die Kanban-Methode definiert sechs sogenannte „allgemeine Praktiken, die unten im Kasten aufgelistet sind. Diese werden meist und auch im weiteren Verlauf dieses Buchs vereinfacht als *Kanban-Praktiken* bezeichnet.

Diese Praktiken werden abhängig vom Reifegrad der Organisation und vom Anwendungsbereich in verschiedenen Kanban-Implementierungen in unterschiedlicher Art und Weise konkret durch »spezifische« Praktiken umgesetzt: Tiefe und Umfang variieren, andere Techniken werden angewendet.[1]

Die allgemeinen Kanban-Praktiken

- Visualisiere
- Limitiere die parallele Arbeit (das WIP)
- Manage den Arbeitsfluss
- Mache Regeln explizit
- Implementiere Feedback-Schleifen
- Verbessere gemeinsam, entwickle experimentell weiter

In den folgenden Kapiteln lernen Sie diese nun genauer kennen. In der praktischen Anwendung bedingen und unterstützen sie sich gegenseitig.

1 Für einen vollständigen Überblick empfehle ich bei Interesse die *KMM Practices Map* [KMM], siehe *https://www.kanbanmaturitymodel.com/?s=Practices+Map*.

KAPITEL 3

Visualisiere

In diesem Kapitel mache ich Sie zunächst mit dem Zweck dieser grundlegenden Kanban-Praktik vertraut. Anschließend betrachten wir verschiedene Möglichkeiten, Arbeit darzustellen, von aufgaben- hin zu arbeitsflussorientierten Boards.

Einführung in die Praktik

Eine gute Visualisierung ist der Schlüssel zur kontinuierlichen Weiterentwicklung. Unser Sehsinn ist evolutionär gesehen sehr alt. Er erlaubt es uns, in kurzer Zeit sehr viele Informationen aufzunehmen und zu verarbeiten. Außerdem hilft Visualisierung bei der Zusammenarbeit, da dann alle Beteiligten buchstäblich ein gemeinsames Bild haben.

Kanban-Boards sind das verbreitetste Mittel zur Visualisierung eines Kanban-Systems. Allen Boards gemein ist das Ziehen (*Pull*) der Arbeit von links nach rechts über das Board: Links betreten neue Arbeitspakete das Board, und wenn sie auf der rechten Seite angelangt sind, wurde eine Kundenanforderung geliefert.

Arbeitspakete können unterschiedlichster Art und Größe sein, von Aufgaben über Anforderungen, (Gruppen von) Produktfeatures und Themen bis hin zu Projekten oder Produktpaketen auf Boards größerer Flughöhe. Sie werden typischerweise auf einzelnen Zetteln dargestellt, die meist Tickets oder Karten genannt werden. In diesem Buch werden sie als Arbeitspakete, Arbeitsgegenstände oder Karten bezeichnet.

Die einzelnen Schritte im Arbeitsfluss werden in Spalten dargestellt. Sie erinnern sich vielleicht an das Projekt-Board von 101 Brands, das Sie zu Beginn des Buchs kennengelernt haben. Dort finden Sie den Werdegang aller Projekte von der Idee bis zur Umsetzung (bzw. dem Abbruch). Jede Spalte bildet dort eines der Stadien im Arbeitsfluss ab. Verschiedenfarbige Karten wurden genutzt, um Projekte von verschiedenen Bereichen zu unterscheiden.

Spalten auf einem Kanban-Board können zum einen »aktive« Spalten sein, in denen tatsächlich an den entsprechenden Arbeitspaketen gearbeitet wird, also z.B. *Analysieren* oder *Umsetzen*. In Abbildung 3-1 sind diese mit einem Abspiel-Icon (*Play*) gekennzeichnet. Andererseits gibt es auch sogenannte »Pufferspalten« zum Speichern von Karten, die bereit sind, in den nächsten Arbeitsschritt weiterbewegt zu werden, z.B. *Warten auf Freigabe*. Diese sind mit einem grauen Hintergrund sowie dem Pause-Icon gekennzeichnet. Hier fangen diese Karten nur Staub, sonst passiert nichts. Außerdem finden Sie häufig zweigeteilte Spalten, in denen zu einer Aktivität, z.B. *Konzeption*, zunächst eine Arbeitsspalte (*In Arbeit* oder *Doing*) enthalten ist, in der die entsprechende Aktivität ausgeführt wird, und dann eine *Erledigt*-(*Done*-)Spalte. In dieser werden die Karten zwischengepuffert, bei denen diese Aktivität abgeschlossen ist, die jedoch noch nicht im Prozess weitergezogen wurden.

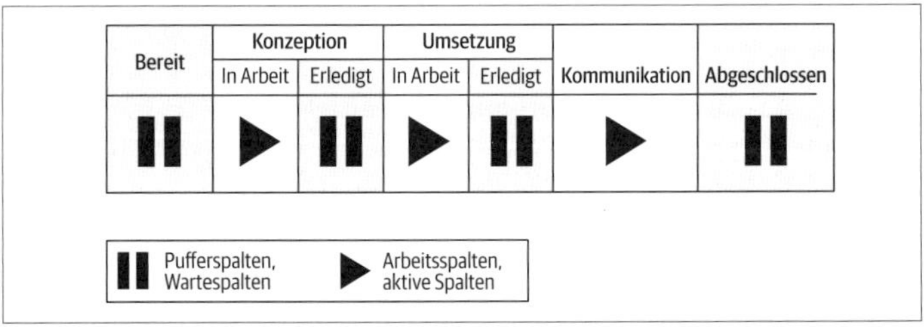

Abbildung 3-1: Verschiedene Arten von Spalten auf einem Kanban-Board

Dieses Konstrukt ist auch die Basis für die Modellierung von Pull-Systemen (mehr dazu im Abschnitt »Pull-Systeme« auf Seite 92).

Häufig werden Kanban-Boards außerdem horizontal in mehrere Bereiche, sogenannte *Swimlanes* oder auch *Zeilen*, unterteilt. Diese dienen der übersichtlichen Unterscheidung von Kategorien z.B. für verschiedene Arbeitstypen, Projekte oder Serviceklassen. Das macht sichtbar, wo welche Kapazitäten aufgewendet werden, und kann später zur Zuweisung von Kapazitäten genutzt werden.

Praktik »Visualisiere«

- Die Arbeit, der Arbeitsfluss sowie Risiken sollen realistisch wiedergegeben werden.
- Die Visualisierung sollte jederzeit den aktuellen Status (und kein Wunschbild der Zukunft!) reflektieren.
- Jedes Kanban-System und jedes Kanban-Board ist einzigartig: Ihr Kanban-Board sollte Ihren speziellen Arbeitsfluss mit den zugehörigen Vereinbarungen widerspiegeln.
- Kanban-Boards können digital oder haptisch (an der Wand) sein. Die Möglichkeiten zur Modellierung sind vielfältig, jedes Kanban-Board ist entsprechend individuell gestaltet.

Die Arbeit darstellen

Kanban-Systeme sollten möglichst anhand des Arbeitsflusses modelliert werden. In der Praxis ist das Verständnis des Begriffs *Arbeitsfluss* (*Workflow*) häufig ein Knackpunkt. Lassen Sie uns daher noch einmal kurz den Unterschied zwischen arbeitsflussbasierten Boards und Aufgaben-Boards an einem Beispiel betrachten.

Variante 1: Das Aufgaben-Board

Stellen Sie sich vor, Sie planten eine Reise. Diese möchten Sie sich individuell zusammenstellen. Auf Ihrer Aufgabenliste finden sich beispielsweise Punkte wie:

- Flugverbindungen ermitteln
- Yoga-Resort buchen
- Prospekte von Resorts anfragen
- Möglichkeit für Mietwagen und Mieträder vor Ort prüfen
- Termin festlegen

Alle diese Aufgaben können Sie nun auf einem Aufgaben-Board wie dem in Abbildung 3-2 darstellen, somit einen besseren Überblick behalten und sicherstellen, dass Sie nichts vergessen.

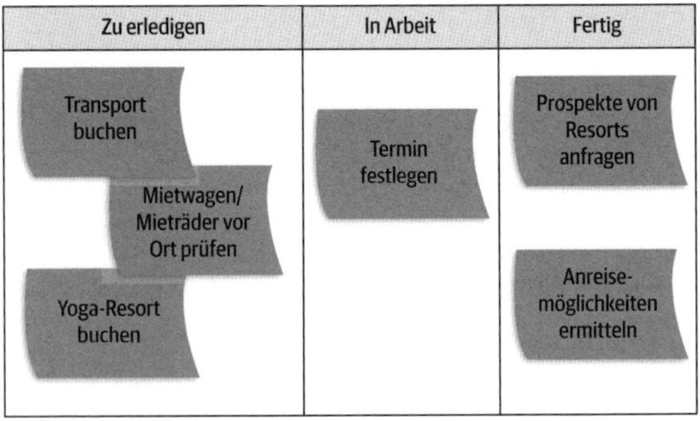

Abbildung 3-2: Einfaches Aufgaben-Board

In Ihrem Freundeskreis spricht es sich herum, dass Sie fantastische Individualreisen zusammenstellen können, und Sie beschließen, ein Geschäft darauf aufzubauen.

Sie könnten nun mit Ihrem Board weiterarbeiten. In diesem Fall hätten Sie jetzt zu verschiedenen Reisen gehörende Zettel gleichzeitig auf Ihrem Board (siehe Abbildung 3-3). Das können Sie beispielsweise lösen durch verschiedenfarbige Zettel je Reise, Symbole oder den Namen des jeweiligen Kunden auf dem Zettel.

Sie könnten damit weiterhin von einer Sichtbarkeit der Arbeit profitieren. Wie Sie in Abbildung 3-3 sehen, wird es jedoch vermutlich schnell unübersichtlich. Außerdem müssten Sie für jede neue Reise, die Sie für einen Kunden organisieren, ähnliche Aufgaben kopieren und aufschreiben.

Hier kommt nun der Arbeitsfluss ins Spiel und eröffnet Ihnen weitere Möglichkeiten! Damit gehen Sie auch einen wichtigen Schritt von einer einfachen Visualisierung hin zu einem stärker ausgeprägten Kanban-System.

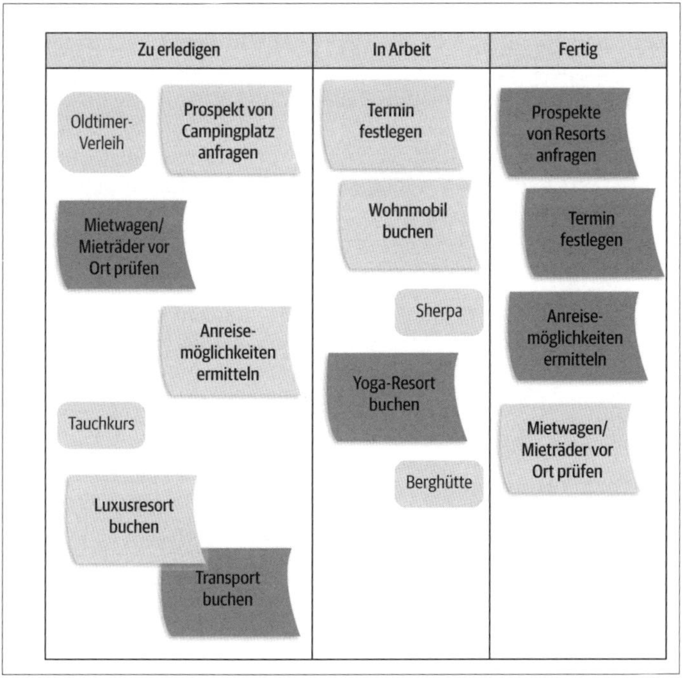

Abbildung 3-3: Aufgaben-Board für mehrere Reisen

Variante 2: Das arbeitsflussorientierte Board

Hier geht es also darum, die »Arbeitsgegenstände« (hier: Reisen) und deren Arbeitsfluss von der Anfrage bis zur abgeschlossenen Bearbeitung zu entdecken und abzubilden. Wie stellen Sie das am besten an?

Zunächst nehmen Sie sich ein wenig Zeit, schauen sich Ihr Aufgaben-Board an und reflektieren, wie Sie üblicherweise die Reisen organisieren. Sie erkennen ein Muster: Zu Beginn gibt es stets ein oder mehrere Gespräche, E-Mails oder Telefonate, in denen Sie Ihre Kunden kennenlernen und deren Erwartungen und Rahmenbedingungen verstehen. Danach erforschen Sie mögliche Ziele und erstellen eine grobe Reiseplanung. Diese stellen Sie dem Kunden vor. Hier erfolgt eine verbindliche Beauftragung. Anschließend buchen Sie die vereinbarten Komponenten (Transport, Logis, Events vor Ort etc.) und erstellen die Reisemappe. Ihr Kunde kann nun seine Reise antreten, und Sie freuen sich auf Postkarten bzw. sonstige Rückmeldungen. Außerdem haben Sie es sich zur Angewohnheit gemacht, alle Reiserückkehrer nach ihren Erfahrungen zu fragen und sie um Blogbeiträge zu bitten. Das hilft Ihrem Geschäft, denn es verbessert Ihre Social-Media-Sichtbarkeit und Ihre Angebote durch die Rückmeldungen, die Sie zukünftig berücksichtigen können.

Wichtig – die Karten auf Ihrem Board enthalten nun nicht mehr einzelne Aufgaben, sondern repräsentieren jeweils eine zu einem Interessenten gehörige Reise, die entsprechende Stadien durchläuft. Dies könnte z. B. aussehen wie in Abbildung 3-4.

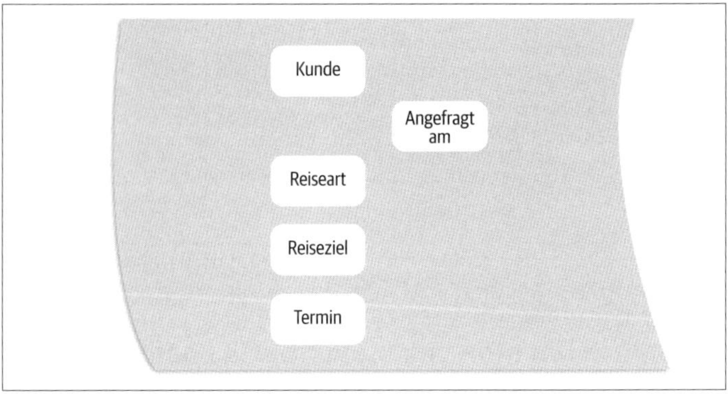

Abbildung 3-4: Vorlage für eine Karte für eine Reise

In der Praxis werden meist Vorlagen für die einzelnen Karten definiert. Dies kann z. B. eine Haftnotiz sein, auf der Platzhalter für Informationen über die jeweiligen Bereiche auf der Karte stehen. Gestalten Sie alle Zettel unbedingt nach einem ähnlichen Aufbau, sonst sieht es schnell wie Kraut und Rüben aus, und Sie verlieren den Überblick. Verwenden Sie ein digitales Kanban-Board, können Sie die Ansicht so konfigurieren, dass Sie wichtige Informationen gut dargestellt bekommen.

Sie sehen in Abbildung 3-4, dass nicht alle Informationen zu jedem Geschäftsfall auf der Karte stehen. Sehr große Karten wären unhandlich. Der Zweck Ihres Kanban-Boards ist es auch nicht, alle Informationen zu dokumentieren, sondern den Fluss der Arbeit zu steuern – in diesem Fall also, alle Reisen effektiv zu koordinieren, sodass Ihre Kunden zum gewünschten Zeitpunkt eine großartige Reise antreten können.

Für die Details nutzen Sie beispielsweise eine eigene Kundenakte oder eine Seite in einem WIKI. Für eine eindeutige Zuordnung können Sie auch eine Referenz definieren. Ihre Karten könnten dann beispielsweise aussehen wie die in Abbildung 3-5.

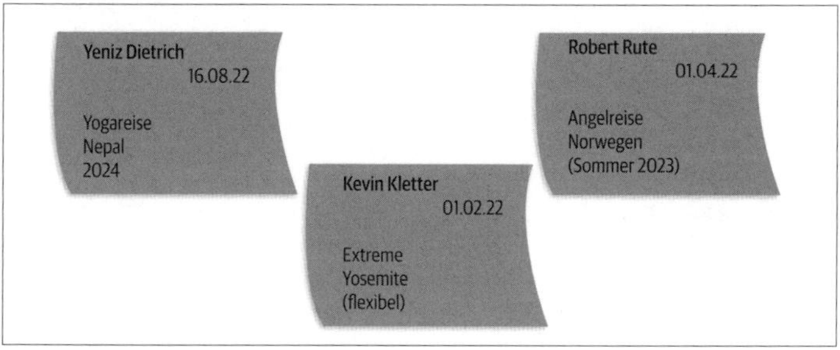

Abbildung 3-5: Karten mit Reisen

Tatsächlich befinden sich hier nur die Informationen, die Sie und Ihre Mitarbeitenden benötigen, um zu entscheiden, welcher Auftrag wann und in welcher Reihenfolge bzw. E-Mail bearbeitet wird. Die Angaben zum Reiseziel helfen Ihnen, das geeignete Teammitglied zu finden, das den Auftrag optimal bearbeiten kann.

Merke: Auf den Karten werden alle Informationen festgehalten, die bei der Koordinierung helfen.

Diese Karten wandern nun durch den gemeinsamen Arbeitsfluss, der in Alltagssprache kurz zusammengefasst so aussehen könnte: Ein Kunde stellt eine Reiseanfrage (persönlich, per E-Mail oder Telefon). Mit den groben Informationen erstellen wir ein Reisekonzept. Dazu halten wir meist Rücksprache mit dem Kunden. Dann erfolgt die Beauftragung, oder der Kunde bricht den Kontakt ab.

Die Reisekomponenten werden gebucht, und eine Reisemappe wird zusammengestellt. Nach Bezahlung bekommt der Kunde alle Unterlagen zur Verfügung gestellt und tritt die Reise zum Termin an.

Das Ganze könnte als Board dann dargestellt sein wie in Abbildung 3-6. Sie sehen hier im Beispiel schon, dass in einigen Spalten Aktionen erfolgen (Arbeitsspalten), in anderen nur ein Zustand beschrieben wird (Wartespalten, grau hinterlegt).

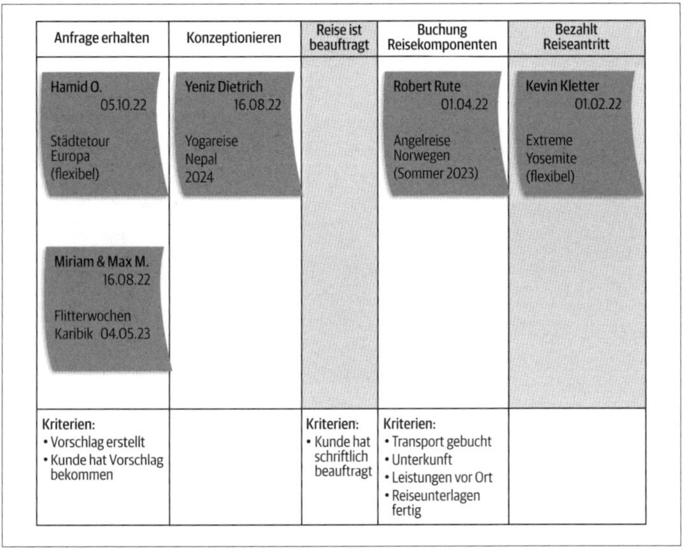

Abbildung 3-6: Reise-Board mit Arbeitsfluss

In der Darstellung des Boards sehen Sie außerdem am Fuß der Spalten jeweils eine Art Mini-Checkliste. Diese definiert den Zustand, den jede Karte erreicht haben muss, um in die nächste Spalte weiterwandern zu dürfen. Diese Kriterien heißen *Pull-Kriterien*. (Mehr dazu in Kapitel 6, *Mache Regeln explizit*.) Diese Checklisten werden Ihnen bei der Einarbeitung und in der Zusammenarbeit helfen, wenn Sie sich für Ihr florierendes Geschäft personelle Unterstützung holen.

Sie sehen, dass das Board an »Zuständen« bzw. Reifegraden der Reise orientiert ist und nicht an verschiedenen Aktivitäten oder Übergaben zwischen Personen. Ihr Board könnte sonst z. B. folgende Spalten enthalten: Anfrage erhalten – Erstellung erstes Grobkonzept – Review Kunde – Überarbeitung – zweiter Review (etc.) – Beauftragung Kunde – Buchung Flug – Buchung Bahn – Buchung Hotel – Bezahlung ... Sie erkennen das Problem.

Durch die Darstellung der Zustände erhalten Sie zum einen ein einfacheres Board und verstärken zum anderen den Fokus auf die Arbeit statt auf Aktivitäten von Personen.

Abschließend: Auf einem Board können natürlich verschiedene Arten von Arbeit mit ihren jeweiligen spezifischen Arbeitsflüssen dargestellt werden. Dafür wird das Board horizontal unterteilt. Wenn Sie neben Ihrem Kerngeschäft der Reiseorganisation z. B. auch Ihre Social-Media-Aktivitäten steuern möchten, könnten Sie diese unterhalb der Reisen darstellen.

Vorteile der Darstellung des Arbeitsflusses

Zusammengefasst, bieten Ihnen die Darstellung und Steuerung anhand des Arbeitsflusses folgende Vorteile:

- Sie haben weniger wiederkehrende Aufwände, sich jeweils die Aufgaben zu überlegen und auf Karten zu dokumentieren. Der typischerweise angewendete Prozess ist bereits da, und Sie müssen lediglich die konkreten Arbeitsgegenstände auf Karten bringen.
- Ihr Kanban-Board und die damit verbundenen Vereinbarungen unterstützen ein konsistenteres Arbeiten und – falls vorhanden – auch die Einhaltung von regulatorischen Vorschriften.
- Diese Darstellung erlaubt ein einfacheres Messen der Dauer je Auftrag, was Ihnen in Zukunft verlässlichere Terminzusagen ermöglicht.
- Das Board ist insgesamt deutlich übersichtlicher – auf einen Blick sehen Sie, wie der Stand der Arbeit im Prozess ist, wo es fließt oder stockt.
- Mit der Zeit können Sie verschiedene Arten Ihrer Arbeitsgegenstände identifizieren und lernen, wie sich diese im Workflow verhalten: bei Reisen z. B. die Schwarzwald-Wochenenden im Vergleich zu den Maui-Reisen. Damit können Sie Ihren Kunden verlässlichere Aussagen zur Bearbeitungsdauer machen.

In der Praxis ist dieses Umdenken gerade außerhalb der IT oft herausfordernd. Eine Hilfestellung bietet Ihnen der Kanban Design Workshop (siehe Kapitel 10, *Kanban Design Workshops*), der Ihnen unter anderem dabei hilft, Ihre Arbeitstypen und deren Arbeitsfluss zu entdecken. Daraus wird automatisch ein »echtes«, am Arbeitsfluss orientiertes Kanban-Board resultieren.

Weitere Elemente der Visualisierung

Neben der Darstellung der Karten in ihrem Arbeitsfluss können Sie weitere Informationen auf dem Kanban-Board abbilden. Typische Beispiele hierfür sind:

- Markierungen für blockierte Karten (zum Beispiel durch das Warten auf Informationen, auf Entscheidungen, oder es gibt ein anderes Problem, das den Fortgang behindert). Hierfür werden oft »Stoppzeichen« benutzt oder auf haptischen Boards kleine Klebezettel in Signalfarbe aufgeklebt.
- Vereinbarungen und Regelungen für die Bewegung im Arbeitsfluss. Dies ist besonders interessant für Systeme mit regulatorischen Vorschriften.
- Separate Bereiche für verworfene oder abgebrochene Karten.
- Visualisierung von Kennzahlen wie z. B. das Alter der Karte.
- Darstellung von Abhängigkeiten oder auch Hierarchien zwischen Karten.
- Informationen zu zugehörigen über- oder untergeordneten Karten.
- Fälligkeitstermine.
- Nötige Aktivitäten oder Genehmigungen (z. B. dargestellt als Checkboxen).
- Sonstige Risiken.

In Kapitel 10 erhalten Sie im Abschnitt »Gestaltungsmuster für Kanban-Boards« auf Seite 250 praktische Tipps zu typischen Gestaltungselementen.

KAPITEL 4

Limitiere die parallele Arbeit (das WIP)

Als Einstieg starten wir gleich mit einem kleinen Gedankenexperiment zur Motivation für diese Praktik. Anschließend finden Sie eine Zusammenfassung der Praktik mit wichtigen Steuerungselementen und der zugrunde liegenden Gesetzmäßigkeit namens Littles Gesetz. Auf dieser Basis schauen wir uns dann die Ursprünge, die Gestaltung und die Auswirkungen von Pull-Systemen an. Abschließend finden Sie Hinweise und Tipps, um WIP-Limits auch in Ihrer Umgebung erfolgreich anzuwenden.

Motivation für die Praktik

Lassen Sie uns mit einem Gedankenexperiment beginnen. Dieses sollte Ihnen einen guten Einstieg in die Thematik bieten.

Stellen Sie sich vor, Sie hätten einen Tank, in dem sich 100 gleichartige Bälle befinden und bearbeitet werden. Jede Stunde verlassen 10 Bälle unten den Tank (die Lieferrate). Die Mechanik im Tank ist so, dass die Reihenfolge der Bälle beibehalten wird, und wie gesagt: Alle Bälle sind gleich groß.

Gerade ist aus dem vollen Tank ein Ball unten herausgeploppt (Lieferung!), und Sie geben oben einen farbig markierten Ball als 100. Ball hinein (siehe Abbildung 4-1). Wie lange dauert es, bis der markierte Ball unten wieder aus dem Tank kommt?

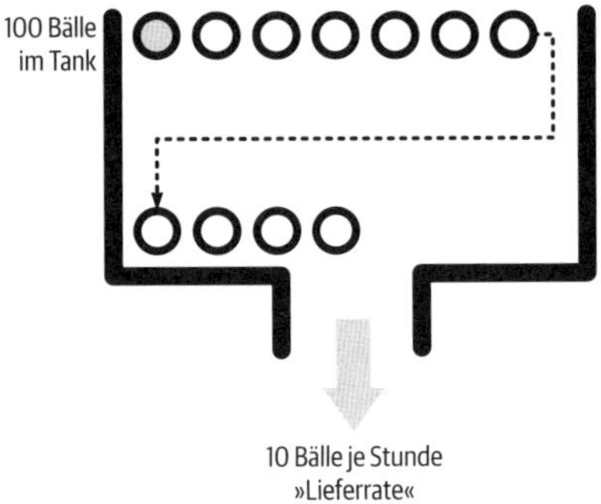

Abbildung 4-1: Bälle im Tank, Teil 1

[Denkpause. Bitte selbst überlegen, ehe Sie weiterlesen.]

Es dauert 10 Stunden, das ist recht naheliegend, oder? 100 Bälle sind im Tank, pro Stunde verlassen 10 Bälle den Tank, nach 10 Stunden verlässt der 100. Ball wieder den Tank.

Sie ahnen es sicher: Der Tank entspricht Ihrem Arbeitssystem, die Bälle Ihren begonnenen Aufgaben. Die Frage zu den Bällen im Tank beantworten die meisten Menschen nach kurzem Nachdenken korrekt. Interessanterweise fällt es jedoch vielen schwer, die gleichen Schlüsse in Bezug auf ihr eigenes Arbeitssystem zu ziehen.

Zurück zu unserem Tank: Denken wir nun weiter. Sie möchten, dass alle Bälle in der halben Zeit, das heißt innerhalb von fünf Stunden, durch den Tank kommen. Was müssen Sie dazu am Tank verändern?

[Hier haben Sie nochmals Zeit zum Nachdenken.]

Ich hoffe, Sie haben sich von mir aufs Glatteis führen lassen und »Den Ausgang verdoppeln!« gedacht. Das sähe dann aus wie in Abbildung 4-2.

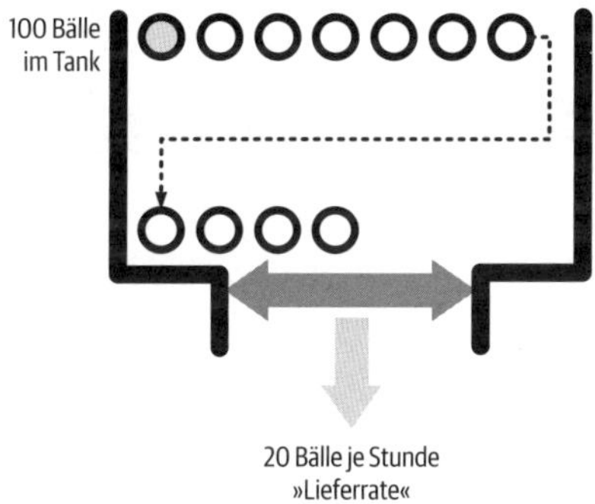

Abbildung 4-2: Bälle im Tank, Teil 2

Tatsächlich ist diese Antwort ein weitverbreiteter Managementreflex. »Wir brauchen mehr Leute!« oder »Wir brauchen noch ein Team!« Prinzipiell ist das in Grenzen natürlich richtig und würde helfen: Wenn wir den Tank so gestalten, dass pro Stunde nun 20 Bälle hindurchkommen, wird unser markierter Ball bereits nach 5 Stunden wieder herauskommen.

Wir haben allerdings mal so eben die Lieferrate verdoppeln müssen, um dies zu erreichen! Wie könnte man die Lieferrate verdoppeln? Für den Tank: bauliche Maßnahmen. Übertragen auf Wissensarbeitssysteme? Typischerweise mehr Leute, neue Teams, höherer Automatisierungsgrad, Prozessverbesserungen. Alles Dinge, die leider nicht über Nacht und nicht billig zu bekommen sind. Außerdem skalieren diese Systeme nicht linear. Sie können also nicht so einfach ein zweites Team danebensetzen und davon ausgehen, dass sich die Lieferrate mal eben verdoppelt. Ab einem gewissen Punkt kann die Lieferrate aufgrund von Abhängigkeiten und Kommunikations- sowie Koordinierungsaufwänden sogar wieder sinken.

Nun ja, zum Glück haben wir noch eine weitere Stellschraube, an der wir drehen können. Haben Sie eine Idee? Genau, die Größe unseres Tanks! Wir lassen nur noch 50 Bälle gleichzeitig hinein, das heißt, unser markierter Ball wird als 50. Ball schon nach 5 Stunden (bei einer Lieferrate von 10 Bällen pro Stunde wie zu Beginn unseres Gedankenexperiments) herauskommen.

Dieses Verhalten folgt den Gesetzmäßigkeiten von *Littles Gesetz*, die im Abschnitt »Littles Gesetz: vom Bälle-Tank zum Wissensarbeitssystem« auf Seite 86 näher erläutert werden. Hier vorab in der groben Form für dieses vereinfachte Modell (Tank ist stets voll, alle Bälle sind gleich groß und behalten die Reihenfolge):

$$Laufzeit = \frac{Anzahl\ der\ Bälle\ im\ Tank}{Lieferrate}$$

Für den eben betrachteten Fall ergibt sich eine Situation wie die in Abbildung 4-3.

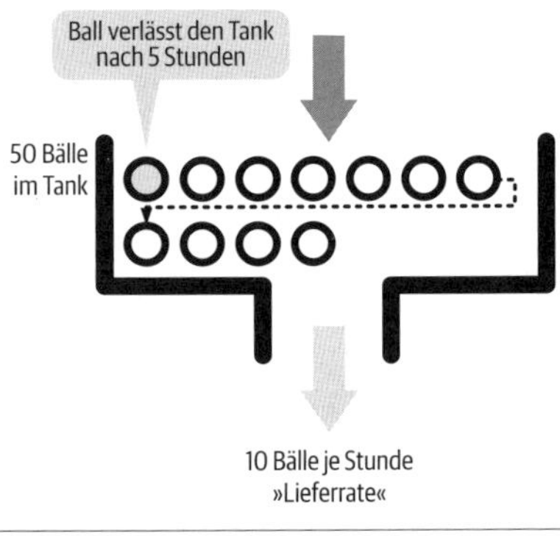

Abbildung 4-3: Bälle im verkleinerten Tank

Mittels der Formel ausgedrückt, ergibt sich also:

$$Laufzeit = \frac{50\ Bälle}{10\ Bälle\ je\ Stunde} = 5\ Stunden$$

An dieser Stelle haben vielleicht auch Sie ein »Aber das ist doch schummeln!« auf den Lippen. Na ja, es ist zumindest sehr schlau. Und es erzeugt sehr nützliche Effekte. Zudem ist es als rein organisatorische Maßnahme bzw. Vereinbarung deutlich günstiger als die weiter oben betrachtete Option.

Zu den Effekten: Schauen Sie sich doch »Ihre 100 Bälle« in Ihrem Tank an, also all das, was aktuell in Arbeit ist. Wenn Sie mal ordentlich auskehren, finden Sie wahrscheinlich jede Menge:

- Zombies – schon lange tot, aber geistern noch herum – sowie
- ewige Verlierer – werden immer übersteuert (»XYZ ist jetzt wichtiger«), dauern ewig, und einige werden schließlich zu Zombies.

Weniger Bälle gleichzeitig im Tank (oder in der Luft ;)) führen andererseits zu deutlich reduzierten Koordinierungsaufwänden. Dies werden Sie sehr schnell positiv wahrnehmen. Ganz nebenbei werden dadurch Kapazitäten freigesetzt. Außerdem werden unangenehme, aber für ein effektives Operieren notwendige Entscheidungen erzwungen, insbesondere das Selektieren und Sequenzieren am Eingang. Sieben Sie Zombies und ewige Verlierer frühzeitig aus, damit diese im Folgenden nicht Ihr System verstopfen.

Die von Ihnen bewusst gewählten Bälle (nämlich genau jene, die aktuell die höchste Wichtigkeit und Dringlichkeit haben), die es nun in den Tank schaffen, haben gute Chancen, fokussiert und mit minimalen Verzögerungen erledigt zu werden! Die Begrenzung parallel erlaubter Arbeiten im System hat außerdem den Effekt eines *Enabling Constraint* (einer befähigenden Einschränkung) und wirkt sich sehr positiv auf Zusammenarbeit aus.

Wenn Sie gerade mit Kanban starten, operieren auch Sie wahrscheinlich deutlich oberhalb Ihrer tatsächlich vorhandenen Kapazität. Dies erkennen Sie z.B. an:

- wechselnden Prioritäten und damit verbundenen
- häufigen Wechseln zwischen verschiedenen Arbeitsgegenständen,
- der Existenz von Zombies und ewigen Verlierern sowie einer
- der sehr langen Dauer, bis Arbeiten abgeschlossen werden.

Konsultieren Sie hierzu gern auch Ihr Bauchgefühl oder befragen Sie Kolleginnen und Kollegen.

Nach dieser Einführung wenden wir uns nun der darauf basierenden Kanban-Praktik zu.

Beschreibung der Praktik

Sie erfahren nun als Erstes, wie Sie die sogenannten *WIP-Limits* anwenden können, um die Größe Ihres »Arbeitstanks« zu begrenzen.

WIP und WIP-Limits

WIP ist eine Abkürzung für *Work In Progress* und auch im deutschen Sprachgebrauch üblich. WIP bezeichnet die Anzahl der parallel in Arbeit befindlichen Dinge (z. B. in Arbeitsschritten, pro Person oder auch auf einem ganzen Board). Dies entspricht der Anzahl der Bälle im Tank.

Wie reduziert man nun praktisch die Bälle im Tank bzw. die Aufgaben im System? Dazu führt man sogenannte WIP-Limits (Work-in-Progress-Begrenzungen)[1] ein.

WIP-Limits

Ein WIP-Limit definiert die zu einem Zeitpunkt maximal erlaubte Anzahl an Karten in einem definierten Bereich des Kanban-Boards.

Dies kann beispielsweise die Anzahl der Karten in einer oder in mehreren Spalten oder Zeilen sein oder auch die Anzahl der Karten pro Person.

In Kanban-Boards werden WIP-Limits typischerweise durch eine Zahl in einem Kreis oder am jeweiligen Bereich dargestellt.

Wie Sie bereits durch das Gedankenexperiment mit dem Tank erfahren haben, kann diese kleine, unscheinbar wirkende Zahl des

1 Der Begriff *WIP-Limit* hat sich im deutschen Sprachraum etabliert und wird hier ebenso verwendet.

WIP-Limits große Wirkung entfalten. Lassen Sie uns hier noch einmal das Board von 101 Brands anschauen und in den oberen Bereich hineinzoomen, zu sehen in Abbildung 4-4.

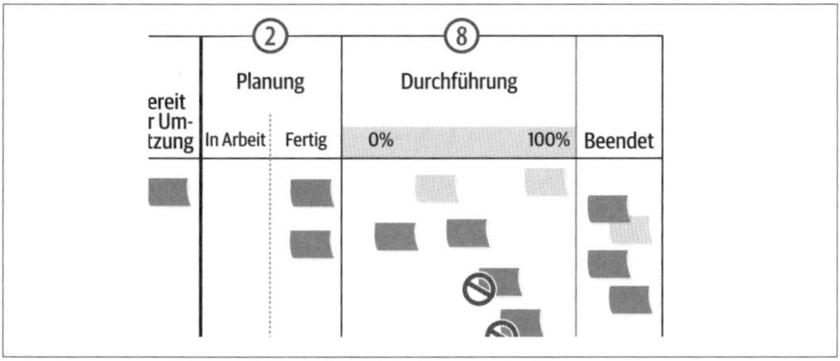

Abbildung 4-4: Beispiele für WIP-Limits, hineingezoomt

Die Zahlen 2 und 8 in den Kreisen über dem Board zeigen an, dass nur 2 bzw. 8 Projektkarten in der entsprechenden Spalte hängen dürfen. Die Darstellung in einem Kreis (und oftmals in roter Farbe) hat sich als Standard in haptischen Boards eingebürgert.

Lesen Sie den Kasten »WIP-Limits« oben gern noch einmal durch. Der Schlüssel hier ist »zu einem Zeitpunkt«. Dies bedeutet also nicht je Woche, Tag oder Monat. Sie können eine Spalte mit einem WIP-Limit von 3 haben, durch die in einer Woche 15 Karten durchrauschen. Von denen sind jeweils aber nur 3 gleichzeitig in der Spalte. Wenn eine Karte den Arbeitsschritt verlässt, wird ein Platz (das virtuelle Pull-Signal, auch *kanban* genannt und hier üblicherweise klein geschrieben) frei, den die nächste Karte einnehmen kann. Es ist dabei unwichtig, welche der drei Karten weiterzieht und den Platz freimacht. Eventuell ist am Montag eine Karte in der Spalte gelandet, wurde dort z.B. durch fehlende Informationen blockiert (hält also einen Platz weiterhin besetzt), und durch die beiden anderen freien Plätze sind in der Zwischenzeit 10 andere Karten durch die Spalte gewandert. Andererseits kann es auch passieren, dass bei einem WIP-Limit von 3 dieselben drei Karten über Tage oder Wochen dort hängen.

Die Begrenzung der Arbeit, die in das System darf, ist ein wichtiger Schlüssel zur Reduzierung von Überlastung und den damit verbundenen Kontextwechseln und Umschaltverlusten. Ziel ist es, den Bedarf der Kunden und die Leistungsfähigkeit des Systems über die Zeit in Balance zu bringen.

Praktik »Limitiere die parallele Arbeit (das WIP)«

»Stop starting, start finishing!«[2] Zu viel gleichzeitig begonnene Arbeit führt zu negativen Effekten wie Umschaltverlusten und längeren Durchlaufzeiten.

Ziel der Praktik ist es daher, die begonnene Arbeit im System entsprechend der tatsächlich vorhandenen Kapazität zu reduzieren. Dazu werden WIP-Limits und das Pull-Prinzip eingesetzt, um ein Pull-System zu etablieren (siehe Abschnitt »Pull-Systeme« auf Seite 92).

Damit können Reaktions- und Lieferfähigkeiten verbessert werden. Durch den verbesserten Fokus und eine höhere Konsistenz im Prozess steigt die Qualität.

Die Wirksamkeit der getroffenen Vereinbarungen wird kontinuierlich beobachtet und an sich ändernde Gegebenheiten angepasst. Fertiggestellte Arbeit wird höher bewertet als angefangene. Dies stellt in der Organisation oft kulturell eine Änderung dar.

Littles Gesetz: vom Bälle-Tank zum Wissensarbeitssystem

Bevor wir uns Littles Gesetz, das wir oben bereits erwähnt haben, näher anschauen, lassen Sie uns kurz den Bälle-Tank aus dem einführenden Gedankenexperiment mit dem typischen Wissensarbeitssystem vergleichen. Auf einen Bälle-Tank übertragen, könnte sich unsere Wissensarbeit zum Beispiel so darstellen wie in Abbildung 4-5.

2 Leserinnen und Leser mögen mir diesen Anglizismus verzeihen. Beim Versuch der Übersetzung (z.B. »Höre auf zu beginnen. Fange an zu beenden.«) lässt die Griffigkeit doch etwas zu wünschen übrig.

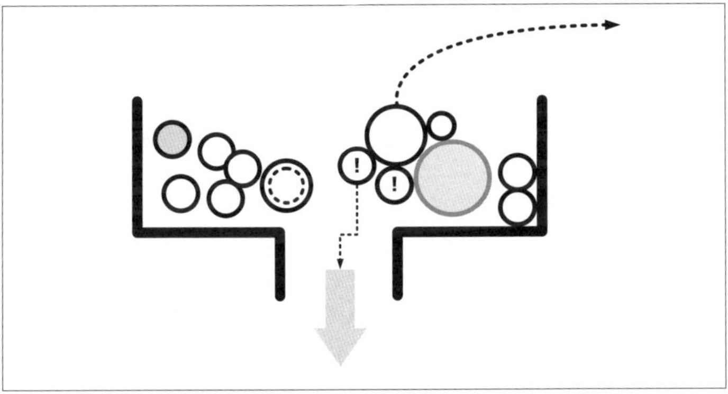

Abbildung 4-5: Wissensarbeit im Bälle-Tank

Die Bälle sind unterschiedlich groß. Im Tank herrscht Unordnung, Bälle überholen sich gegenseitig, einige werden zwischendurch rausgeworfen oder bleiben in einer Ecke hängen. Einige Bälle wachsen, andere schrumpfen. Die Anzahl der Bälle im Tank schwankt über die Zeit. Und manchmal werden sogar mehr Bälle hineingepresst, als eigentlich Platz ist. All dies sind Gründe, weshalb die oben genannte vereinfachte Formel für unsere Arbeitssysteme (Laufzeit = 50 Bälle / 10 Bälle je Stunde = 5 Stunden) so nicht anwendbar ist.

Littles Gesetz beschreibt das gleiche Verhalten, allerdings unter Verwendung von Durchschnittswerten und an bestimmte Voraussetzungen geknüpft, um auch für unsere dynamischen Wissensmanagementsysteme anwendbar zu sein.

Definition

Die Formel ist benannt nach Dr. John D. C. Little. Dieser formulierte und bewies 1961 diese Gesetzmäßigkeit in der Warteschlangentheorie.[3]

3 Siehe auch *https://de.wikipedia.org/wiki/Littles_Gesetz*

Littles Gesetz beschreibt in Produktionsprozessen jeder Art den Zusammenhang zwischen der Anzahl der Dienstleistungen, die einen Prozess durchlaufen sollen, und der Zeit, die zu ihrer Fertigstellung benötigt wird. Knapp umschrieben, besagt Littles Gesetz, dass sich der Arbeitsanfall zu stauen beginnt, wenn mehr Arbeitsaufgaben hinzukommen, als Arbeiten erledigt werden. In unsere heutige Begriffswelt übertragen, ergibt sich die im Kasten unten dargestellte Formel.

Littles Gesetz

Littles Gesetz bietet einen wichtigen Einblick in das Verhalten flussbasierter Systeme. Es beschreibt den Zusammenhang langfristiger Durchschnittswerte in einem stabilen System.

$$\varnothing\ Laufzeit = \frac{\varnothing\ WIP}{\varnothing\ Lieferrate}$$

Daraus folgt, dass wir die parallele Arbeit im System begrenzen müssen, um die Durchlaufzeit für Arbeitspakete zu optimieren. Damit liefert das Gesetz die Motivation für die Kanban-Praktik *Limitiere die parallele Arbeit (das WIP)*.

Die Gültigkeit von Littles Gesetz ist an gewisse Voraussetzungen geknüpft:

- Das WIP ist zu Beginn und am Ende der betrachteten Zeitperiode in etwa gleich.
- Das durchschnittliche WIP im System ist stabil, es gibt keine Trends (Entwicklung nach oben oder unten).
- Die Ankunftsrate entspricht der Abgangsrate.
- Alle Karten, die in das System kommen, werden schließlich das System verlassen, das heißt, es gibt keine Abbrüche.
- Das Durchschnittsalter der angefangenen Arbeit im System bleibt gleich.

Nicht zuletzt lohnt sich hier ein Gedanke zurück an Ihre Physiklehrerin. Natürlich müssen die verwendeten Einheiten konsistent sein! Achten Sie hierbei besonders auf die Laufzeit und die Angabe des Durchsatzes, gegebenenfalls müssen Sie normieren.

Sollten Sie nun gerade ein Fragezeichen auf der Stirn haben, hier ein Beispiel: Sie haben in den letzten 3 Wochen insgesamt 36 Features geliefert. In diesem Zeitraum befanden sich in Ihrem System durchschnittlich 6 Features. Sie möchten ermitteln, wie groß die durchschnittliche Laufzeit war. Schauen Sie gern noch einmal kurz in den Kasten oben zu Littles Gesetz:

$$\text{Ø}\ \mathit{Laufzeit} = \frac{\text{Ø}\ \mathit{WIP}}{\text{Ø}\ \mathit{Lieferrate}}$$

Für die Ermittlung der durchschnittlichen Laufzeit dieser Features (F) teilen Sie das WIP von 6 Features durch die Lieferrate von 36 Features in 3 Wochen. Daraus ergibt sich

$$\text{Laufzeit} = \frac{6\ F}{36\ F\ /\ 3\ \mathit{Wochen}} = \frac{6\ F}{12\ F\ /\ \mathit{Woche}} = \frac{6\ F}{12\ F\ /\ 7\ \mathit{Tage}} = \frac{6\ F}{1{,}7\ F\ /\ \mathit{Tag}} = 3{,}5\ \text{Tage}$$

Die durchschnittliche Laufzeit der Features war 3,5 Tage.

Da diese Laufzeiten aus Kundensicht wichtig sind und wir in 24/7-Zeiten leben, werden in der Regel Wochen mit 7 Tagen und Tage mit 24 Stunden angesetzt, also »tatsächliche« Zeit und keine Büroarbeitszeiten. Wenn dies in Ihrem Kontext unpassend ist, können Sie das natürlich anders vereinbaren. Falls Sie ein digitales Kanban-Tool einsetzen, wird dies all diese Fragen konsistent für Sie handhaben.

Achtung, diese mittels Littles Gesetz berechnete Durchschnittslaufzeit ist nicht geeignet, um Prognosen für die Laufzeit zukünftiger einzelner Arbeitspakete zu treffen. Mehr dazu finden Sie im Abschnitt »3. V: Kennzahlen für Vorhersagen (Prognosen)« auf Seite 168.

Praktisch auf ein Team angewendet, ergibt Littles Gesetz folgende Handlungsempfehlung: Wenn das Team bereits voll ausgelastet ist, sollte an weniger Arbeitspaketen gleichzeitig gearbeitet werden, damit Arbeiten zügiger abgeschlossen werden. Die Lieferrate wird dadurch nicht sinken, denn: Alles, was über die vorhandene Kapazität hinaus gestartet wird, wird sämtliche Arbeiten langsamer machen und *nicht* zu mehr abgeschlossener Arbeit in der gleichen Zeit führen! Wenn das Team hingegen freie Kapazitäten hat, kann es mehr gleichzeitig bearbeiten und abschließen, und die Arbeitspakete werden nicht länger dauern.

Schraube überdreht? Sollten Sie besorgt sein, dass Sie das WIP zu sehr senken, achten Sie auf diese Indikatoren:

- Es gibt vermehrt Leerlauf bei den Beteiligten.
- Es gibt übermäßig viele Übergaben bzw. Wechsel bei der Bearbeitung von Karten: Der durch die Kontextwechsel eintretende Kapazitätsverlust wird verschärft, wenn Teams oder Mitarbeitende überwiegend an Themen arbeiten, die außerhalb ihrer Kernkompetenz liegen und in denen sie nicht besonders effizient sind. Achtung, dies ist eine externe Form der Zusammenarbeit, die negativen Effekte treten oft deutlich später ein als erwartet. Daher überprüfen Sie am besten Ihre Kennzahlen.
- Messbarer Indikator: Die Lieferrate sinkt (vorausgesetzt, andere Faktoren sind stabil).

Zu Ihrer Beruhigung: Dies habe ich bisher in der Praxis noch nicht beobachten können. Einzige Ausnahme: bei Okaloa-Flowlab-Simulationen (siehe den Abschnitt »Okaloa Flowlab« auf Seite 214), wo ich von Zeit zu Zeit Teams anstachele, diesen »Kipppunkt« zu finden. Tatsächlich sind bei vielen Kanban-Systemen die gesetzten WIP-Limits immer noch zu hoch.

Weiter unten in diesem Kapitel im Abschnitt »WIP-Limits in der Praxis einsetzen« auf Seite 101 finden Sie Hilfestellungen dazu, wie Sie WIP-Limits einführen und mit ihnen aktiv arbeiten können.

Littles Gesetz gehört auf jeden Fall auf die Liste der Themen für abendfüllende Gespräche in der Kanban-Community. Bei Interesse können Sie im Netz dazu weitere Artikel und Videos finden.

Nach diesem Ausflug in die Gesetzmäßigkeiten für das Verhalten flussbasierter Systeme wenden wir uns nun den Effekten des Einsatzes von WIP-Limits zu.

WIP-Limits machen Ungleichgewichte sichtbar

Tatsächlich kann wohl nicht oft genug darauf hingewiesen werden, dass WIP-Limits vorhandene Probleme aufzeigen und keine neuen Probleme (wohl aber Unbequemlichkeit) schaffen.

Ein Kernproblem ist typischerweise die Unausgewogenheit zwischen der Nachfrage (den angeforderten Leistungen) und der Leistungsfähigkeit bzw. den Lieferfähigkeiten. Dieses Ungleichgewicht bedeutet in den meisten Fällen, dass die Nachfrage die Leistungsfähigkeit übersteigt. In unbegrenzten Systemen ist dies jedoch oft unsichtbar. Die überschüssige Arbeit »versteckt« sich in überfüllten Arbeitssystemen (siehe Abbildung 4-6).

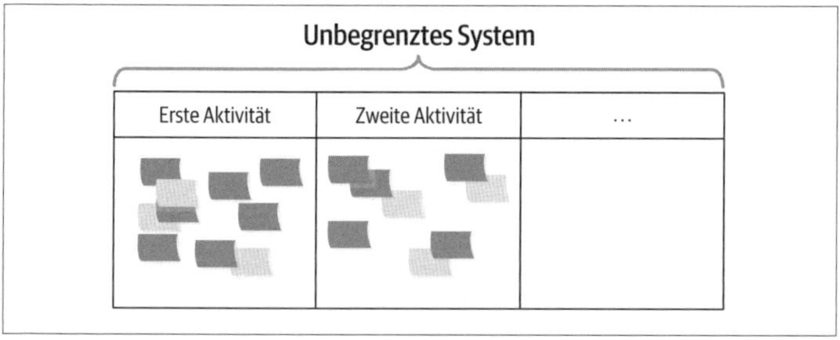

Abbildung 4-6: Ein unbegrenztes, überfülltes System

Werden Systeme auf die tatsächlich vorhandene Kapazität (d.h. die Fähigkeit, einen gewissen Mix an Arbeit gleichzeitig und in guter Qualität zu bearbeiten) begrenzt, verschwinden die überzähligen Anfragen natürlich nicht einfach. Diese sammeln sich – Sie ahnen es – *vor* dem System (siehe Abbildung 4-7). Falls Sie schon einmal eine Simulation wie Okaloa Flowlab oder auch FeatureBan durchgeführt haben, konnten Sie dies dort sehr plastisch erleben.

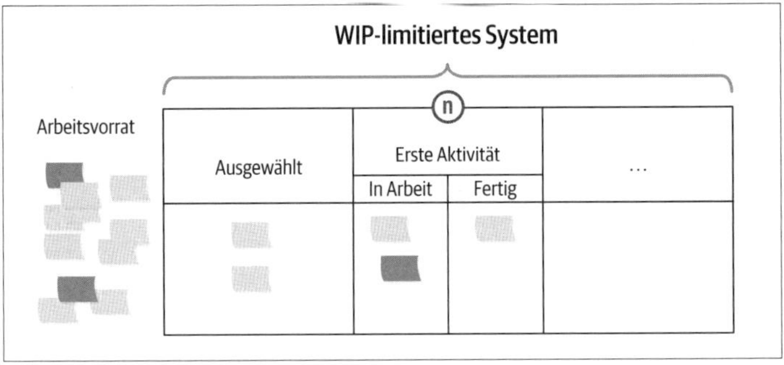

Abbildung 4-7: Arbeit staut sich vor dem WIP-limitierten System.

Dies ist zunächst unbequemer, führt aber zu deutlich klareren Erkenntnissen und zu mehr Steuerbarkeit. Wenn Sie beispielsweise beobachten, dass die Warteschlange vor Ihrem System anwächst, ist das eine Folge davon, dass Sie kontinuierlich mehr Anfragen bekommen, als Sie leisten können. Gleiches gilt auch für den umgekehrten Fall. Sie können also recht einfach überprüfen, ob Ihr System in Balance ist und ob ergriffene Maßnahmen Wirkung zeigen.

WIP-Limits sind schon die halbe Miete für Pull-Systeme. Diese schauen wir uns jetzt im nächsten Abschnitt an.

Pull-Systeme

Bevor wir uns *Pull* näher anschauen, lassen Sie uns kurz den gegenteiligen Ansatz, das *Push*, betrachten: Stellen Sie sich vor, Sie sitzen am Schreibtisch und sind in Ihre Arbeit vertieft. Eine Kollegin aus Ihrem Team oder einer anderen Abteilung kommt zu Ihnen, legt Ihnen eine Akte auf den Tisch mit dem Satz: »Ich benötige das bis Donnerstag!« und verlässt sofort den Raum. Vermutlich haben Sie eine ähnliche Situation schon erlebt. Sie bekamen Arbeit »aufgedrückt«, die Sie eventuell gar nicht mehr schaffen, und Sie hatten keine Gelegenheit, diese aktiv anzunehmen und die Bearbeitung zu dem genannten Termin zuzusagen.

Dies klingt etwas drastisch, ist aber in ähnlicher Form z. B. auch bei einem klassisch gesteuerten Projekt der Fall: Es gibt einen definierten, vorab bestimmten Zeitplan, und Arbeitspakete werden durch die Projektleitung den Beteiligten (die gegebenenfalls auch an anderen Projekten arbeiten oder durch operative Tätigkeiten beteiligt sind) zugewiesen. Ob es zu diesem Zeitpunkt tatsächlich Zeit und Kapazität dafür gibt, ist ungewiss.

Der Gegenentwurf dazu ist das Prinzip des *Pull*: Arbeit wird (weiter-)gezogen, wenn es freie Kapazität dafür gibt.

Wie praktisch alle Kanban-Konzepte kann auch das Pull-Prinzip auf verschiedensten Ebenen angewendet werden: von einem einzelnen Projekt bis zu neuen Projekten, die erst bei frei gewordenen Kapazitäten gestartet werden.

Wie könnte denn nun das *Push* der Akte in ein *Pull* gewandelt werden? Man könnte ein kleines Schild auf den Tisch stellen: »Neue Akten bitte hier rein (Posteingang). Wir geben innerhalb eines halben Arbeitstags Rückmeldung. Sehr dringende Angelegenheiten bitte mit einem roten Aufkleber versehen.«

Die neu eingetroffenen Akten werden dann zweimal täglich kurz gesichtet und entsprechend der jeweiligen Dringlichkeit und den vorhandenen Kapazitäten weiterbehandelt. Dies bezeichnet man als *verzögerte Zusage*, die im Kasten unten beschrieben wird.

Verzögerte Zusage

Die verzögerte Zusage (*Deferred Commitment*) bezeichnet die Trennung der Anforderung für eine Arbeitsleistung von der Zusage, eine Arbeit konkret zu verrichten. Dies bedeutet, dass angefragte Leistungen nicht direkt in Arbeit genommen werden.

Die verzögerte Zusage stellt eine wichtige Grundlage für Pull-Systeme dar.

Im nächsten Kasten finden Sie die Definition eines Pull-Systems, das dieses Prinzip anwendet.

Das Pull-System

Ein Pull-System ist ein System für die Steuerung von Arbeit. Darin wird Arbeit nur begonnen, wenn sowohl Nachfrage besteht als auch Kapazität für eine Lieferung verfügbar ist.

Kanban-Systeme verwenden WIP-Limitierungen, um die verfügbare Kapazität darzustellen und die Notwendigkeit für das Ziehen von Elementen zu signalisieren, sobald Kapazitäten zur Verfügung stehen. Diese Signalsetzung erfolgt mittels virtueller Pull-Signale.

Ein Pull-Signal entsteht, wenn das WIP-Limit nicht voll ausgeschöpft ist. Das heißt, es befinden sich in diesem Teil des Systems weniger Karten als möglich. Bewegt sich Arbeit auf dem Board nach rechts, wandern Pull-Signale nach links, also upstream, und signalisieren Kapazität, um Arbeit nach rechts weiterzuziehen.

Die Limitierung der Arbeitspakete im System erzeugt gemeinsam mit dem durch Vereinbarungen gestützten Pull-Prinzip einen kontinuierlichen Arbeitsfluss im System.

Oder wie ein Kursteilnehmer es ausdrückte: »Super, Kanban ist ja wie Rohr-frei!«

Eine weitverbreitete Fehlinterpretation ist folgende: »Pull« heißt, jede(r) nimmt sich die Karten, die ihm oder ihr am besten gefallen – also Rosinenpickerei. Diese Bedenken habe ich häufiger gehört. Dank der durch das Board erzeugten Sichtbarkeit und dem damit einhergehenden gewissen sozialen Druck ist dies in der Praxis jedoch üblicherweise kein Problem. Im Gegenteil – durch gemeinsam vereinbarte *Pull-Kriterien* wird hier konsistentes Verhalten gefordert und gefördert. Diese werden im Abschnitt »Pull-Kriterien« auf Seite 134 näher beschrieben.

An dieser Stelle spielt auch das in der Organisation mehr oder weniger stark ausgeprägte Vertrauen eine Rolle: Vertrauen Führungskräfte darauf, dass ihre Mitarbeitenden motiviert sind, das Beste zu leisten? Kanban hilft dabei, in eine positive Spirale des Vertrauensaufbaus zu gelangen: Zunächst wird Transparenz geschaffen, dann kontinuierlich (eventuell auch kleinere Aufgaben) und zuverlässig geliefert.

Leider werden in vielen Kanban-Systemen keine WIP-Limits eingesetzt. Damit kann die Kapazität nicht zuverlässig begrenzt und das Pull-Prinzip nicht umgesetzt werden. Das ist schade, denn zunächst einmal ist ein Pull-System die Basis für ein stabiles System und das Erreichen einer guten Lieferfähigkeit und Vorhersagbarkeit. Damit ist es auch die Grundlage für verschiedene wirklich coole weiterführende Techniken wie Kapazitätszuweisung, effiziente Regelung des Nachschubs und natürlich Prognosen.

Ich hoffe, dieses Buch hilft ein wenig, das zu ändern. In den nächsten Abschnitten finden Sie daher sehr praktische Überlegungen und Erfahrungswerte, um Sie auf den Weg zum »Pull« mit Ihrem System zu unterstützen.

Die Wurzeln von Pull-Systemen

Um zu verstehen, warum Pull-Systeme in einer bestimmten Art und Weise modelliert werden, hilft eine kurze Rückschau auf die Ursprünge der Methode. Das Pull-Prinzip beruht im Kern auf dem Pull in der *Lean Production* (schlanken Produktion).

Auf einer Produktionsstraße (wie zum Beispiel bei der Automontage) gibt es drei aufeinanderfolgende Arbeitsstationen A, B und C. Zwischen diesen wird Inventar gelagert, nennen wir sie »Puffer«. Das ist in Abbildung 4-8 dargestellt.

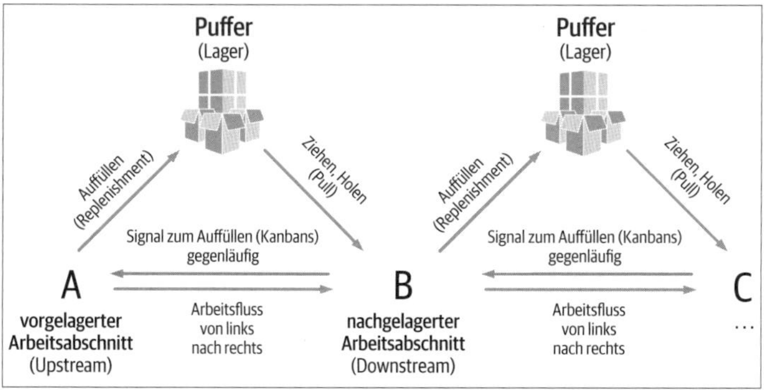

Abbildung 4-8: Nachschub und Pull-Signale in der Produktion

Damit B arbeiten kann, bedient sich B der Arbeitsgegenstände (*Work in Progress*) aus dem vorgelagerten Puffer. Falls A nicht ausreichend schnell für Nachschub sorgen kann, wird der Puffer leerlaufen, und B kann nicht weiterarbeiten, der Fluss wird stocken. Wenn andererseits B langsamer arbeitet als A, wird sich die angefangene Arbeit stauen.

Für einen optimalen Fluss sind daher klare Signale für optimale Pufferfüllstände (nicht zu viel und nicht zu wenig) erforderlich. In der Produktion werden dabei physische *kanban*-Karten als Pull-Signale benutzt. Hat eine Prozessstufe wieder Kapazitäten, werden Pull-Signale vom Prozessausgang flussaufwärts weitergeleitet, um benötigten Nachschub zu signalisieren, bis hin zum Start der Produktionsstrecke.

Hierzu ein einfaches Beispiel, das Ihnen eventuell sogar im Alltag weiterhelfen kann: Stellen Sie sich vor, Sie hätten ein Regalfach, in dem Sie Ihr Toilettenpapier lagern. Sie wohnen fußläufig zu einem Supermarkt, der Nachschub ist also mit Ausnahme von Sonntagen problemlos möglich. Sie kleben daher an die dritte Rolle von hinten eine Haftnotiz mit der Aufschrift »Klopapier kaufen!!«. Voilà, Ihr physisches Pull-Signal!

In unseren wissensbasierten Systemen nutzen wir virtuelle Pull-Signale. Der Effekt ist der gleiche: Wenn eine bestimmte Prozessstufe ausgelastet ist, werden vorgelagerte (Upstream-)Schritte gedrosselt. Auch hier kann in einem Extremfall der gesamte Prozess zum Stillstand kommen, wenn die Arbeit an einer Stelle stockt.

Im nächsten Abschnitt erfahren Sie, wie Pull-Systeme in der Wissensarbeit gestaltet werden.

Modellierung von Pull-Systemen in der Wissensarbeit

Mit diesem Hintergrund schauen wir uns nun an, wie das Prinzip auf die Wissensarbeit angewendet wird.

Das bereits im Rahmen der Praktik *Visualisiere* vorgestellte Beispiel stellt schon eine hervorragende Basis dar, denn hier wechseln sich

Aktivitäts- und Pufferspalten ab. Wir müssen nur noch die Kapazitäten begrenzen. Dazu benutzen wir WIP-Limits, die oft als Zahlen in Kreisen über der Spalte bzw. den Spalten dargestellt werden. Dies sehen Sie in Abbildung 4-9.

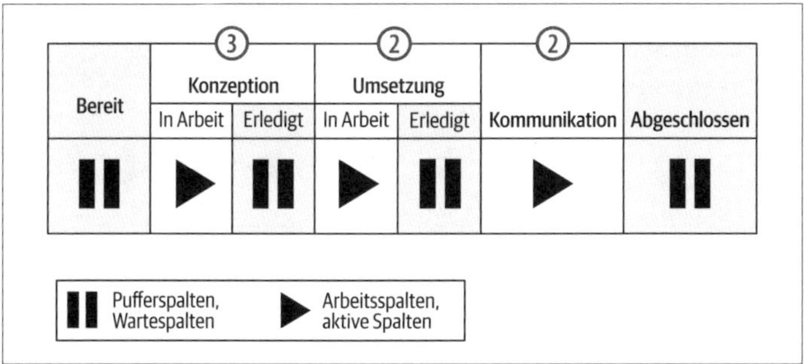

Abbildung 4-9: Pull-System mit Pufferspalten und WIP-Limits

Beachten Sie, dass analog zum Beispiel aus der Produktion die Limits typischerweise beide Spalten, die Aktivitätsspalte (*In Arbeit*) und den direkt nachgelagerten Puffer (*Erledigt*) überspannen. Pull-Signale ergeben sich aus der Differenz zwischen dem WIP-Limit und der im entsprechenden Bereich befindlichen Karten.

Nachfolgend einige beispielhafte Situationen, die die Wirkungsweise verdeutlichen sollten.

In Beispiel 1 (Abbildung 4-10) gibt es zwei freie »Plätze« auf dem Board. Die beiden Pull-Signale werden durch die gestrichelten Boxen angedeutet. Hier gibt es also diese Möglichkeiten:

- Karte A fertigstellen (Achtung, es muss immer möglich sein, fertige Karten in einen Puffer oder eine nicht limitierte Spalte zu bewegen)
- Pull-Signal: Karte B oder D in die Spalte *Kommunikation* ziehen
- Pull-Signal: die Konzeption für Karte F oder G beginnen

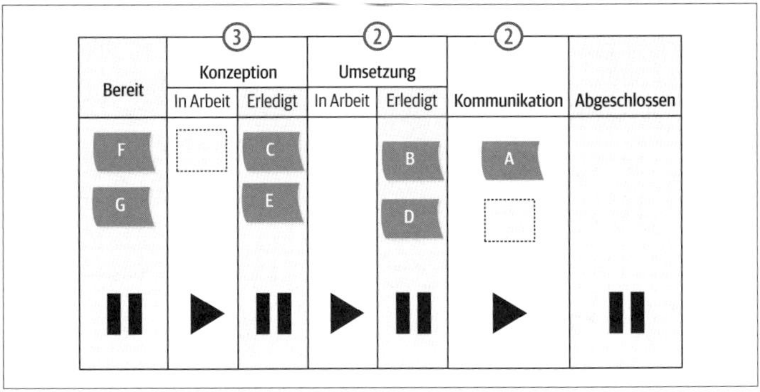

Abbildung 4-10: Beispiel 1: Zwei Pull-Signale

In Beispiel 2 (Abbildung 4-11) wurde Karte F in die Konzeption gezogen und ist erledigt. Für die Aktivitäten *Konzeption* und *Umsetzung* ist keine Kapazität mehr da. Obwohl alle Karten dort in *Erledigt* hängen, sind die WIP-Limits ausgeschöpft. Dies ist ein Signal dafür, dass Arbeit am Ende des Boards weitergezogen und abgeschlossen werden muss, um vorn Kapazität zu schaffen.

Hier ist nur noch möglich, Karte A in *Abgeschlossen* zu bewegen oder Karte B oder D in *Kommunikation* zu ziehen.

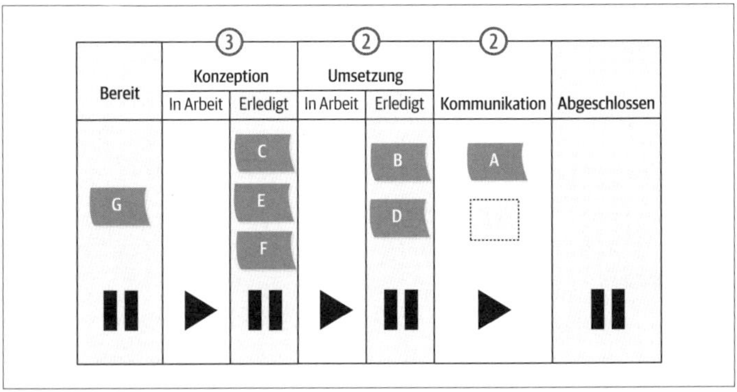

Abbildung 4-11: Beispiel 2: Ein Pull-Signal

Damit geschieht dann etwas Spannendes: Ein Pull-Signal wandert! Dies sehen Sie in Beispiel 3 (Abbildung 4-12): Karte D hat sich nach rechts in die Spalte *Kommunikation* bewegt. Dadurch wandert das Pull-Signal nach links und ermöglicht es nun, Karte C, E oder F in die Umsetzung zu ziehen.

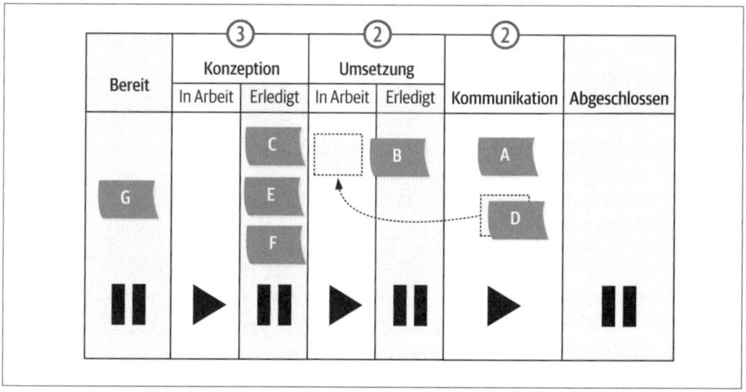

Abbildung 4-12: Beispiel 3: Das Pull-Signal wandert nach links.

Spulen wir ein wenig vor, könnte sich eine Situation wie die im Beispiel 4 (Abbildung 4-13) ergeben. Es hat sich Arbeit bewegt, und am Eingang des Pull-Systems (hier: *Konzeption* als erste WIP-limitierte Spalte) ist Platz entstanden, um neue Arbeit zu starten!

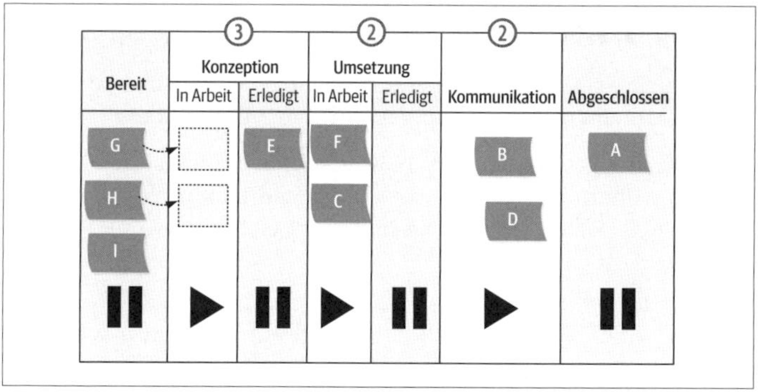

Abbildung 4-13: Beispiel 4: Platz am Systemeingang für neue Arbeit

Ausgezeichnet, in der Zwischenzeit gab es Nachschub in der *Bereit*-Spalte. Es stehen nun drei Karten zur Auswahl, um ins System gezogen zu werden. Für G und H beginnt die Konzeption.

Anhand dieser vier Beispiele konnten Sie die Funktionsweise von virtuellen Pull-Signalen erfahren, wie sie in Kanban-Systemen zur Wissensarbeit eingesetzt werden. Mehr zu den Möglichkeiten der praktischen Umsetzung von WIP-Limits erfahren Sie weiter unten in diesem Kapitel.

Das Pull-System in seiner Umgebung

In der Praxis trifft dieses Pull-System mit all seinen Vorzügen natürlich an seiner Systemgrenze auf die eher von *Push* geprägte Umgebung. Hier hilft die Umsetzung der *verzögerten Zusage*. Dafür wird als Puffer ein Arbeitsvorrat zwischengeschaltet. Für diesen gibt es auch andere Bezeichnungen, wie z. B. Backlog oder Ideenpool. Dieser Arbeitsvorrat fungiert als unbegrenzter »Posteingang«, in dem alle Anfragen der Kunden zunächst landen.

Danach greifen vereinbarte Regelungen und eine Eingangspufferspalte auf dem Board, um Arbeit gesteuert (und verzögert, aber wenn nötig sehr schnell) in das System zu ziehen. Die entsprechenden Praktiken werden in Abschnitt »Der Systemeingang« auf Seite 111 ausführlich beschrieben.

Ein Pull-System implementieren

Pull-Systeme sind ein schönes Beispiel dafür, wie verschiedene Kanban-Praktiken einander bedingen und gemeinsam wirken:

- Praktik *Visualisiere*: Das Board-Design muss durch Nutzung von Puffern so gestaltet sein, dass Pull technisch möglich ist (siehe Abschnitt »Modellierung von Pull-Systemen in der Wissensarbeit« auf Seite 96).
- Praktik *Limitiere die parallele Arbeit (das WIP)*: Kein Pull-System ohne WIP-Limits! Diese können auf Ebene von (Gruppen von) Spalten oder auch für das Gesamtsystem vereinbart werden.

- Praktik *Mache Regeln explizit*: Für Pull-Systeme braucht es eine Definition der Handhabung von WIP-Limits, die Vereinbarung von Pull-Kriterien sowie die Vereinbarung der Kriterien für »umsetzungsbereit«[4].
- Praktik *Verbessere gemeinsam, entwickle experimentell weiter*: WIP-Limits und sonstige Vereinbarungen (z.B. zu Pull-Kriterien) sollten ständig überprüft und angepasst werden. Hierzu bekommen Sie viele praktische Hinweise im folgenden Abschnitt.

Der effektive Einsatz von WIP-Limits ist für Pull-Systeme von zentraler Bedeutung. Für die Arbeit mit WIP-Limits geben die nächsten Abschnitte Tipps und Hinweise.

WIP-Limits in der Praxis einsetzen

Sie haben nun erfahren, wie wichtig die Praktik *Limitiere die parallele Arbeit (das WIP)* ist. Sie erinnern sich, dass die Limitierung angefangener Arbeit der Schlüssel zur fokussierten Arbeit mit weniger Umschaltverlusten ist. Daher sind die WIP-Limits ein wichtiges Element zum Steuern des Arbeitsflusses hin zur zuverlässigen, vorhersagbaren Lieferung an die Kunden. Dazu erfahren Sie mehr in Kapitel 5, *Manage den Arbeitsfluss*.

Trotzdem wird die Praktik der Begrenzung angefangener Arbeit oftmals nicht oder nur halbherzig als »Feigenblatt« angewendet. Und das aus gutem Grund: Durch die Begrenzung des Systems auf die tatsächlich vorhandenen Kapazitäten wird Stress erzeugt. Überlastung wird gnadenlos sichtbar gemacht, und Entscheidungen und auch Veränderungen sowie eine aktive Arbeit am System werden erzwungen.

Ich hoffe, die nachfolgenden Abschnitte helfen Ihnen, diese Praktik erfolgreich einzusetzen und bald die wohlverdienten Früchte zu ernten. Und vergessen Sie nicht: Alle Probleme, die möglicherweise in diesem Zuge hochkommen, gab es bereits vor Ihrer Kanban-Initia-

4 Im Englischen: *Definition of Ready for Implementation*.

tive. Kanban erzeugt sie nicht, sondern macht sie sichtbar und erzeugt Motivation für Veränderungen.

Das richtige WIP-Limit finden

Ehe wir uns der konkreten Dimensionierung der WIP-Limits widmen, hier nochmals eine kurze Übersicht über Arten von WIP-Limits.

Arten von WIP-Limits und deren Wirkung

Die wohl bekannteste und »klassische« Form ist die aus der Produktion abgeleitete Limitierung über Spalten (Sie erinnern sich, die Puffer zwischen den Stationen). Der nachfolgende Kasten gibt einen Überblick über gebräuchliche Arten von WIP-Limits.

Arten von WIP-Limits

WIP-Limits können auf verschiedenen Ebenen definiert werden:

- Limitierung je Person, z.B. »maximal drei Karten pro Person«.
- Limitierung in einer oder in mehreren Spalten. Dies können Puffer, Einzelschritte oder mehrere Aktivitäten im Prozess sein, z.B. »maximal drei Karten im Test«.
- Limitierung je Kategorie von Arbeit (z.B. in Zeilen oder über Kartenfarben unterschieden), z.B. »maximal drei Neuentwicklungen und maximal fünf Fehlerbehebungen gleichzeitig«.
- Limitierung des gesamten Kanban-Boards: »Wir wollen insgesamt maximal 15 Projekte in Arbeit haben.«

In einem Kanban-System können auch mehrere Arten von WIP-Limits eingesetzt werden und sich ergänzen.

Bei der Wahl der WIP-Limitierung spielen der Reifegrad der Organisation sowie die erhoffte Wirkung eine wesentliche Rolle.

Die eingesetzte Art der WIP-Limitierung wird verschiedene Auswirkungen haben: Limitieren Sie die Anzahl der Karten pro Person, werden Einzelne weniger überlastet sein, bekommen dadurch aber kaum Anreize zur Zusammenarbeit. Dennoch kann die Begrenzung der maximalen Anzahl der Karten pro Person ein wichtiger erster Schritt sein und schafft eine ruhigere Arbeitsumgebung, in der dann die Kraft und der Fokus entstehen können, um weitere Veränderungen anzugehen.

Etablieren Sie die Begrenzung auf Basis der Arbeitsschritte oder für das gesamte Board, werden die Beteiligten eher miteinander in Kommunikation treten. Die Vereinbarung von Begrenzungen angefangener Arbeit erschwert es, bei Auftreten von Hindernissen einfach neue Arbeit zu beginnen. Es entsteht schneller der Impuls, auf andere zuzugehen und Unterstützung für das Erledigen von Aufgaben oder die Mitarbeit an Arbeitspaketen anzubieten, weil es durch das WIP-Limit nicht möglich ist, einfach neue Arbeit zu beginnen.

Auch hier gilt: Haben Sie den Mut, ein wenig zu experimentieren, beobachten Sie die Wirkung und ändern oder ergänzen Sie gegebenenfalls die Art der angewendeten Limitierung.

Nun gilt es noch, eine wirksame Größe für die Limitierung zu finden. Gleich vorab: Bitte erwarten Sie keine einfache Formel!

Dimensionierung von WIP-Limits

In diesem Bereich gibt es zahlreiche und hartnäckige Legenden. Sollten Sie jemals den Ratschlag »Anzahl der Personen mal 2 + 1« hören, ignorieren Sie ihn höflich und suchen sich einen besseren Ratgeber. Natürlich kann das in manchen Fällen das optimale Limit sein, in vielen Fällen würde eine solche Limitierung jedoch die Zusammenarbeit in einem Team effektiv unterbinden. Nehmen wir als Beispiel ein Softwareentwicklungsteam, in dem sich alle Entwickler gegenseitig unterstützen könnten. Wenn 6 Entwickler im Team sind und das WIP-Limit nach oben stehender Formel somit 13 wäre, käme sehr viel parallele Arbeit zustande, und die WIP-Limits gäben kaum Veranlassung dazu, zusammenzuarbeiten.

Bedenken Sie dies: WIP-Limits sind ein »Stressor«, der gewisse Verhaltensweisen erzwingt. Das ist das Wunderbare: Über vermeintlich einfache Regelungen erreichen Sie tatsächliche Verhaltensänderungen. Wie oft haben Sie schon »Wir sollten mal mehr zusammenarbeiten!« gehört oder selbst proklamiert? Mit WIP-Limits werden Sie wertvolle Impulse erhalten, dies tatsächlich zu tun!

Ein ausgeschöpftes WIP-Limit gibt das Signal, dass die Kapazität erreicht ist und damit keine neue Arbeit in den entsprechenden Bereich gezogen werden kann. Beispielsweise kann sich eine Person also keine weitere Karte ziehen, oder es kann keine neue Karte auf das Board kommen. Damit wird ein Impuls erzeugt, anders aktiv zu werden. Dies kann bedeuten, in einem anderen Bereich zu arbeiten, in dem es noch Kapazität gibt, oder auch andere zu unterstützen: »Gibt es eine Karte auf dem Board, an der ich mitarbeiten kann?« Entsprechende Eignung für die Arbeit und vorhandene Fähigkeiten natürlich vorausgesetzt. Im »schlimmsten« Fall gibt es freie Zeit, die Wissensarbeiter in der Regel gewinnbringend für Prozessverbesserungen, Reflexion, Weiterbildung etc. einsetzen können.

Hier nun die schlechte Nachricht, auf die ich Sie schon vorzubereiten versucht habe: Es gibt keine Formel zum Errechnen der »perfekten« WIP-Limits. Kanban ist eine empirische Methode und unterstützt Sie durch einen wissenschaftlichen Ansatz dabei, nach und nach die Anzahl der Arbeitspakete auf ein optimales Niveau zu bringen.

Sobald Sie eine Visualisierung etabliert haben, werden Sie schon einen ersten Eindruck davon bekommen, an welchen Stellen sich Arbeit staut. Diese rein visuelle Betrachtung wird Ihnen wertvolle Anhaltspunkte liefern.

Natürlich möchte ich Sie nun so nicht im Regen stehen lassen. Es gibt doch einige Überlegungen und Faustregeln, die Ihnen im ersten Schritt helfen sollten. Folgende Fragen können Sie beim Finden des optimalen WIP-Levels unterstützen: Wie viele Mitarbeitende bzw. Teams sind involviert? Wie hoch ist der Spezialisierungsgrad, das heißt, wie stark können die Beteiligten einander unterstützen? Wie stark bestehen externe Abhängigkeiten zum Beispiel von Zulieferungen aus anderen Bereichen?

Hier ein paar Daumenregeln: Je höher der Spezialisierungsgrad, desto höher werden Sie Ihren WIP-Level wählen müssen, damit auch bei stockendem Arbeitsfluss ausreichend Arbeitspakete zur Auswahl stehen. Ansonsten könnte dies die Auslastung zu negativ beeinflussen (längerfristiger Leerlauf).

Je stärker bereits eine Kultur der Zusammenarbeit etabliert ist und die Art der Arbeit dies zulässt, desto kleiner können Sie Ihre WIP-Limits wählen. Bedenken Sie, dass die Begrenzung der Aufgaben bei Menschen zunächst auch Ängste bzw. Druck hervorrufen kann. Daher kann es besser sein, zunächst mit einem etwas höheren WIP-Limit zu starten und gleichzeitig zu vereinbaren, dieses beispielsweise in zwei oder vier Wochen gemeinsam zu überprüfen, um dann zu entscheiden, ob es optimal war oder weiter gesenkt werden könnte.

Steuern Sie hier von Anfang an dem Schlendrian entgegen. Die WIP-Limits sind gemeinsam vereinbart, und alle Beteiligten sollen gemeinsam dafür Verantwortung tragen. Wenn das WIP-Limit ausnahmsweise gebrochen wird, sollte das besprochen werden. Kommt dies häufiger vor, ist das ein Signal für eine nötige Überprüfung und gegebenenfalls Anpassung. Verhindern Sie es, dass die WIP-Limits stillschweigend ignoriert werden. Wenn sich die Leute erst daran gewöhnt haben, dass das WIP-Limit (diese »Zahl über der Spalte«) ja gar nicht so wichtig ist, werden Sie ein wichtiges Instrument zur Steuerung frühzeitig verschleißen.

Und zu guter Letzt der Hinweis: Nach meiner Erfahrung liegt ein optimales WIP-Limit meistens deutlich unter dem, was die Beteiligten intuitiv annehmen. Typischerweise ist etwa ein Drittel davon ausreichend. Nutzen Sie geeignete Simulationen wie beispielsweise Okaloa Flowlab (siehe Abschnitt »Okaloa Flowlab« auf Seite 214), um in einem geschützten Rahmen neue Erfahrungen zu ermöglichen. Ihre Intuition muss hier erst trainiert werden.

Der Umgang mit WIP-Limits

So wichtig eine konsequente Beachtung der WIP-Limits ist: Eine Kultur des roboterhaften, unreflektierten Einhaltens der Begrenzungen gilt es zu vermeiden. Bedenken Sie, dass der Zweck der Limitierung ist, wichtige und notwendige Diskussionen zu führen. Ist eine Ausnahmesituation eingetreten, zum Beispiel durch gleichzeitige Krankheit mehrerer Personen oder durch eine ungewöhnlich hohe Anzahl blockierter oder ungewöhnlich langwieriger Aufgaben, sollten die Beteiligten dies besprechen und gegebenenfalls vereinbaren, das festgelegte WIP-Limit für einen begrenzten Zeitraum zu überschreiten.

Machen Sie es sich am besten zur Routine, die vereinbarten WIP-Limits in Ihrem System gemeinsam zu betrachten und zu hinterfragen, ob sie weiterhin optimal sind. Wenn sich beispielsweise der Mix Ihrer Arbeit ändert, es stärkere Änderungen bei den Beteiligten gibt oder aber sich Arbeitsweisen stark geändert haben, kann dies Änderungen an den WIP-Limits zur Folge haben.

»Dürfen wir bis zum Limit voll machen?« Interessanterweise bekomme ich diese Frage oft gestellt. Die Antwort ist: »Ja, bitte!« Es ist nicht sinnvoll, hier Reserven zu lassen. Dies erzeugt zusätzliche Überlegungen und Aufwände, die zu nichts führen. Also: Wenn eine 3 über einer Spalte steht, können Sie auch drei Karten hineinziehen. Sollten Sie alle das Gefühl haben, dass das zu viel wäre, senken Sie doch einfach das WIP-Limit! Haben Sie Mut, aktiv an und mit Ihrem System zu arbeiten.

Die Idee ist ja genau, den Fluss insgesamt durch die entwickelten Mechanismen (z.B. die WIP-Limits) und Vereinbarungen sehr effizient zu steuern, statt aufwendige Diskussionen zu den einzelnen Arbeitsaufträgen (also Einzelfallbehandlungen) zu führen. Sie werden staunen, wie viel Zeit und Energie hier freigesetzt werden können.

An dieser Stelle nähern wir uns automatisch der Kanban-Praktik *Manage den Arbeitsfluss*, die Thema des nächsten Kapitels ist. Beide Praktiken sind eng miteinander verknüpft.

KAPITEL 5

Manage den Arbeitsfluss

Ehe wir in diesem Kapitel in konkrete Möglichkeiten einsteigen, um den Arbeitsfluss in Kanban-Systemen zu steuern, lassen Sie uns kurz betrachten, welche Problemfelder hier adressiert werden und welche positiven Effekte die Anwendung haben kann.

Motivation für die Praktik

Vorab möchte ich Ihnen die beiden wichtigsten Vorteile des Steuerns des Flusses kurz vorstellen: Nachhaltigkeit und Serviceorientierung.

An dieser Stelle lohnt sich ein kurzer Blick zurück auf die *Kanban-Agenden*, die Sie bereits in Kapitel 1 kennengelernt haben (im Abschnitt »Motivationen für den Einsatz von Kanban« auf Seite 33). Die ersten beiden Agenden (Nachhaltigkeit und Serviceorientierung) werden hier unterstützt.

Zum einen kann die Anwendung der Praktik *Manage den Arbeitsfluss* für ein ruhigeres Arbeitsumfeld sorgen und die Überlastung der Menschen und somit das Stressniveau in der täglichen Arbeit reduzieren.

Zum anderen kann diese Praktik einen sehr positiven Einfluss auf die Wirkung Ihrer Dienstleistungen nach außen haben! Sie ist der Schlüssel, um zuverlässig (und zunehmend schneller) zu liefern. »Unter der Haube« werden diese nach außen sichtbaren Veränderungen durch ein besseres Verstehen und Steuern des Arbeitsflusses und natürlich durch Verbesserungsschritte ermöglicht.

Lassen Sie uns kurz einen Blick auf den meist recht turbulenten Arbeitsfluss in Organisationen werfen.

Achtung, Turbulenzen!

In vielen Organisationen ist der Arbeitsfluss turbulent: Die Bearbeitung von Themen erfolgt oftmals stockend und mit wechselnden Prioritäten, das heißt, der Fokus wechselt. Einige Dinge bleiben zeitweise liegen, damit andere bevorzugt bearbeitet werden können. Ein großer Anteil termingetriebener Aufgaben (mit Deadlines) verschärft diese Turbulenzen, denn vor den Stichterminen wird besonders hektisch »priorisiert«, das heißt, einige Arbeitspakete bekommen den Vorzug, um Termine halten zu können. Diese termingetriebenen Arbeiten sind besonders schädlich, wenn die dafür benötigte Kapazität im Vorfeld nicht berücksichtigt wird oder wenn feste Liefertermine beispielsweise in Umgebungen mit niedrigem Vertrauen instrumentalisiert werden, um Druck aufzubauen.

Hinzu kommt, dass Teams oder andere Organisationseinheiten und natürlich auch jeder Einzelne häufig an der Grenze zur Überlastung oder darüber operieren. Im Alltag gibt es typischerweise eine hohe Grundlast an Arbeit, das sogenannte »Tagesgeschäft«, das »Business as usual«, das »Grundrauschen«. Dazu kommen dann unablässig weitere ungeplante Aufgaben oder auch dringende Notfälle. Diese führen dann zu Belastungsspitzen, die ein Umschalten erfordern: Nun wird ein Teil der Arbeit beschleunigt (»Das hat jetzt oberste Priorität«). Als Konsequenz müssen andere Aufgaben dafür liegen bleiben, um später wieder aufgenommen zu werden, und schon gibt es weitere Turbulenzen.

All das hat unerwünschte Folgen. Aus der Innensicht (Nachhaltigkeitsagenda) sind dies z. B. Stress bei den Beteiligten, nötige Überstunden oder Störungen im Urlaub und das mental belastende Gefühl, nichts zu schaffen oder eigene Ansprüche an die Arbeit nicht erfüllen zu können.

Aus Sicht des Kunden (Serviceorientierung) ergeben sich eine langsame Reaktionsfähigkeit und als unzuverlässig empfundene Leistungen.

Ein wichtiges Ziel der Praktik *Manage den Arbeitsfluss* ist daher, Turbulenzen zu reduzieren und den Fluss der Arbeit zu glätten – mit den oben beschriebenen Vorteilen sowohl für das Arbeitsumfeld der Beteiligten als auch für die Wirkung der Dienstleistung nach außen.

Einführung in die Praktik

Der Kasten unten fasst kurz Zielsetzung und Inhalte dieser Kanban-Praktik zusammen. Zur Erinnerung, als *Arbeitsfluss* bezeichnen wir die Art und Weise, wie sich Arbeitseinheiten durch ein System, das heißt verschiedene Stufen in einem Prozess, bewegen.

Praktik »Manage den Arbeitsfluss«

Der Arbeitsfluss in einem Kanban-System sollte die Lieferung von Wert maximieren, Durchlaufzeiten minimieren und so gleichmäßig und damit so vorhersagbar wie möglich sein.

Dazu werden zum einen Techniken zur Steuerung des Arbeitsflusses wie z.B. die Kontrolle des Systemeingangs, Regelungen zum Nachschub und Begrenzen des Flusses durch WIP-Limits angewendet.

Zum anderen werden Kennzahlen und Feedback-Schleifen genutzt, um Ursachen für Verzögerungen (z.B. durch Abhängigkeiten oder Blocker), Engpässe und sonstige Behinderungen des Flusses zu erkennen und schrittweise durch Veränderungen zu reduzieren.

Lassen Sie uns hier ein wenig tiefer einsteigen, was bedeutet dies nun konkret?

Der Fluss der Arbeit soll nicht sich selbst oder dem Zufall überlassen, sondern mit dem Ziel einer zügigen und verlässlichen Lieferung an den Kunden gesteuert werden. Die eingangs beschriebenen Turbulenzen sollen weitestmöglich reduziert werden. Optimalerweise sollte der Fluss möglichst glatt, das heißt ohne Verwirbelungen (und damit verbundene Wartezeiten) und natürlich vorhersagbar sein.

Hier funktioniert die Flussmetapher gut: Stellen Sie sich vor, Sie setzen ein kleines Floß mit Ihrem Arbeitsgegenstand an einer Brücke in den Fluss. An der nächsten Brücke ein Kilometer flussabwärts steht eine Kollegin mit einer Uhr und misst, wie lange das Floß bis dahin gebraucht hat. Das Ziel ist, dass alle Flöße innerhalb einer erwartbaren Zeit die Strecke zurücklegen. Mit der Zeit lernen Sie, dass verschiedene Arten von Flößen schneller oder langsamer sind. Eine bestimmte, besonders breite Sorte z.B. verfängt sich gern in der Ufervegetation und muss freigelegt werden, ehe es die Reise fortsetzen kann. Andere halten sich in der Mitte des Stroms und schwimmen zügig ohne Hindernisse ihrem Ziel entgegen.

Das Augenmerk liegt auch hier auf der Steuerung der Arbeit, nicht der Arbeitenden: Welche Sorten von Flößen verfangen sich öfter, welche sind besonders schnell? Wie können wir diese in Zukunft erkennen, wenn sie starten, um daraus zuverlässige Prognosen zu erstellen, wann sie am Ziel eintreffen? Bei der Optimierung für unser System stellen wir nicht die Frage, wer konkret auf dem Floß saß und gepaddelt hat.

Eine wichtige Grundlage dafür ist, auf die Arbeit im Fluss zu schauen und ein Verständnis für das Verhalten des Arbeitsflusses im eigenen Kontext zu entwickeln. Diese Sichtweise ist oftmals neu und in (noch) vorherrschenden Managementparadigmen nicht enthalten. Beispielsweise werden häufig die Auslastung der Mitarbeitenden und der Aufwand gemessen, es gibt jedoch kaum Fokus auf und wenig Daten zu Laufzeiten. Als Hilfsmittel bringt Kanban einfach zu erhebende und doch sehr aussagekräftige Kennzahlen und Diagramme mit.

Möglichkeiten zum Steuern des Flusses

Natürlich kann man durch Kanban nicht sämtliche Störfaktoren einer Umgebung eliminieren. Dennoch gibt es in den meisten Fällen viele Möglichkeiten der Einflussnahme. Hierbei werden zum einen Risiken bewertet und gesteuert. Sie werden in der Lage sein, dringende Dinge schnell und mit dem nötigen Fokus zu erledigen. Alle anderen eher planbaren Arbeiten können Sie entsprechend dem jeweiligen Risiko (z.B. durch feststehende Liefertermine, Verzögerungskosten etc.) kontrolliert einsteuern und dann bearbeiten. Mehr dazu erfahren Sie im Abschnitt »Serviceklassen« auf Seite 199.

Außerdem helfen Visualisierung, Kennzahlen und Feedback-Schleifen dabei, die Quellen ungeplanter und auch vermeidbarer Arbeit zu identifizieren, um deren Menge zu reduzieren.

Nicht zuletzt ist Kanban ein probates Mittel, um ein realistisches Bild der tatsächlich vorhandenen Leistungsfähigkeit zu entwickeln (siehe den Wert »Respekt« auf Seite 64) und Schritt für Schritt die Anforderungen und Fähigkeiten in Balance zu bringen.

Fazit: Die Anwendung von Kanban-Praktiken hilft Ihnen, den Fluss zu glätten, das heißt, Spitzen und sogenannte Turbulenzen, bedingt durch Unterbrechen, (neues) Starten, Beschleunigen oder Priorisieren von Arbeit, zu vermindern. Dies bringt wesentliche Vorteile: eine angenehmere und produktivere Arbeitsumgebung für Ihre Mitarbeitenden, in denen sie ihr volles Potenzial ausschöpfen können, verbesserte Lieferfähigkeiten Ihren Kunden gegenüber und als fantastisches Nebenprodukt: verbesserte Qualität!

Das Steuern des Flusses beginnt naturgemäß am Systemeingang. Diesen betrachten wir im nächsten Abschnitt näher.

Der Systemeingang

Schenken Sie dem Systemeingang unbedingt Aufmerksamkeit! Da hier eine wichtige Schnittstelle zur umgebenden Organisation liegt, sollten Sie darauf achten, Ihre Beteiligten anfänglich nicht zu überfordern.

Am Systemeingang wird aus dem Pool der Karten bzw. Anfragen im Arbeitsvorrat der Nachschub ausgewählt, das heißt die Karten, die als Nächstes im Liefersystem bearbeitet werden. Diese Auswahl sollte bewusst und möglichst unter Nutzung vereinbarter Regelungen sowie Feedback vom Kanban-Board (Gibt es freie Kapazität?) geschehen. Abbildung 5-1 gibt einen Überblick.

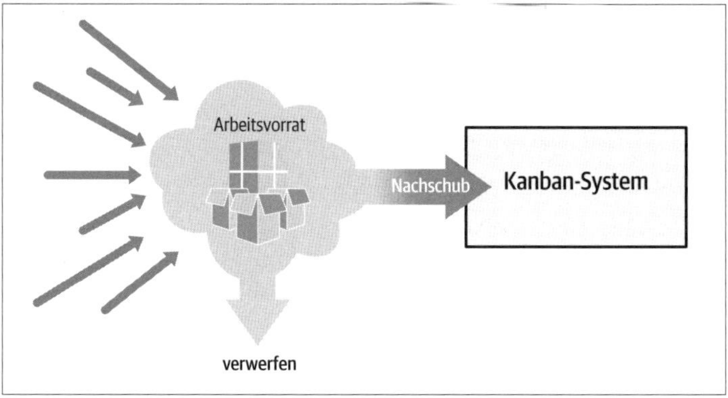

Abbildung 5-1: Eingang eines Kanban-Systems

Anfragen im Arbeitsvorrat sind noch nicht zugesagt, können also vor der Bewegung in das Liefersystem verworfen werden (innerhalb vorhandener Rahmenbedingungen, siehe den nächsten Abschnitt, »Eigenschaften von Anfragen«).

Diese Grenze zwischen dem Arbeitsvorrat (der angeforderten Arbeit) und dem Board sollte große Beachtung finden: Wenn mich jemand fragt, was das Wichtigste an einem Kanban-System ist, antworte ich meist: »Der Systemeingang!« Diese Trennung sollten Sie möglichst etablieren, unabhängig davon, ob Sie (schon) ein Pull-System aufgebaut haben oder nicht. Auch ohne WIP-Limits können Sie somit die Flut der Arbeit bereits ein Stück weit eindämmen.

Sie werden feststellen, dass die Unterscheidung in »Arbeit, die potenziell (bald) zu tun ist« und »Leistungen, an denen wir aktiv arbeiten« klein, aber fein ist. Oftmals verändert allein dies schon die Wahrnehmung der Arbeit und die Kommunikation mit Anforderern.

Um Entscheidungen bei der Selektion und Weiterentwicklung der Anfragen im Arbeitsvorrat zu treffen, ist es häufig notwendig, weitere Informationen zu sammeln und z.B. Analysen zu beauftragen. Kapitel 13, *Upstream Kanban*, enthält weitere Überlegungen und Techniken zum Managen der Anfragen von ihrem Eintreffen bis zum Übergang in das Liefersystem. Weiter unten in diesem Kapitel finden Sie konkrete Gestaltungsmöglichkeiten für den Eingang Ihres Kanban-Systems.

Lassen Sie uns zunächst die Arbeitsanfragen, die durch das System gehen sollen, näher betrachten. Hierin liegen oftmals schon große Potenziale für eine verbesserte Steuerung Ihrer Arbeit.

Eigenschaften von Anfragen

Um den Fluss zu glätten, ist es hilfreich, verschiedene Eigenschaften der eintreffenden Anfragen in Bezug auf deren Steuer- und Beeinflussbarkeit zu bewerten.

Verschiedene Typen von Anfragen

Tabelle 5-1 beschreibt verschiedene Merkmale von Arbeitsanfragen und gibt Beispiele für Attribute, die häufig dafür verwendet werden.

Tabelle 5-1: Eigenschaften von Arbeitsanfragen

Merkmal	Beschreibung	Typische Attribute
Erwartbarkeit	Betrifft Vorhersagbarkeit und Planbarkeit. Ist die Anfrage vorauszusehen, oder trifft sie unerwartet ein?	geplant/ungeplant erwartet/unerwartet
Abweisbarkeit	Besteht die Möglichkeit, diese Anfrage zurückzuweisen, also die Bearbeitung abzulehnen?	ablehnbar/nicht ablehnbar zurückweisbar/nicht zurückweisbar
Steuerbarkeit	Kann der Zeitpunkt der Bearbeitung der Anfrage bestimmt/gesteuert werden?	steuerbar/nicht steuerbar

Nach diesem Überblick jetzt ein paar ergänzende Worte zu den verschiedenen Merkmalen.

Erwartbarkeit

Ein wesentliches Ziel der Anwendung flusssteuernder Praktiken ist es, ungeplante (ebenso wie vermeidbare) Arbeit und deren Effekte zu reduzieren und steuerbar zu machen. Im Roman »Projekt Phoenix« [Kim 2015] spricht der Sensei Eric über ungeplante Arbeit:

> **Effekte ungeplanter Arbeit**
>
> »Like matter and antimatter, in the presence of unplanned work, all planned work ignites with incandescent fury, incinerating everything around it.«
>
> »Wie Materie und Antimaterie entzündet sich in Gegenwart ungeplanter Arbeit jede geplante Arbeit mit glühender Wut und verbrennt alles um sie herum.«

Abweisbarkeit

Stellen Sie Ihre eintreffenden Anfragen auf den Prüfstand: Welche können Sie tatsächlich abweisen? Gibt es Anfragen, die an anderer Stelle schon zugesagt wurden (z.B. durch eine Zusage an den Kunden oder die Genehmigung des zugehörigen Projekts)? Welche Anfragen können Sie z.B. aus politischen Gründen nicht ablehnen?

Auch wenn Sie Anfragen nicht (mehr) ablehnen können, haben Sie häufig Möglichkeiten, über den tatsächlichen Beginn der Bearbeitung zu entscheiden. Dies führt uns zum letzten Merkmal, der Steuerbarkeit.

Steuerbarkeit

Inwieweit können Sie den Zeitpunkt des Bearbeitungsbeginns steuern? Gibt es Anfragen, die direkt begonnen werden müssen? Welche Anfragen können Sie aufnehmen, parken und zu einem späteren Zeitpunkt in Bearbeitung nehmen? Anfragen ohne Steuerbarkeit müssen direkt in Bearbeitung genommen werden.

Beispiele

Abschließend zum Thema der Eigenschaften von eintreffenden Anfragen gibt Ihnen Tabelle 5-2 ein paar Beispiele.

Tabelle 5-2: Beispiele für Charakterisierungen von Anfragen

Beispiel	Planbar?	Abweisbar?	Steuerbar?
Einen Ausfall in wichtigen Kundensystemen beheben.	Nein	Nein	Nein
Den Quartalsabschluss durchführen.	Ja	Nein	Ja
Eine technische Änderung für ein Projekt umsetzen.	Ja	Ja	Ja
Eine neue Stelle zur Unterstützung eines Projekts besetzen.	Nein	Nein	Ja

Neben den oben beschriebenen Merkmalen zum Managementspielraum von Anfragen gibt es auch inhaltliche Unterscheidungen der eintreffenden Anfragen, die sogenannten Arbeitstypen. Diese beschreiben, welche Kunden welche Arten von Leistungen zu welchem Zweck anfragen. Arbeitstypen haben Auswirkungen auf die konkreten Aktivitäten im Liefersystem. Im Rahmen des Kanban Design Workshops (siehe Kapitel 10, *Kanban Design Workshops*) lernen Sie Arbeitstypen sowie deren Identifizierung und Behandlung näher kennen.

Ein weiteres Konzept, das Sie bei der zeitlichen Steuerung von Anfragen unterstützt, stellen die verschiedenen Arten von Verzögerungskosten dar, auf denen sogenannte Serviceklassen basieren können. Diese lernen Sie im nächsten Abschnitt kennenlernen.

Behandlung von Anfragen: Serviceklassen

David J. Anderson nannte Serviceklassen in einer Keynote einmal den »Schallschraubenzieher« (*Sonic Screwdriver*) von Kanban. Dieser legendäre Schallschraubenzieher gehört Dr. Who. Dieser ist ein mysteriöser Zeitreisender und die Hauptfigur der gleichnamigen britischen Science-Fiction-Serie. Mit dem Schallschraubenzieher kann Dr. Who so ziemlich alles tun, vom Öffnen von Türen bis zum Abhören der Herzfrequenz.

Auf Kanban übertragen, bedeutet dies, dass Serviceklassen viele wichtige Entscheidungen erleichtern. Dazu gehört neben der Auswahl und der Bestimmung der Reihenfolge für den Start der Bearbeitung von Arbeitspaketen auch deren Behandlung im System – ein sehr wirkungsvolles Element, das meiner Meinung nach bei Kanban-Systemen im Kontext größerer Unternehmen unabdingbar ist. Serviceklassen sind somit Kanbans Antwort auf: »Und wie priorisieren wir?«

Eine Serviceklasse sagt in der Regel nichts über den *Inhalt* der Arbeit aus. Stattdessen beschreibt die Serviceklasse, wie das entsprechende Arbeitspaket am Systemeingang und innerhalb des Kanban-Systems *behandelt* wird.

Der Serviceklasse zugrunde liegt die Frage nach den sogenannten Verzögerungskosten: Was geschieht, wenn eine angefragte Leistung zu einem bestimmten Zeitpunkt nicht geliefert wurde? Zusammen mit Kenntnissen zum Laufzeitverhalten ergeben sich daraus Entscheidungshilfen zum Startzeitpunkt der Arbeiten an den entsprechenden Arbeitsgegenständen.

Für die Serviceklassen haben sich vier Grundformen etabliert, die in vielen Organisationen Anwendung finden. Diese stelle ich Ihnen am Ende dieses Abschnitts vor. Zunächst erkunden wir das Thema aber aus der Kundenperspektive.

Lassen Sie uns hier einmal auf Amazon schauen: Bei aller Kritik sollten die meisten von Ihnen mit dem Konzept Amazon Prime vertraut sein. Die Art der Anforderung, das heißt der Arbeitstyp, ist bei allen Kunden gleich: Ein Buch oder ein anderes Produkt wird aus einem Onlinekatalog ausgewählt, bestellt, bezahlt und von einem von Amazon beauftragten Versanddienstleister geliefert. Was sich für Prime-Kunden unterscheidet, ist die Art und Weise, wie diese Anforderung abgewickelt wird. Die Bestellungen werden beschleunigt bearbeitet und schneller versandfertig gemacht. Prime-Kunden haben von Amazon zugesicherte Lieferzeiten. Damit Amazon dies leisten kann, gibt es im Hintergrund mit den Logistikdienstleistern entsprechende Verträge. Das heißt, Amazon-Prime-Pakete werden mit einem anderen Service Level Agreement zu Ihnen befördert als Standardlieferungen. Für diesen besseren Service zahlen Sie einen Aufschlag, in diesem konkreten Beispiel eine Jahresgebühr.

Serviceklassen finden Sie auch im Bereich Reisen, z.B. bei Bahn- oder Flugreisen. Als Kunde der 1. Klasse werden Sie z.B. bei Flugreisen bevorzugt in der Abflughalle behandelt. Auf dem Reiseweg selbst haben Sie es komfortabler, z.B. durch mehr Platz, Service am Platz oder kostenloses und meist funktionierendes WLAN im ICE.

Und zuletzt ein Beispiel für Leserinnen und Leser aus der IT: Die Bronze-, Silber-, Gold- und Platin-Stufen, bekannt von etablierten Herstellern wie Oracle und SAP, sind ebenfalls Serviceklassen. Sie als Kunde wissen, dass hinter den verschiedenen Stufen unterschiedliche Reaktions- und Lösungszeiten stehen. Sobald Ihre Anfrage in der entsprechenden technischen Abteilung angekommen ist, wird sie inhaltlich genau wie ähnliche Anfragen anderer Serviceklassen behandelt werden, »nur« schneller oder später.

Wenn Sie im Alltag die Augen offenhalten, werden Sie viele weitere Beispiele hierfür finden können. Einen Überblick über das Konzept der Serviceklassen finden Sie im gleichnamigen Kasten.

Serviceklassen

Serviceklassen definieren, wie verschiedene Arten von Anfragen behandelt werden. Dies beeinflusst beispielsweise die Auswahl, die Reihenfolge in der Bearbeitung sowie die Behandlung während der Umsetzung.

Serviceklassen sind eine Vereinbarung zwischen dem Dienstleister und den Kunden. Es kann eine differenzierte Preisgestaltung (z.B. Aufpreise für höherklassige Services) für verschiedene Serviceklassen vorliegen. Serviceklassen können für einen oder mehrere Arbeitstypen gelten.

Serviceklassen helfen Ihnen bei:

- der Auswahl von Karten, die aus dem Arbeitsvorrat auf das Board bewegt werden,
- Entscheidungen über die Behandlungsreihenfolge auf dem Board,
- der Präzisierung von Prognosen sowie
- dem Abgleich und der Steuerung von Kundenerwartungen.

Vier Grundformen von Serviceklassen nach Verzögerungskosten

Als Alternative zu den üblichen Priorisierungen (1 bis 3 und 1*, hoch bis gering etc.) bietet Ihnen die Kanban-Methode die Möglichkeit der Bestimmung der Serviceklassen nach Verzögerungskosten. Diese können zum einen monetär sein, z.B. in Form verloren gegangener Umsätze oder auch höherer Kosten, zum anderen können auch sonstige negative Auswirkungen wie z.B. Rufschädigungen des Unternehmens bzw. eines Produkts oder Service betrachtet werden.

Ehe Sie hier einen Schreck bekommen: Keine Sorge, wir sprechen hier nicht von konkreten Euro-Beträgen, sondern eher von sich unterschiedlich verhaltenden Verläufen der Dringlichkeit. Diese werden typischerweise in den vier Kurven zum Ausdruck gebracht, die Sie in Abbildung 5-2 sehen. Das Augenmerk liegt hierbei auf den Formen der Kurven und nicht auf der konkreten Höhe beispielsweise auf der y-Achse.

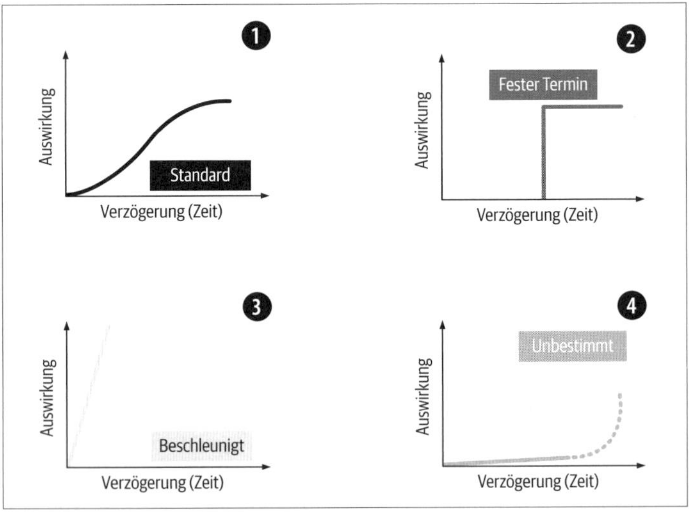

Abbildung 5-2: Serviceklassen: Grundformen nach Verzögerungskosten

Typ 1, Standard: In diese Klasse fallen bei den meisten Systemen die meisten Aufträge: Sobald der Auftrag umgesetzt ist, kann Wert erzeugt oder können auch Kosten reduziert werden. »Je schneller, desto besser.«

Typ 2, Fester Termin: Diese Klasse ist recht selbsterklärend, allerdings in der Praxis oft überbucht. In diese Klasse fallen alle Karten, bei denen die Nichteinhaltung des festgesetzten Liefertermins hohe Kosten zur Folge hätte. Fallen Ihnen hierzu Beispiele aus Ihrem Alltag ein? Typische termingebundene Aufträge sind:

- Gesetzlich festgeschriebene Termine (z.B. DSGVO-Einführung am 25.5.2018).
- Umstellung technischer Systeme (z.B. stellt ein Lieferant eine Schnittstelle zum Tag X um; Sie müssen Ihre Anwendung genau zu diesem Termin angepasst haben, sonst fällt die entsprechende Anwendung aus).
- Umzugsprojekte (Telefonanlage muss zum Tag X umgestellt sein, sonst sind die Kollegen im neuen Gebäude nicht erreichbar, was sich negativ auf das Geschäft auswirken würde).

Achtung, ein z.B. von Projektleitenden mehr oder weniger willkürlich gesetzter Termin fällt nicht zwingend in diese Kategorie! In der Praxis begegnet einem leider häufiger die entsprechende Serviceklasse des *fiktiven Termins* (*Fictitious Date*). Diesen Begriff haben die geschätzten kanadischen Kollegen der Firma Squirrel North humorvoll geprägt. Er steht für Initiativen oder Aufgaben, an die irgendwann einmal ein Datum geschrieben wurde, mit dem aber keine wirklichen Verzögerungskosten verbunden sind (außer ab einem gewissen Zeitpunkt wohl der Ruf der entsprechenden Personen). Trotzdem wird dieser Termin dann Dreh- und Angelpunkt sämtlicher Planungen.

Unglücklicherweise sorgen *Fester Termin*-Karten für Turbulenzen im Arbeitsfluss (hektische Aktivitäten vor dem Termin mit Auswirkungen auf andere Arbeiten) und schränken Steuerungsmöglichkeiten ein. Mehr dazu im Abschnitt »Serviceklassen« auf Seite 199 im Rahmen der Praktik *Mache Regeln explizit*.

Typ 3, Beschleunigt: Hier muss sofort reagiert werden, denn es treten direkt hohe Verzögerungskosten auf.

Erinnern Sie sich an die im vorherigen Abschnitt beschriebenen Merkmale von Arbeitsanfragen? Der Typ *Beschleunigt* entspricht in der Regel nicht ablehnbaren und nicht steuerbaren Anfragen. Beispiele:

- Das Trading-System ist ausgefallen.
- Kunden können im Internetshop nicht bezahlen.
- Das firmenweite Netzwerk ist ausgefallen.
- Es gab einen Vorfall in der Öffentlichkeit, auf den direkt mit einer Stellungnahme reagiert werden muss.

Auch hier gilt: Lassen Sie Vorsicht walten und nutzen Sie diese Klasse möglichst sparsam.

Typ 4, Unbestimmt: Diese Aktivitäten sind aktuell noch nicht dringend, dürfen aber auch nicht zu lange aufgeschoben werden, da sonst unter Umständen hohe Verzögerungskosten auftreten. Diese erkennen Sie oft an »Wir sollten mal ...« oder am »Hätten wir mal lieber ...«, wenn zu lange aufgeschoben wurde.

Achtung, im Gegensatz zur Klasse *Fester Termin* ist hier im Vorfeld (also aus aktueller Sicht) nicht klar, wann die Kosten auftreten. Der Zeitpunkt, an dem die Kurve nach oben schnellen wird, ist unbekannt. In einigen Fällen kann es auch unklar sein, ob überhaupt Kosten auftreten werden.

Der Begriff *Unbestimmt* lehnt sich an den englischen Ursprung *intangible* an. Ich persönlich habe mit der Bezeichnung *Verzögerbar* ebenfalls gute Erfahrungen gemacht. Wie mit den meisten Dingen in Kanban können und sollten Sie auch diese Bezeichnungen an Ihren Kontext anpassen. Nehmen Sie sich gern die Freiheit für eine Bezeichnung, die Ihre Kollegen und Kundinnen gut verstehen. Beispiele:

- Überarbeitung der Sicherheitsrichtlinien, um auf neue Entwicklungen zu reagieren.
- Refakturierung der Software, um die Codebasis längerfristig wartbar zu halten.
- Einspielen von Updates oder Patches.
- Überarbeitung des Internetauftritts mit gendergerechter Sprache.

Sie haben die vier Grundformen *Standard*, *Fester Termin*, *Beschleunigt* und *Unbestimmt* nun kennengelernt. Manchmal ist in der Praxis von »hohen« und »niedrigen« Serviceklassen die Rede. Dies beschreibt eine implizierte Rangfolge der Grundformen (siehe auch den Abschnitt »Pull-Regeln« auf Seite 136).

Die Serviceklassen sind in der folgenden Liste in ihrer Rangfolge von hoch nach niedrig aufgelistet:

1. *Beschleunigt* – Ganz klar, sobald es hier eine Karte gibt, wird diese bevorzugt vor allen anderen behandelt.
2. *Fester Termin* – Ziel ist es, diese zum richtigen Zeitpunkt (also auch nicht zu früh) ins System zu geben. Orientierung gibt hier das beobachtete Laufzeitverhalten. Sobald die Karte dann im System ist, sollte sie recht hohe Aufmerksamkeit bekommen.
3. *Standard* – Diese Karten werden regulär behandelt.
4. *Unbestimmt* – Diese Karten können auch mal pausieren, z.B. zugunsten von beschleunigten Karten.

Abschließend noch ein kurzer Hinweis auf die mögliche Vererbung von Serviceklassen:

Eventuell erinnern Sie sich an das Beispiel mit dem saisonalen Produkt zu Halloween (im Abschnitt »Kanban-Systeme und Services« auf Seite 50). Hier hat die übergreifende Anforderung (»Wir möchten zum 31.10. ein neues Produkt platzieren.«) einen festen Termin: Das Produkt sollte spätestens vier Wochen vor Halloween verfügbar sein und beworben werden. Für die Änderungen in der Applikation entsteht also automatisch ebenfalls ein fester Termin, nämlich der 30.09. Dies ist ein Beispiel dafür, wie Serviceklassen auf abgeleitete Anfragen, also untergeordnete Karten, »vererbt« werden.

Sie sind nun mit dem Konzept der Serviceklassen vertraut und können diese zum Steuern des Arbeitsflusses einsetzen. Weitere Informationen zum Einsatz Ihres Schallschraubenziehers in der Praxis finden Sie im Rahmen der Beschreibung der vierten Praktik *Mache Regeln explizit* (im Abschnitt »Serviceklassen« auf Seite 137).

In diesem Abschnitt haben wir Sie ausführlich mit den Eigenschaften und Entscheidungshilfen zu den am Systemeingang eintreffenden Anfragen bekannt gemacht. Nun stellt sich die Frage, wie diese Anfragen denn jetzt ins System gelangen. Dazu gibt es den sogenannten Nachschub, den Sie im Folgenden kennenlernen.

Nachschub

In diesem Abschnitt erläutere ich den Vorgang des *Nachschubs* (*Replenishment*), also der Zufuhr neuer Arbeit ins System. Dieser spielt eine wichtige Rolle in der Steuerung des Arbeitsflusses.

Der Ursprung liegt im sogenannten Supermarktprinzip: Wenn im Supermarkt ein Kunde Produkte einem Regal entnimmt (und auch nur dann), wird der reduzierte Bestand bemerkt und wieder aufgefüllt. Damit wird vermieden, dass der Bestand auf null bzw. unter einen definierten Schwellenwert geht, also »der Nachschub ausgeht«.

Für die Regelungen von Nachschub in Ihrem Kanban-System ist diese Metapher gut anwendbar:

- Wie viele Produkte entnehmen Ihre Kunden je Zeitraum? Diese geben Signale zum nötigen Auffüllen (»Nachschub bitte!«).
- Wie oft füllen Sie das Regal auf? Je seltener Sie ein Regal auffüllen, desto mehr Produkte müssen Sie jeweils hinbringen, und desto mehr Platz brauchen Sie im Regal, um genügend Produkte bis zum nächsten Auffüllen bereitzuhalten.

Im Kasten unten wird das Kanban-Konzept zum Nachschub zusammengefasst.

Für ein agileres Vorgehen sollten Sie häufiger und dafür weniger Nachschub ins System lassen. Dies erlaubt flexibleres Agieren in dynamischen Umfeldern.

Nachschub

Nachschub ist der bewusste Vorgang, Arbeit in ein Kanban-System aufzunehmen.

Dadurch erfolgen Auswahl (d.h. die Auswahl, welche Karten umgesetzt werden) und Entscheidung der Bearbeitungsreihenfolge.

Dabei werden unter Beachtung getroffener Vereinbarungen Karten aus einem dem Kanban-System vorgelagerten sogenannten Arbeitsvorrat oder dem Upstream-Board über die Systemgrenze hinweg in den Eingangspuffer des Kanban-Systems gezogen. Aus bis dahin optionalen Anfragen werden zugesagte Arbeitsgegenstände, die an Kunden geliefert werden sollen.

Folgende Punkte sind dabei zu berücksichtigen:

- der Wert, der durch die Umsetzung der Arbeitsanfrage generiert werden kann,
- die Wichtigkeit und Dringlichkeit,
- die vorhandenen Lieferfähigkeiten im Service (z.B. vorhandene Kapazitäten und erwartete Laufzeit),
- gegebenenfalls inhaltliche oder technische Aspekte wie z.B. Abhängigkeiten, die berücksichtigt oder respektiert werden müssen.

Um Nachschub effektiv und effizient zu bewerkstelligen, spielen auch hier einige Kanban-Praktiken zusammen:

- Visualisierung – eine deutliche Abgrenzung des Arbeitsvorrats (also der zu erledigenden Arbeit) vom Liefersystem (siehe nächsten Abschnitt zur Gestaltung des Systemeingangs)
- Vereinbarungen zu Auswahlkriterien (siehe Kapitel 6, *Mache Regeln explizit*)
- Nachschubmeeting (siehe Kapitel 7, *Implementiere Feedback-Schleifen*) mit passender Frequenz

Im nächsten Abschnitt lernen Sie nun Möglichkeiten kennen, den Systemeingang zu gestalten und weiterzuentwickeln.

Gestaltung des Kanban-Systemeingangs

In den folgenden Abschnitten finden Sie verschiedene Modellierungsmöglichkeiten für die ersten Spalten Ihres Boards, den sogenannten Systemeingang. Diese bauen grob aufeinander auf und werden immer anspruchsvoller in Bezug auf organisatorische Reife bzw. Rahmenbedingungen, die gegeben sein müssen.

Zusagepunkt und Eingangspuffer

In einem ersten Schritt ist es wichtig, den sogenannten *Zusagepunkt* sichtbar und explizit zu machen. Dieser ist im Kasten unten definiert.

> ### Zusagepunkt
>
> Der Zusagepunkt (*Commitment Point*) ist die Stelle in einem Kanban-System, an der die Erbringung, das heißt der Beginn der Umsetzung, für (bis dahin optionale) Arbeitsgegenstände zugesagt wird. Vor diesem Punkt befindliche Arbeitsgegenstände werden nicht zwingend umgesetzt werden. Sie werden daher oft als *Optionen* bezeichnet.
>
> Die Aktivitäten vor diesem Punkt unterstützen die Entscheidungsfindung, ob und in welcher Form die Anfrage erfüllt werden wird.
>
> Nach dem Zusagepunkt gilt es als bestätigt, dass der Kunde die Arbeitseinheit tatsächlich wünscht und dass der Service die Aktivitäten direkt aufnehmen wird, um sie zu liefern: »Diese Karte wird jetzt definitiv bearbeitet.«[1]

Ein Zusagepunkt ermöglicht die sogenannte verzögerte Zusage. Diese ist wichtig, um das Pull-System zu etablieren: Es wird nicht jede Anfrage direkt in Arbeit genommen, sondern gilt erst nach dem Passieren des Zusagepunkts als angenommen. Hierin liegt der Schlüssel zur aktiven Steuerung am Systemeingang: Welche Anfragen werden nicht, welche später, welche direkt umgesetzt?

Ein typisches Beispiel für die Modellierung des Zusagepunkts ist in Abbildung 5-3 dargestellt. Die schraffierte Linie ist der Zusagepunkt! Er fungiert als Brandmauer nach außen. Heben Sie diese gern auf Ihrem Board visuell hervor.

Damit die Handhabung des Zusagepunkts funktioniert, denken Sie auch daran, links davon eine Pufferspalte bzw. einen Bereich für

1 Für die Scrum-interessierten Leser: Achtung, dies unterscheidet sich stark von der »Zusage« bzw. Prognose in Scrum, wo eine Lieferung zum Sprintende zugesagt wird.

den (noch) nicht zugesagten Arbeitsvorrat anzulegen. Neben *Arbeitsvorrat* sind hier auch Namen wie *Ideen-Pool* oder *Backlog* gebräuchlich. Dieser Bereich ist nun Ihr »Posteingang«, in den erst einmal alle Anfragen gelangen. Von dort aus gehen sie dann über den Zusagepunkt gesteuert in Ihr Kanban-System zur Umsetzung.

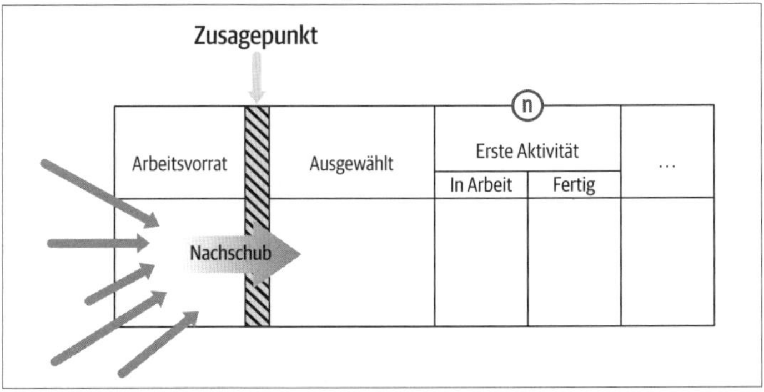

Abbildung 5-3: Basisvariante mit schraffiertem Zusagepunkt

Die erste Spalte rechts neben dem Zusagepunkt nennt man auch Eingangspuffer. Dieser wird oft mit *Zugesagt* oder wie in Abbildung 5-3 oben *Ausgewählt* benannt. Vermeiden Sie möglichst sehr generische Bezeichnungen wie »To-do«, denn dieser Begriff gilt ja z.B. für Ihren gesamten Arbeitsvorrat.

In einem weiteren Entwicklungsschritt können Sie nun die (potenziellen) Arbeitsgegenstände in Ihrem Arbeitsvorrat stärker nach deren Status trennen.

Den Arbeitsvorrat ausdifferenzieren

Um die oftmals große Menge der im Arbeitsvorrat befindlichen Anfragen besser analysieren und qualifizieren zu können, schaffen Sie in einem ersten Schritt zwischen dem Arbeitsvorrat (Sie erinnern sich, der ungefilterte Posteingang) und dem Zusagepunkt eine weitere Spalte, in die Sie Arbeitspakete bewegen, sobald diese umsetzungsbereit sind. Sie implementieren damit einen ersten Filtermechanismus, der gute Pull-Entscheidungen am Systemeingang dadurch vereinfacht, dass weniger, aber qualitativ gute Optionen zur Auswahl stehen. Nutzen Sie die vereinbarten *Bereit zur Umsetzung*-Kriterien (siehe Kapitel 4, *Limitiere die parallele Arbeit (das WIP)*). Falls Sie diese noch nicht definiert haben, ist jetzt der perfekte Zeitpunkt dafür!

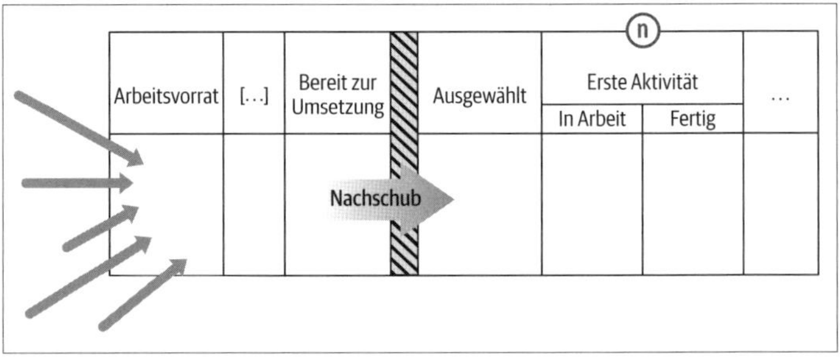

Abbildung 5-4: Eine weitere Spalte für Pakete, die umsetzungsbereit sind

Sie können hier auch weitere Zwischenstadien auf dem Weg vom »Posteingang« im Arbeitsvorrat bis zur Umsetzungsreife in weiteren Spalten darstellen.

Mit dieser Modellierung haben Sie nun schon eine deutlich bessere Ausgangslage für das Nachschubmeeting: Sie können sich jetzt aus einem klar sichtbaren Pool von Karten bedienen, die alle startklar sind (das heißt, alle nötigen Informationen sind vorhanden, und Entscheidungen wurden getroffen). In einem letzten Schritt limitieren Sie nun noch den Eingangspuffer Ihres Systems.

Eingangspuffer limitieren und dimensionieren

Ein in der Größe begrenzter Eingangspuffer ist eine wichtige Basis für weitere Kanban-Techniken zur Steuerung des Nachschubs. Diese Techniken werden Sie aufbauend auf dem Pull-Prinzip dabei unterstützen, Ihren Kunden gegenüber verlässliche Aussagen zum Lieferzeitpunkt zu machen.

Die Umsetzung besteht schlicht in der Einrichtung eines WIP-Limits auf der ersten Spalte im Umsetzungsbereich des Boards, das heißt nach der (gedachten) dicken Linie, dem Zusagepunkt. In Abbildung 5-5 ist dies die Spalte *Ausgewählt*. Die Begrenzung ist durch das *n* gekennzeichnet. Im dargestellten Beispiel ist die Spalte *Ausgewählt* also der begrenzte Eingangspuffer und hilft, Nachschubentscheidungen effizient zu treffen. Lesen Sie dazu auch die Hinweise zur Handhabung im Abschnitt »Nachschubmeeting« auf Seite 186 in Kapitel 7.

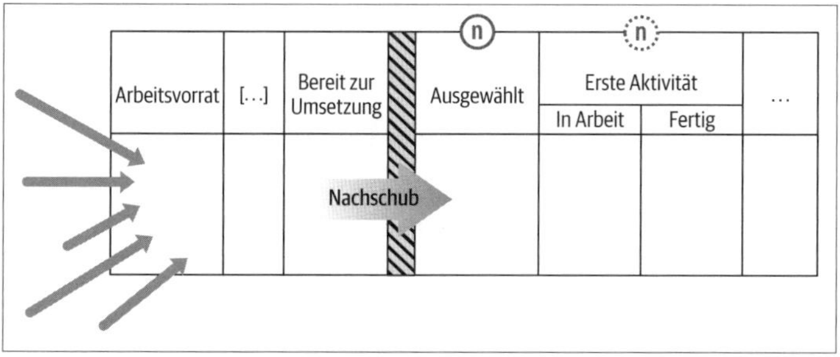

Abbildung 5-5: Systemeingang mit limitiertem Eingangspuffer

Wie wird der Eingangspuffer nun dimensioniert, das heißt, wie können Sie einen guten Ausgangswert für das WIP-Limit dieser Spalte finden? Oder anders ausgedrückt: Wie viel Nachschub brauchen wir?

Oftmals schauen Menschen sich zur Beantwortung dieser Frage die Anzahl der Karten auf dem Board (also das WIP) an. Der erste Gedankengang geht also anscheinend in Richtung »Wie viel brauchen wir auf dem Board, damit wir genug Arbeit haben?«. Die korrekte Antwort ist anders und überraschend einfach. Vielleicht hilft Ihnen das Bild mit der Badewanne (ein komfortables flussbasiertes System) in Abbildung 5-6. Wenn Sie mehr Wasser zu- als ablassen, wird der Wasserstand steigen und umgekehrt.

Wir gehen nun davon aus, dass wir ein gut etabliertes System haben, das wir stabil halten wollen, das heißt, der Wasserstand soll gleich bleiben. Wie viel Wasser müssen wir zufließen lassen? Achtung, zur Beantwortung dieser Frage ist nicht relevant, wie viel Wasser in der Badewanne ist. Maßgebend ist die Menge Wasser, die im selben Zeitraum abfließt! Wie praktisch, dass wir hierfür in Kanban eine leicht zu ermittelnde Kennzahl nutzen können, nämlich die Lieferrate. (Mehr dazu im Abschnitt »Überblick über die Kennzahlen« auf Seite 149.)

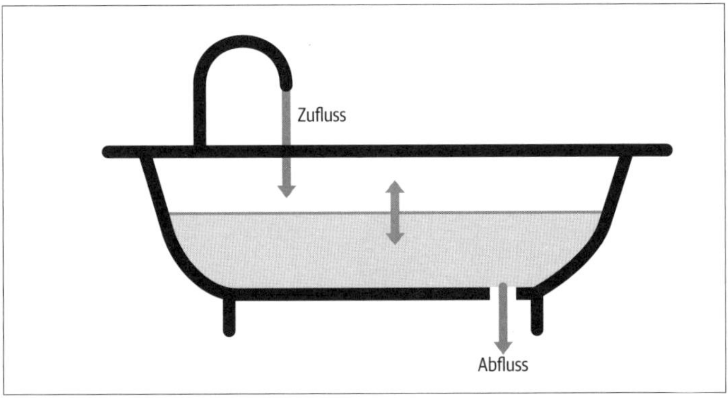

Abbildung 5-6: Balance zwischen Zufluss und Abfluss

Nun heraus aus der Badewanne und zurück zu Kanban-Systemen: Um zu erkennen, wie viel Nachschub nötig ist, sollten Sie sich am Systemausgang, das heißt an der Lieferrate orientieren. Hierbei ist ebenfalls der Mix der Arbeit zu beachten, so zum Beispiel eventuelle verschiedene Kategorien von Arbeit, wie etwa Arbeitstypen, Serviceklassen etc.

Neben der Lieferrate spielt nun noch die Häufigkeit der Nachschubmeetings eine Rolle. Während es gilt, einen Leerlauf zu vermeiden, ist es ebenso ungünstig, zu viele Karten im Eingangspuffer zu bunkern. Um agil und flexibel agieren zu können, wollen wir so spät wie möglich entscheiden!

Hier ein Beispiel: Ein Team hat eine Lieferrate von durchschnittlich acht Anpassungen pro Woche. Das Minimum lag bei drei Anpassungen pro Woche, das Maximum bei zwölf.

Bei einem wöchentlichen Nachschubmeeting (das heißt, einmal pro Woche wird der Eingangspuffer aufgefüllt) sollte der Puffer also ca. acht bis zehn Karten groß dimensioniert werden. Es befindet sich zusätzlich zu den Karten im Puffer ständig angefangene Arbeit im System, die auch noch abzuschließen ist. Außerdem sollte ein Leerlaufen des Systems vermieden werden. Sie erinnern sich, die Badewanne ... Ziel ist es, ein stets (über den gesamten Prozess) gleichmäßig gefülltes System zu haben, um einen glatten Fluss zu bekommen. Das ist insbesondere dann hilfreich, wenn Sie Spezialisten im Team oder Zuarbeiten im Prozess haben. Für diese ist die Arbeitslast dann gleichmäßig.

Stellen Sie sich vor, das Team bemerkt, dass die Umgebung zu dynamisch ist, und entscheidet sich, häufiger Nachschub ins System zu lassen. Statt einmal soll dies nun zweimal pro Woche geschehen. Welche Auswirkung hat das auf den Eingangspuffer? Genau, dieser kann nun verkleinert werden. Das bedeutet, dass der Puffer häufiger aufgefüllt wird, aber mit weniger Karten. Im Beispiel oben könnte der Puffer von den acht bis zehn Karten also auf ca. fünf Karten in der Größe reduziert werden. Ganz nebenbei ist das ein Beispiel dafür, wie Sie mit Kanban agiler werden: Häufiger entscheiden! Sollte die Arbeit nicht homogen sein, muss der Eingangspuffer gegebenenfalls etwas größer angelegt werden, um etwas mehr für die Auswahl bereitzuhalten.

Sie ahnen es schon! Auch hier gilt es, mit einer sinnvoll erscheinenden Zahl zu starten und dann kontinuierlich zu beobachten und gegebenenfalls anzupassen. Auf Folgendes sollten Sie achten:

- Beobachten Sie die Starttermine und das »Altern« der Karten im Eingangspuffer: Wenn Sie häufig Karten finden, die dort ordentlich Staub ansetzen und deutlich länger als der Zyklus bis zum nächsten Nachschubmeeting auf ihren Bearbeitungsstart warten, ist der Puffer vermutlich zu groß dimensioniert.
- Den gegenteiligen Fall werden Sie schnell bemerken: Ihr Team/Ihr Bereich ruft vor dem nächsten geplanten Nachschubmeeting schon nach Arbeit! Denken Sie dann darüber nach, mehr oder eventuell häufiger Nachschub ins System zu geben.

Ein weiteres und sehr wichtigstes Mittel, um den Fluss zu steuern, sind die WIP-Limits. Diese werden kurz im abschließenden Abschnitt dieser Praktik betrachtet.

Den Fluss im System mit WIP-Limits steuern

In Kapitel 4, *Limitiere die parallele Arbeit (das WIP)*, haben Sie bereits erfahren, was WIP-Limits sind und wie Sie sie einsetzen. Obwohl das Instrument an sich sehr einfach ist und funktioniert, ergibt sich in der Praxis doch die große Frage, wo diese Limitierungen am besten einzusetzen sind und wie sie dimensioniert werden sollen. Hierbei können Ihnen etablierte Modelle helfen. Um den Rahmen dieses Buchs nicht zu sprengen, finden Sie im Folgenden ein paar Hinweise zu weiterführender Literatur.

Geradezu ein Klassiker ist die Engpasstheorie (*Theory of Constraints*, TOC), die einigen von Ihnen sicher bekannt ist. Zu diesem Thema empfehle ich das Buch »Das Ziel« [Goldratt 2013]. Für diejenigen von Ihnen mit IT-Hintergrund ist außerdem der davon inspirierte Roman »Projekt Phoenix« (von Gene Kim, Kevin Behr und George Spafford, O'Reilly) spannend – beide sehr unterhaltsam und lehrreich!

Wie Sie auch dem Buch »Projekt Phoenix« entnehmen können, sind grundlegende Denkweisen aus der Produktion sehr wohl auf Wissensarbeit übertragbar. Gerade die »fünf Fokussierungsschritte«, die Sie im oben genannten Buch »Das Ziel« als Kern der Engpasstheorie kennenlernen, werden auch Ihnen sicher gute Anregungen für das Steuern Ihres Arbeitsflusses geben.

Abschließend noch der Hinweis auf die Kanban-Praktik *Implementiere Feedback-Schleifen* (Kapitel 7). Die dort beschriebenen Rückkopplungsmechanismen werden Ihnen wichtige Informationen und Impulse geben, um den Arbeitsfluss besser zu sehen, zu steuern und Schritt für Schritt zu optimieren.

KAPITEL 6

Mache Regeln explizit

Der Zweck von klaren Regeln ist, im Zusammenspiel mit der Visualisierung des Arbeitsflusses konsistente Entscheidungen zu ermöglichen, Eigenverantwortung zu stärken und Konflikte zu versachlichen. Diese Praktik ist somit ein wesentlicher Baustein für die Selbstorganisation. Im folgenden Kasten finden Sie eine Zusammenfassung dieser Praktik.

Vorab sei mir eine Anmerkung erlaubt. Nach meiner Erfahrung hat das Wort »Regel« oftmals einen Beigeschmack von »in eine Richtung wirkend« – und zwar von oben nach unten – und wird gern mit »Polizei« assoziiert: Einige erlassen Regeln für alle, andere überprüfen deren Einhaltung. Im Kanban-Kontext trifft meiner Meinung nach das Wort »Vereinbarung« sehr gut, worum es geht: Beteiligte stimmen sich untereinander ab und verabreden bestimmte Richtlinien, über deren Einhaltung sie gemeinsam wachen. Ich verwende beide Wörter in diesem Buch synonym.

Praktik »Mache Regeln explizit«

Regeln, die für die Erbringung von Services gelten, sollen explizit formuliert werden. Sie dienen als sichtbarer und unkomplizierter Mechanismus für die Steuerung der Dienstleistung.

Die getroffenen Vereinbarungen sollten

- knapp und einfach,
- klar definiert und sichtbar sein,
- immer angewandt werden und
- leicht veränderbar durch jene sein, die einen Service erbringen.

Regeln sollten regelmäßig hinterfragt und bei Bedarf angepasst werden.

Sie ahnen es, ein 40-seitiges Word-Handbuch oder ein Dutzend ineinander verschachtelter WIKI-Seiten erfüllen diese Kriterien nicht.

Machen Sie sich immer wieder den Zweck dieser Praktik klar: Es geht nicht darum, ein 100%ig korrektes und stets gültiges Vertragsdokument oder detaillierte Verfahrensanweisungen für die Zusammenarbeit zu entwickeln! Stattdessen sollen die Vereinbarungen helfen, einen definierten Rahmen für das Selbstmanagement von Services oder Teams zu schaffen, der dem komplexen Umfeld gerecht wird. Ein weiterer gewünschter Effekt sind konsistentere Handlungsweisen und damit Ergebnisse.

Auch hier die Erinnerung an das Veränderungsprinzip Nummer eins: Starte mit dem, was jetzt getan wird. Dies bedeutet, zunächst all die implizit vorhandenen Regeln der Zusammenarbeit zu entdecken und diese sichtbar zu machen. Vereinbaren Sie sie möglichst ausdrücklich mit allen Beteiligten und stellen Sie auf dieser Basis deren Einhaltung sicher. Idealerweise werden die Beteiligten selbst darauf achten und sich gegenseitig für die gemeinsam getroffenen Vereinbarungen in die Pflicht nehmen. Die im Kasten oben definierten Kriterien für Vereinbarungen unterstützen dies. Ein weiterer Schlüssel ist hier die gemeinsame Erarbeitung und die Zustimmung aller. Vielleicht gibt es bei der Formulierung der Regeln für die Zusammenarbeit zunächst Konflikte. Einmal verabschiedet, sind die Regeln jedoch eine gute Voraussetzung für alle, um Initiative zu ergreifen. So können z.B. Differenzen zwischen Handlungsweisen und Vereinbarungen offen angesprochen oder Veränderungen vorgeschlagen werden.

Der Aufwand für das Formulieren der Regeln ist meist überschaubar und zahlt sich schnell aus. Als Lohn für Ihre Mühen erwarten Sie neben der Reduzierung von Reibungsverlusten und langwierigen Einzelfalldiskussionen auch Konsistenz und eine damit einhergehende bessere Vorhersagbarkeit. Ergebnisse von Entscheidungen sind nicht mehr so stark davon beeinflusst, wer konkret sie trifft. Außerdem spüren Personen häufig kognitive Entlastung. Unzählige kleine Einzelentscheidungen am Tag kosten viel Hirnaktivität.

In den nächsten Abschnitten finden Sie die in den vorherigen Praktiken bereits vorgestellte Kanban-spezifische Vereinbarungen wieder und lernen einige neue kennen.

Kanban-spezifische Vereinbarungen

Im Folgenden erfahren Sie mehr zu WIP-Limits, verschiedenen Kriterien, die explizit gemacht werden sollten, sowie Serviceklassen.

WIP-Limits

WIP-Limits sind neben dem Kanban-Board wahrscheinlich das bekannteste Konzept von Kanban. Mit WIP-Limits konnten Sie sich ja schon in Kapitel 4, *Limitiere die parallele Arbeit (das WIP)*, vertraut machen.

An dieser Stelle möchte ich daher ergänzend nur nochmals darauf hinweisen, dass auch WIP-Limits den im einführenden Kasten zu dieser Praktik genannten Kriterien für Vereinbarungen entsprechen sollten. Daher folgende Hinweise zum Umgang:

- Berücksichtigen Sie stets, dass WIP-Limits eine soziale Vereinbarung eines bestimmten Personenkreises darstellen. Stellen Sie sicher, dass alle Beteiligten die vereinbarten Begrenzungen mittragen.
- Vermeiden Sie anfangs insbesondere eine Überforderung durch sehr niedrige WIP-Limits, die Ängste bzw. Widerstände erzeugen können.
- Wenden Sie geeignete Arten von WIP-Limits (siehe Beschreibung der Praktik) an, die Ihren Gegebenheiten entsprechen und die gewünschte Wirkung erzielen.
- Überprüfen Sie die gesetzten WIP-Limits regelmäßig und passen Sie sie an veränderte Gegebenheiten oder neue Erkenntnisse an!

Eine weitere Kanban-spezifische Art der Vereinbarung sind die sogenannten *Pull-Kriterien*, die Sie nun kennenlernen.

Pull-Kriterien

Im nachfolgenden Kasten finden Sie eine kurze Definition der Pull-Kriterien.

> ### Pull-Kriterien
>
> Pull-Kriterien definieren die Eigenschaften, die Karten erfüllen müssen, um eine Spalte verlassen, das heißt weitergezogen (gepullt) werden zu dürfen.
>
> Pull-Kriterien sind also einzelnen Spalten auf dem Board zugeordnet. Sie werden typischerweise am Übergang zwischen *In Arbeit* und *Fertig* dargestellt.
>
> Nicht für alle Spalten sind Pull-Kriterien unbedingt erforderlich.

Falls Sie in der agilen Softwareentwicklung tätig sind, können Sie sich Pull-Kriterien als *Definition of Done* (DoD) je Spalte vorstellen. Alle vereinbarten Pull-Kriterien definieren in Summe die Definition of Done, also die Fertigstellungskriterien, die für alle Arbeitsgegenstände gelten.

Gemäß den Veränderungsprinzipien können Sie die Pull-Kriterien auch nach und nach entdecken und verfeinern. Hier ein Beispiel zur Illustration für den Status *Initiierung* eines Projekts:

- Projektleitung benannt
- Business Case genehmigt
- Grobplanung vorhanden
- Team definiert und verfügbar

Hier ein zweites Beispiel für die Spalte *Umsetzung* auf einem Board, mit dem ein Softwareentwicklungsteam seine Arbeit steuert:

- Unit-Tests grün
- Integrationstests grün
- Feature deployt in Integrationsumgebung

Starten Sie mit den Pull-Kriterien leichtgewichtig und entwickeln Sie diese schrittweise gemeinsam weiter. Pull-Kriterien werden Sie dabei unterstützen, zu einer konsistenten Arbeitsweise zu gelangen. Sie fördern das gemeinsame Verständnis dafür, was jeweils das Ergebnis der Aktivitäten in den einzelnen Spalten sein sollte. Formulieren Sie sie als Zustand der Arbeitsgegenstände, die diese beim Verlassen der Spalte erreicht haben sollen, also z. B. »Kunde hat Vertrag unterzeichnet« oder »Softwarepaket läuft fehlerfrei auf Umgebung X«.

Dies wird allen Beteiligten helfen, die richtigen Aktivitäten auszuführen. Die Funktionsweise ist: »Tue, was auch immer nötig ist, um diesen Zustand zu erreichen.« Das kann also in einem Rutsch direkt erreicht werden oder manchmal auch mehrere Aufgaben oder gar »Schleifen« benötigen. Die Karte verbleibt dann so lange in der entsprechenden Spalte. Die explizite Vereinbarung von Pull-Kriterien wird Ihnen helfen, implizites Wissen sichtbar zu machen und zu teilen.

Bei haptischen Boards werden diese Kriterien typischerweise oberhalb oder unterhalb der Trennlinie zur nächsten Spalte dargestellt (siehe Abbildung 6-1).

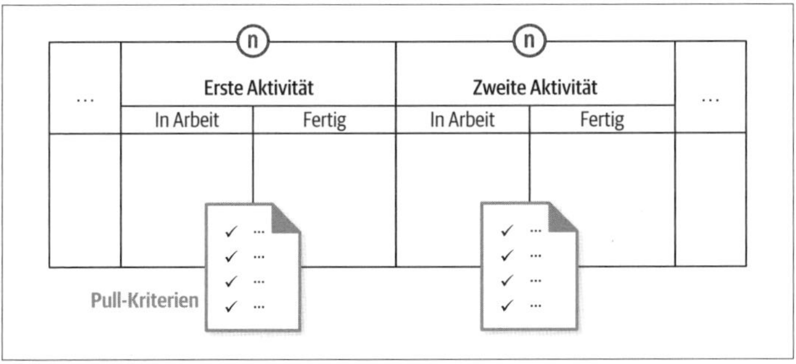

Abbildung 6-1: Pull-Kriterien unterhalb der Spalten

Gute digitale Kanban-Systeme erlauben Ihnen die vorübergehende oder kontinuierliche Einblendung der Kriterien bei der Arbeit mit dem Board. Notfalls können auch Klebezettel am oberen Monitorrand helfen, falls Sie einen festen Bildschirm zur Anzeige des digitalen Boards verwenden.

Umsetzungsbereit-Kriterien

Die Definition des Zustands *Umsetzungsbereit* ist eine Spezialform der Pull-Kriterien. Dies sind die Qualitäten, die Ihre Karten aufweisen müssen, um am »Türsteher« vor dem Systemeingang vorbeizukommen.

Die *Umsetzungsbereit*-Kriterien können beispielsweise beinhalten:

- Definition der notwendigen Basisinformationen
- erfolgte Genehmigungen oder Freigaben
- Prüfung technischer und organisatorischer Voraussetzungen
- Prüfung von Abhängigkeiten
- erfolgte Analysen
- Schätzungen

Auch für diese Kriterien muss oftmals nach und nach ein Verständnis erarbeitet werden. Die Analyse von Karten, die im Umsetzungsprozess abgebrochen oder aufgrund fehlender Voraussetzungen blockiert wurden, hilft Ihnen dabei, Schwachstellen zu erkennen und die Kriterien weiterzuentwickeln.

Im Kontext der agilen Softwareentwicklung sind diese Kriterien auch als *Definition of Ready* bekannt.

Pull-Regeln

Die sogenannten Pull-Regeln (*Pull Policies*) unterstützen Personen dabei, effizient (d.h. ohne langwierige Diskussionen oder Verhandlungen über Einzelfälle) die richtige Entscheidung darüber zu treffen, woran sie gerade arbeiten sollten.

Außerdem stellen sie insgesamt eine konsistente Auswahl und Behandlungsweise von Arbeitspaketen sicher und sorgen so für konsistentere Ergebnisse und bessere Vorhersagbarkeit. Beispiele:

- »Rechts vor links« ist wahrscheinlich für die meisten Boards eine gute Idee: Es zwingt die Beteiligten, mehr Fokus auf den Abschluss als auf frische Karten zu legen.
- »Rechts vor links und von oben nach unten«: Eignet sich für ein Board, bei dem es verschiedene Zeilen für verschiedene Serviceklassen gibt, mit den höchsten Serviceklassen oben.
- »Bevorzugt Karten abschließen, ehe neue begonnen werden. Ausnahme: Es gibt Karten mit festem Termin im Eingangspuffer, die in weniger als zwei Wochen fällig sind.«
- »Beschleunigte Karten werden direkt in die Bearbeitung genommen, unabhängig von WIP-Limits.«

Neben diesen grundlegenden Vereinbarungen stellen die Serviceklassen, die Sie bereits im Rahmen der Praktik *Manage den Arbeitsfluss* kennengelernt haben, eine wichtige Vereinbarung dar.

Serviceklassen

Serviceklassen sind ein wichtiges Hilfsmittel zur Steuerung des Flusses und zum Managen von Risiken.

Auch für diese gelten die allgemeinen Kriterien für Vereinbarungen. Beachten Sie außerdem, dass Serviceklassen in der Regel gemeinsam mit den Kunden vereinbart werden. Dies bedeutet, dass Serviceklassen abgestimmt und regelmäßig überprüft werden sollten. Dazu gehören neben den Kriterien für die Serviceklassen auch die vereinbarte Behandlung, unter Umständen die Kostengestaltung und Mechanismen zur Überprüfung. Ich möchte Sie ausdrücklich ermutigen, sich mit dem Konzept der Serviceklassen vertraut zu machen und diese in der Praxis zu erproben. Sicher wollen auch Sie sich die Macht des Schallschraubenziehers zunutze machen, oder?

Nach der Einführung in das Thema im Rahmen der Praktik *Manage den Arbeitsfluss* wenden wir uns daher nun konkreten Fragen zur praktischen Anwendung des Konzepts der Serviceklassen zu.

In den meisten Fällen gibt es bereits Serviceklassen, sie sind nur nicht explizit oder sichtbar definiert und vereinbart. Gehen Sie einmal in Gedanken eine typische Situation durch, in der neue Anfragen eintrudeln: Reagieren Sie immer gleich, egal wer die Anfrage stellt? Ist alles gleich dringend? Gibt es Anfragen, die zu einem festen Termin erledigt sein müssen? Falls Sie gerade ein paarmal in Gedanken genickt haben, sind Serviceklassen interessant für Sie.

Im Zusammenhang mit der Einführung von WIP-Limits hören wir oft Bedenken wie z. B.: »Wenn wir jetzt unser System limitieren, bekommen wir ja Sachen, die kurzfristig als dringend auftauchen, nicht mehr unter und können dann entsprechend nicht mehr reagieren.«

Genau das Gegenteil ist der Fall: Sobald Sie Ihr System gut eingerichtet haben, werden Sie in der Lage sein, Dringendes schnell und mit dem nötigen Fokus zu erledigen und anderes gut steuerbar abzuarbeiten. Serviceklassen sind der Schlüssel dazu.

In der Praxis gibt es oft Verwirrung bei den Begriffen *Arbeitstyp* und *Serviceklasse*, deshalb ich möchte ich sie im nächsten Abschnitt einmal gegenüberstellen.

Abgrenzung der Arbeitstypen von Serviceklassen

Kurz zusammengefasst: Arbeitstypen beschreiben, was angefragt wird, sie haben einen entsprechenden Arbeitsfluss zur Folge. Serviceklassen beschreiben die Art und Weise, wie die Karten der entsprechenden Klasse behandelt werden, was sich meist in deutlichen Unterschieden in der Bearbeitungszeit (Laufzeit) widerspiegelt.

Für die IT-affinen Leserinnen und Leser: Arbeitstypen zu Serviceklassen haben eine n:m-Beziehung.

Ein Beispiel sollte dies gut veranschaulichen. In einem Service werden die Arbeitstypen »Unterstützungsanfrage« und »Richtlinienanpassung« angeboten. Diese haben jeweils unterschiedliche Aktivitäten zur Folge und werden daher auch in separaten Zeilen auf dem Kanban-Board dargestellt. Unterstützungsanfragen kommen aus Bereichen, die zu den betreuten Themen Beratung benötigen und sollten so schnell wie es eben geht beantwortet werden. Sie werden also typischerweise der Serviceklasse *Standard* zugeordnet. Die Behandlung von Richtlinienanpassungen hingegen ist deutlich differenzierter: Es gibt beispielsweise Anpassungen aus rechtlichen

Gründen, die zu einem festen Termin (nämlich z.B. dem Inkrafttreten einer neuen gesetzlichen Regelung) erfolgen müssen. Viele sind zeitlich zunächst unkritisch, andere sollten regulär bearbeitet werden. Die Serviceklasse *Beschleunigt* trifft auf die Richtlinienanpassung normalerweise nicht zu.

Als Tabelle dargestellt, sollte dies gut verständlich sein:

Arbeitstyp	Serviceklasse			
	Fester Termin	Standard	Unbestimmt	Beschleunigt
Unterstützungsanfrage	-	X	-	-
Richtlinienanpassung	X	X	X	-

Nachdem die Begriffe geklärt sind, gibt Ihnen der nächste Abschnitt Hilfestellung zur praktischen Anwendung der Serviceklassen.

Umgang mit Serviceklassen in der Praxis

Abschließend nun noch ein paar praktische Tipps zum Identifizieren und zur Handhabung von Serviceklassen.

- Beobachten Sie Ihr System und die eintrudelnden Anforderungen und damit verbundenen Erwartungen für eine Weile. Sie werden dadurch sicher einige Serviceklassen entdecken, falls es eine differenzierte Behandlung von Anfragen gibt.
- Machen Sie die gefundenen Serviceklassen dann explizit: Vereinbaren Sie mit dem oder den betroffenen Kunden eine passende Bezeichnung, gleichen Sie Erwartungen ab. Das ist eine fantastische Gelegenheit, sich mit Ihren Kunden zu den (möglicherweise unterschiedlichen) Erwartungen bezüglich Ihrer Dienstleistungen auszutauschen.
- Definieren Sie darauf basierend Regeln für die Behandlung der Arbeitspakete der entsprechenden Klassen in Ihrem System. Ziel ist es, die Erwartungen zu erfüllen. Achten Sie auf mögliche gewollte oder ungewollte Nebeneffekte auf die Arbeit in anderen Serviceklassen.

- Messen Sie die Laufzeit von Karten in den definierten Serviceklassen und gleichen Sie diese regelmäßig mit den Erwartungen ab.
- Messen Sie die Verteilung der Arbeit über Arbeitstypen und Serviceklassen und überprüfen Sie, ob dies den Erwartungen entspricht. Hier zeigen sich oft organisatorische Dysfunktionen oder auch Vertrauensprobleme (z.B. »alles ist dringend«) mit den zugehörigen ungünstigen Effekten.
- Beobachten Sie insbesondere die höheren Serviceklassen, um deren Missbrauch zu identifizieren und abzustellen. Überprüfen Sie alle *Beschleunigt*-Karten im Nachhinein: Waren diese gerechtfertigt, und (wie) hätten sie vermieden werden können?
- Reflektieren Sie in Flow Reviews oder Retrospektiven die Definition und die vereinbarte Behandlung verschiedener Serviceklassen und verfeinern Sie diese (auch unter Nutzung der oben genannten Kennzahlen) nach und nach.

Übrigens hat in der Regel die (implizite oder explizite) Serviceklasse eines Arbeitsgegenstands den größten Einfluss auf dessen Lieferzeit und nicht die geschätzte »Größe« (z.B. in Form von Aufwand, im Softwareumfeld in Story-Punkten oder in T-Shirt-Größen wie S, M, L und XL ausgedrückt).

Vorsicht mit der Fast Lane

Abschließend noch ein Wort zur *Fast Lane*. Dies ist eine Zeile in Kanban-Boards, typischerweise ganz oben, die grob der Grundform *Beschleunigt* zugeordnet werden kann. In vielen Fällen wird diese jedoch einfach ohne explizite Vereinbarung zum Umgehen der WIP-Limits missbraucht. Haben Sie eine solche? Überprüfen Sie kritisch: Was darf da hinein, welchen Effekt hat das auf das gesamte System, gibt es Auswertungen über die Häufigkeit der Nutzung?

Ich schaue stets mit ein wenig Besorgnis auf volle Fast Lanes, denn Kapazität ist ein Nullsummenspiel: Zu einem gegebenen Zeitpunkt haben Sie eine bestimmte Kapazität. Das heißt, eine bestimmte Menge Arbeit kann sich gleichzeitig im System befinden und effizient bewältigt werden kann. Ihr System hat eine bestimmte Leistungsfähigkeit, die bestimmt, welche Art Arbeit Sie in welcher Zeit erledigen können. Ein schönes Bild hierzu ist ein Eimer, in den Sie eine bestimmte Mischung (Ihre Arbeit) hineinbekommen. Wenn er voll ist, läuft er über, das heißt, Ihr System wird mit zu viel Arbeit geflutet, was zu den bekannten negativen Auswirkungen führt.

Praktischerweise bietet Ihnen Kanban die Möglichkeit, Arbeitsaufträge flexibel und auch sehr kurzfristig und mit hoher Dringlichkeit einzusteuern. Dies ist möglich und hilfreich, ist jedoch nicht umsonst. Wenn Sie einen Teil der Arbeit (z.B. über eine hohe Serviceklasse) beschleunigen, verlangsamen Sie damit andere Arbeiten, da diese nachrangig behandelt werden und schlichtweg häufiger warten müssen, weiterbearbeitet zu werden.

Lassen Sie uns das kurz durchdenken: Sie und Ihr Team bearbeiten fokussiert Ihre Arbeitspakete. Nun kommt ein Auftrag z.B. über die Fast Lane herein, der sofort begonnen werden soll. Eine oder mehrere Kolleginnen lassen also die bisherige Arbeit liegen und bearbeiten die neue, dringende Aufgabe. Es wird deutlich:

Die Beschleunigung einer Serviceklasse gehen stets auf Kosten einer oder mehrerer anderer Serviceklassen.

Wir sprechen auch von »hohen« und »niedrigen« Serviceklassen. Prinzipiell ist das kein Problem, denn üblicherweise gibt es Arbeit, bei der die Laufzeiten länger sein können. Diese können dann zeitweise unterbrochen werden, etwa Verbesserungen an Prozessen, Updates, Berichte, Wartungsarbeiten. Es wird dann bedenklich, wenn die hohen Serviceklassen (z.B. durch die Fast Lane) über Gebühr beansprucht werden. Häufig ist dies ein Resultat bestimmter Dysfunktionen in der Organisation. Schauen Sie also unbedingt näher darauf, was in Ihrer Fast Lane geschieht und wo die Ursachen für die beschleunigten Karten liegen.

Sie haben nun die Kanban-Praktik *Mache Regeln explizit* kennengelernt. An mehreren Stellen wurde dabei erwähnt, dass diese Regeln wachsen und sich entwickeln werden. Der Weg zu weiteren und systematisch angeregten Veränderungen wird durch die nachfolgend beschriebene Praktik zum Aufbau und zur Nutzung von Feedback-Schleifen beschrieben.

KAPITEL 7

Implementiere Feedback-Schleifen

Diese Praktik ist der Schlüssel zu langfristig effektiven und lebendigen (d.h. sich weiterentwickelnden) Kanban-Systemen und ist mit all den Kanban-Praktiken verknüpft, die Sie bereits kennengelernt haben.

Feedback-Schleifen bieten Ihnen gemeinsam mit der im folgenden Kapitel beschriebenen Kanban-Praktik *Verbessere gemeinsam, entwickle experimentell weiter* die Mittel, um den evolutionären Veränderungsansatz als selbstverständlichen Teil Ihrer alltäglichen Arbeit anzuwenden.

Hier ein kurzer Einschub zur Terminologie: Nach meiner Erfahrung wird das Wort Feedback im deutschen Sprachgebrauch häufig mit Rückmeldungen an Personen assoziiert, etwa zu vergangenen Verhaltensweisen wie der Moderation eines Meetings oder auch zu erstellten Arbeitsergebnissen. Im Zusammenhang mit Arbeitsorganisation und einer Methode wie Kanban hat *Feedback* bzw. *Rückkopplung* jedoch eine breitere Bedeutung: Über den gesamten Lieferprozess hinweg werden Informationen gesammelt, verfügbar gemacht und auf strukturierte, systematische Art und Weise angewendet.

In diesem Kapitel werden wir zunächst die Zielsetzungen dieser sehr wichtigen Praktik anschauen. Anschließend erhalten Sie einen Überblick über die Praktik des Etablierens von Feedback-Schleifen sowie über die Feedback-Mechanismen, die die Kanban-Methode mitbringt: Visualisierung, Kennzahlen und Diagramme sowie Regelmeetings (Kadenzen). Die Visualisierung haben Sie bereits im Rahmen der ersten Kanban-Praktik kennengelernt. Kennzahlen und Diagramme sowie Regelmeetings werden in diesem Kapitel ausführlich besprochen.

Zielsetzungen

Funktionierende Feedback-Schleifen sind ein wichtiger Motor für Veränderungen. Deren Ziel ist neben der effizienten Steuerung der täglichen Arbeit auch die Verbesserung der Dienstleistung. Außerdem können sie bei entsprechender Ausprägung Impulse zur Weiterentwicklung der Organisation geben und sind essenziell für das organische Wachstum von Kanban-Systemen (Stichwort Skalierung). Die drei Hauptziele sind somit:

Steuern
: Hierfür werden aktuelle und historische Informationen genutzt, um auf die operative Erbringung von Leistungen einzuwirken. Beispielsweise können Störungen im Arbeitsfluss durch Feedback (Informationen auf dem Board und Kommunikation in einem Meeting) erkannt und adressiert werden. Es kann auch z.B. der Fortschritt von Arbeitsgegenständen mit festem Termin beobachtet und gegebenenfalls nachgesteuert werden, z.B. durch Beschleunigung der Karte oder Einbeziehen weiterer Personen.

Lernen und Verbessern
: Des Weiteren werden Informationen zu bereits abgeschlossenen Arbeiten genutzt, um die aktuelle Arbeitsweise und Leistungsfähigkeit (besser) zu verstehen und zukünftige Leistungen zu verbessern.

: Stellen Sie sich beispielsweise vor, dass in einer Organisation hohe Abbruchquoten im Lieferprozess beobachtet werden. Der subjektive Eindruck von Beteiligten wurde durch Datenauswertungen bestätigt. In einem Meeting (z.B. einer Retrospektive oder einem Flow Review) werden die abgebrochenen Karten auf Muster und Ursachen hin untersucht. Als Ursache stellen sich unzureichende Informationen zum Umsetzungsbeginn heraus, sodass vereinbart wird, die *Umsetzungsbereit*-Kriterien im Liefersystem für die entsprechenden Arbeitstypen anzupassen. In der

Folge werden die Abbruchquoten weiter beobachtet, um sicherzustellen, dass die Veränderung den gewünschten Effekt hatte.

Wachsen
: Mit mehr Übung und Reife können und werden Feedback-Mechanismen in zunehmendem Maße auch »externe« Sichtweisen und Problemstellungen adressieren. Feedback-Schleifen können dann Veränderungen in der Organisation (d.h. außerhalb des eigentlichen Service) anstoßen. Außerdem ermöglichen sie das sogenannte Skalieren, also das organische Wachsen oder Erweitern des Kanban-Ansatzes auf ein Netzwerk von Services (siehe dazu auch den Abschnitt »Regelmeetings (Kadenzen)« auf Seite 147 und Kapitel 14, *Skalieren*).

Sie sehen also, Feedback-Schleifen können vielfältige Wirkungen entfalten, sie werden Sie und Ihre Kanban-Implementierung kontinuierlich begleiten.

Erfreulicherweise bietet Ihnen die Kanban-Methode pragmatische und unkomplizierte Verfahren, Feedback-Schleifen zu implementieren. Diese lernen Sie in den nächsten Abschnitten kennen.

Überblick über die Praktik

Der folgende Kasten fasst diese Kanban-Praktik kurz zusammen.

Praktik »Feedback-Schleifen implementieren«

Funktionierende Feedback-Schleifen unterstützen die effektive Steuerung der Dienstleistung, die kontinuierliche Verbesserung des Service und der Organisation sowie das organische Skalieren von Kanban-Systemen.

Dabei stehen diese Bereiche im Fokus:

- Arbeitsfluss
- Lieferungen an Kunden
- Koordinierung auch mit anderen Teilen der Organisation
- (angestrebte) Verbesserungen der Dienstleistung
- Risikomanagement und strategische Ausrichtung

Kanban setzt zur Rückkopplung folgende Mechanismen ein:

- Visualisierung
- Kennzahlen und Diagramme
- Regelmeetings

Beachten Sie, dass diese Mechanismen vor allem im Zusammenspiel wirken. Feedback-Schleifen sitzen wie die Spinne im Netz und sind mit praktisch allen anderen Praktiken verbunden, die Sie bereits kennengelernt haben: Kennzahlen (siehe Abschnitt »Kennzahlen und Diagramme« auf Seite 147) werden hier genutzt und ausgewertet, Experimente vereinbart und deren Wirkung überprüft, das Kanban-System kontinuierlich weiterentwickelt, Vereinbarungen und Richtlinien verbessert.

Hier ein kurzer Überblick.

Visualisierung

Diese Kanban-Praktik haben Sie bereits in Kapitel 3 kennengelernt. Lassen Sie uns hier *Visualisierung*, also das Sichtbarmachen unsichtbarer Wissensarbeit, kurz aus der Perspektive von Feedback-Schleifen betrachten, denn dieser Aspekt wird leicht übersehen.

Die Informationen auf dem Kanban-Board selbst liefern stetiges und leicht zugängliches Feedback zum aktuellen Fortgang der Arbeit. Das Kanban-Board ist damit Ihr Feedback-Radiator Nummer eins! Auf einem gut gestalteten und aktuell gepflegten Board sehen Sie auf einen Blick, wo Arbeit stockt und wo gegebenenfalls nachzusteuern ist. Sie bekommen wertvolle Informationen, um die aktuelle Arbeit (in Form von Karten, die sich gerade über das Board bewegen) zu steuern.

Das Kanban-Board zeigt außerdem die aktuelle Nutzung der Kapazitäten an. Falls Sie WIP-Limits im Einsatz haben, sehen Sie dies sehr klar. Diese Informationen sind wichtig, um z.B. den Nachschub effektiv zu gestalten.

Zu abgeschlossener Arbeit hingegen gibt es auf dem Board selbst wenige Informationen. Diese finden sich in den Kennzahlen und Diagrammen.

Kennzahlen und Diagramme

Kennzahlen und Diagramme werden im nächsten Abschnitt detailliert beschrieben. Sie liefern Ihnen Informationen, die das Verhalten Ihres flussbasierten Systems beschreiben und Ihnen ein tieferes Verständnis und damit Ansatzpunkte für Verbesserungen bieten.

Regelmeetings (Kadenzen)

Die Kanban-Methode definiert einen Satz an generischen Regelmeetings und Überprüfungen, auch Kadenzen genannt. Diese werden je nach Kontext adaptiert und basieren stets auf den bereits vorhandenen Regelmeetings der Organisation.

Die nächsten Abschnitte beschreiben die hier kurz vorgestellten Rückkopplungsmechanismen von Kennzahlen und Diagrammen sowie die Kadenzen ausführlich.

Kennzahlen und Diagramme

Nach der Betrachtung möglicher Zielsetzungen für das Sammeln und Auswerten von Daten bekommen Sie hier einen Überblick über typische Kennzahlen und deren Einsatz.

Wieso überhaupt messen?

Bei der Arbeit mit Kanban ist es zentral, ein auch quantitatives Verständnis von der eigenen Leistungsfähigkeit zu entwickeln. Dieses wird für viele Entscheidungen Informationen liefern und Ihnen helfen, immer bessere Vorhersagen treffen zu können. Außerdem helfen Ihnen sogenannte Verbesserungstreiber (oftmals temporäre Kennzahlen[1]), Veränderungen zu steuern und zu überprüfen.

1 Oft auch *Metriken* genannt, vom englischen Wort *Metrics*.

Die Erhebung von quantitativen Messgrößen trifft häufig auf Vorbehalte. Hierzu vorab: Wenn Sie Kennzahlen im Sinne eines systemischen Denkens aufsetzen und einsetzen, besteht absolut kein Grund zur Sorge, denn insbesondere die Leistung einzelner Personen wird mittels der Kanban-Kennzahlen nicht erfasst. Auch hier denken wir systemisch und sprechen in der Regel über die Leistungsfähigkeit des Systems, nicht der (einzelnen) Mitarbeitenden!

In diesem Abschnitt werden Sie zunächst grundlegende Kennzahlen kennenlernen. Sie bekommen Hinweise dazu, wie Sie diese erheben können. Anschließend erfahren Sie, wie Sie diese Kennzahlen in Diagrammen darstellen und zu verschiedenen Zwecken interpretieren können. Einige Kanban-Tools unterstützen Sie hervorragend bei der Datensammlung und -analyse, bei anderen müssen Sie gegebenenfalls Umwege über Excel-Exporte nehmen.

Der folgende Kasten fasst drei Gruppen von Kennzahlen zusammen, die jeweils in einer bestimmten Zielrichtung eingesetzt werden.

Ziele für den Einsatz von Kennzahlen: die 3 Vs

- Verstehen der Leistungsfähigkeit
- Verbesserungen voranbringen
- Vorhersagen erstellen

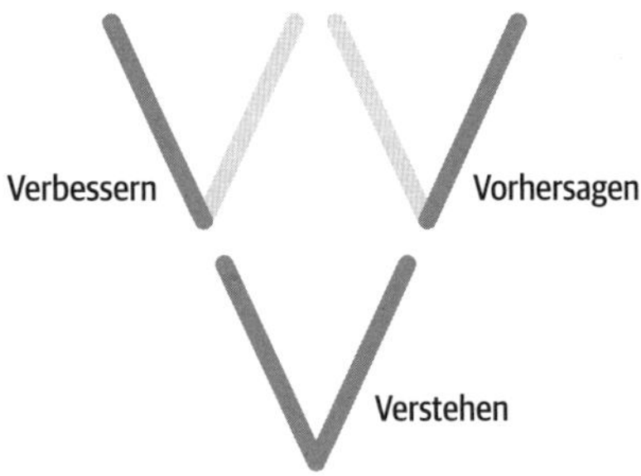

Abbildung 7-1: Die 3 Vs

In der Praxis bauen die im Kasten beschriebenen Ziele aufeinander auf: Die Grundlage für das Verbessern und Vorhersagen ist das Verstehen. Gerade wenn Sie bisher nicht mit flussbasierten Systemen gearbeitet haben, werden die verschiedenen Kennzahlen zum Verstehen der Leistungsfähigkeit Sie dabei unterstützen, Ihr System durch die Kanban-Linse zu sehen.

Als Grundlage bekommen Sie nun einen kurzen Überblick über die gebräuchlichsten Kennzahlen mit einer kurzen Definition. Über deren Einsatz erfahren Sie mehr in den nach den »3 Vs« gegliederten Folgeabschnitten.

Überblick über die Kennzahlen

In Tabelle 7-1 finden Sie einen Überblick über die Kennzahlen, die Ihnen helfen, das Verhalten flussbasierter Systeme zu erkennen und zu beschreiben. Natürlich gibt es in Theorie und Praxis noch weitere Kennzahlen, für einige werden auch andere Bezeichnungen genutzt. Die in der Tabelle enthaltenen Kennzahlen können Sie für verschiedene Zwecke, nämlich die »3 Vs«, einsetzen, daher werden sie hier einmal gesammelt eingeführt. Für eine bessere Lesbarkeit wird im Folgenden der Begriff *Karten* für Arbeitsgegenstände genutzt.

Die meisten beschriebenen Kennzahlen sollten separat nach verwendeten Kategorien, z.B. Arbeitstypen oder Serviceklassen, erhoben und ausgewertet werden. Wie auch in anderen Bereichen des Lebens macht es keinen Sinn, Äpfel, Birnen und Fahrräder in einen Korb zu werfen. Siehe weitere Hinweise im Abschnitt »2. V: Kennzahlen zum Verbessern« auf Seite 159.

Tabelle 7-1: Überblick über die Kanban-Kennzahlen

Kennzahl	Beschreibung	Typische Einheit
Laufzeit	Dauer, d.h. verstrichene Zeit, von der Aufnahme der Arbeit an einer Karte bis zu deren Lieferung bzw. Dauer eines Teilprozesses davon. Die »Strecke« im Prozess sollte jeweils exakt definiert werden.	Tage, Wochen oder Monate

Tabelle 7-1: Überblick über die Kanban-Kennzahlen (Fortsetzung)

Kennzahl	Beschreibung	Typische Einheit
Lieferrate	Anzahl der in einem bestimmten Zeitraum gelieferten Karten. Bezieht sich in der Regel auf das Gesamtsystem.	Karten pro Zeiteinheit, z. B. pro Woche, oder Features pro Quartal
Anfrage-volumen	Anzahl der in einem bestimmten Zeitraum angefragten Arbeit.	Karten pro Typ und Zeiteinheit, z. B. pro Woche
Durchsatz	Im Gegensatz zur Lieferrate wird der Durchsatz durch definierte Teilstrecken des Arbeitsflusses oder auch einzelne Spalten gemessen. Achtung, wird in der Praxis oft synonym mit Lieferrate genutzt.	Karten pro Zeiteinheit, s. o.
Flusseffizienz	Das Verhältnis der Zeit, in der aktiv an einer Karte gearbeitet wird (Bearbeitungszeit), zur gesamten Laufzeit. Flusseffizienz = Bearbeitungszeit/Laufzeit mit Laufzeit = Bearbeitungszeit + Wartezeiten im System	Prozent
Bedarfsrate	Am Systemeingang eintreffende Anfragen.	Anfragen je Zeiteinheit
WIP, Work in Progress	Die Karten, die in das System oder einen betrachteten Teil (z. B. Spalte) eingetreten sind, diesen jedoch noch nicht verlassen haben.	Anzahl der Karten in definierten Teilen des Systems oder gesamt
Fehlerbedarf	Durch eine verspätete oder fehlerhafte Lieferung einer vorherigen Karte selbst erzeugte Arbeit.	Prozent
Abbruchquote	Anteil der Karten, die vorzeitig beendet wurden, d. h. unplanmäßig nicht den gesamten Arbeitsfluss durchlaufen haben.	Prozent
Blocker	Zustand einer Karte, in dem eine weitere Bearbeitung aufgrund fehlender Voraussetzungen, typischerweise externer Natur, nicht möglich ist. Ursachen: fehlende Informationen, Entscheidungen, Infrastruktur oder Zuarbeiten.	Anzahl der blockierten Karten zu einem Zeitpunkt bzw. in einem Zeitraum sowie gegebenenfalls auch die Länge der Blockierung

In den nun folgenden Abschnitten lernen Sie diese Kennzahlen mit ihren verschiedenen Verwendungsmöglichkeiten im Detail kennen.

1. V: Kennzahlen zum Verstehen

Die Kennzahlen, die dieser Gruppe zugeordnet werden, dienen dazu, die Leistungsfähigkeit des eigenen Systems zu verstehen. Oftmals wird zunächst das interne Systemverhalten gemessen, später richtet sich der Fokus zunehmend nach außen und berücksichtigt stärker die Belange und Interessen der Kunden.

Eventuell hatten Sie gerade den Gedanken: »Ist es nicht selbstverständlich, dass man das einschätzen kann?« Nun, zumindest aus meiner persönlichen Erfahrung kann ich dies deutlich verneinen! Tatsächlich ist es eher die Ausnahme als die Regel, dass ein Team oder ein Bereich einer Organisation diese Fragen direkt beantworten kann:

- Reaktionsfähigkeit: Wie schnell können wir Anforderungen erfüllen?
- Lieferrate: Wie viel liefern wir in einem bestimmten Zeitraum?
- Anforderungsmix: Wie viel wird von unseren Kunden in einem bestimmten Zeitraum angefordert, und welche Art von Anfragen bekommen wir?

Dies führt zu der wichtigen Frage:

- Sind Bedarf und Lieferungen in Balance?

Schauen wir uns diese Kennzahlen jetzt genauer an.

Reaktionsfähigkeit: Wie schnell können wir Anforderungen erfüllen?

Für diese Fragestellung eignen sich alle laufzeitbasierten Kennzahlen. In den Materialien und Trainings der Kanban University sind aktuell zwei Arten von Laufzeitkennzahlen definiert: die Kundenlaufzeit (synonym zu Kundendurchlaufzeit) und die Systemlaufzeit (synonym mit Systemdurchlaufzeit). Beide »Messstrecken« sind in Abbildung 7-2 dargestellt.

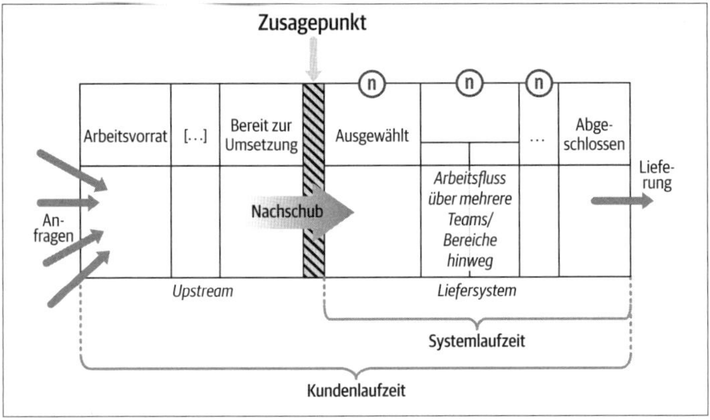

Abbildung 7-2: Definition von Laufzeitkennzahlen

Die *Systemlaufzeit* misst also die Differenz zwischen dem Zeitpunkt im Arbeitsfluss, an dem eine Arbeitsaufgabe den Zusagepunkt überschreitet, bis zur ersten Spalte ohne Limitierung. In der Regel sind alle Spalten limitiert, und die letzte Spalte, die noch im Einflussbereich des Systems liegt, ist unlimitiert.

Für die *Kundenlaufzeit* beginnt die Uhr früher zu ticken, nämlich bereits dann, wenn eine Anfrage eintrifft: Die Kundenlaufzeit misst die Dauer ab dem Zeitpunkt, an dem ein Kunde eine Anfrage an einen Service stellt, bis er das Ergebnis geliefert bekommt. Sie können Kundenlaufzeit in genau dieser Form verwenden oder eigene Definitionen nutzen. Auch hier gilt: Der Kontext ist wichtig. Definieren Sie Kennzahlen zu Laufzeiten explizit mit allen Beteiligten und wenden Sie diese dann konsistent an.

Die im weiteren Verlauf des Kapitels vorgestellten Techniken und Konzepte wie beispielsweise Verteilungen oder Laufdiagramme sind auf alle laufzeitbasierten Kennzahlen anwendbar. In einem ersten Schritt ist der Fokus auf Ihre Systemlaufzeit sinnvoll, vorausgesetzt, Sie haben bereits ein WIP-limitiertes System. Dies ist die *Prozessstrecke*, die Sie weitestgehend unter Ihrer Kontrolle haben. Sie können dann gegebenenfalls schrittweise die Definition der zu messenden Laufzeit erweitern.

Wie auch immer Sie die Laufzeit konkret messen, eines vorweg: Laufzeit ist nicht nur eine Zahl. Das heißt, wenn Sie Ihre Reaktionsfähigkeit beschreiben möchten, funktioniert es nicht, einfach nur zu sagen: »Unsere Laufzeit ist 14 Tage.«

Wieso? Nun, es fehlt eine Qualifizierung im Sinne einer Eintrittswahrscheinlichkeit sowie z. B. ein Bezug zum Arbeitstyp, auf den sich diese Laufzeit bezieht. Mit welcher Wahrscheinlichkeit werden denn bestimmte Arbeitsgegenstände innerhalb von 14 Tagen geliefert?

Um die Reaktionsfähigkeit gut beschreiben zu können, benötigen Sie den Durchschnitt und ein hohes Perzentil, beispielsweise 85 %: »Unsere Laufzeit für komplexe Analysen beträgt im Durchschnitt 9 Tage, 85 % aller komplexen Analysen werden innerhalb von 14 Tagen abgeschlossen.« plus: »Die längste beobachtete Laufzeit betrug 67 Tage.« Damit bekommen Sie schon ein anderes Verständnis, nicht wahr?

Grafisch als Verteilung dargestellt, könnte dies z. B. aussehen wie in Abbildung 7-3.

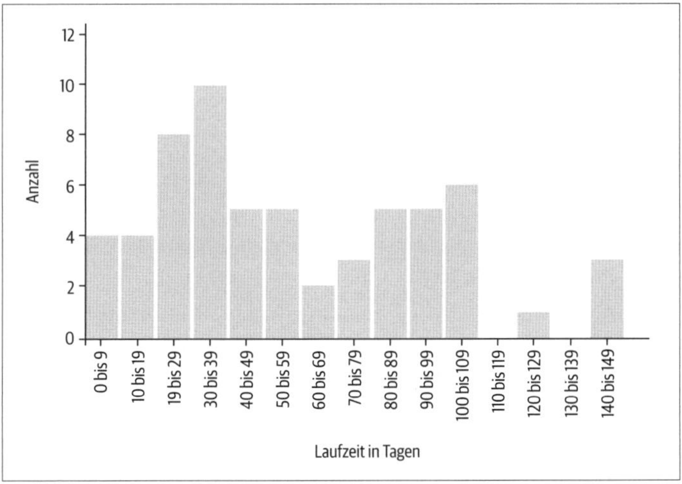

Abbildung 7-3: Beispiel einer Laufzeitverteilung

Hier eine kleine Hilfestellung, falls Sie nicht geübt im Umgang mit Verteilungen sind: Der zweite Balken im Diagramm bedeutet, dass 4 Karten innerhalb von 10 bis 19 Tagen geliefert wurden. Die Spitze in der vierten Säule können Sie lesen als »10 Karten wurden innerhalb von 30 bis 39 Tagen geliefert, diese Laufzeit trat am häufigsten auf.« Wenn Sie Summen über alle Balken von links aus bis zu einem bestimmten Balken bilden, erhalten Sie die sehr wertvolle Information »bis zu«. Nehmen wir dazu als Beispiel die ersten drei Balken: Die Anzahl betrug 4 + 4 + 8, also insgesamt 16. Also wurden 16 von insgesamt 64 Karten innerhalb von 29 Tagen geliefert. 16/64 = 25 %. Demnach wurden 25 % aller Karten innerhalb von 29 Tagen geliefert.

Mit geübtem Blick haben Sie eventuell bemerkt, dass die Spitze (der Modus der Kurve) nicht mittig ist, sondern nach links verschoben. Dies ist charakteristisch für Wissensarbeit. Falls Sie sich an dieser Stelle an die schön symmetrische gaußsche Glockenkurve aus Ihrem Mathematikunterricht erinnern, dürfen Sie diese gleich wieder verdrängen: In diesem Kontext wird sie Ihnen selten begegnen, höchstens in der Verteilung von Lieferraten (jedoch nicht der Laufzeiten).

Die in Abbildung 7-3 oben dargestellte Form wird als »nach rechts verzerrt« (im Englischen *right-skewed*) bezeichnet. Diese spiegelt das folgende typische Laufzeitverhalten wider: Es gibt relativ viele Arbeitspakete, die schnell abgeschlossen werden, das heißt, die Laufzeiten sind kurz. Eher seltener werden auch lange Laufzeiten (*Langläufer* oder *Long Tail* genannt) beobachtet. Diese sind oftmals ein Mehrfaches des Modus, verursachen die meisten Probleme und sind Ausdruck von Risiken in Ihrer Dienstleistung.

Außerdem sehen Sie in der Verteilung oben drei »Hügel«. Diese können durch unterschiedliche Arten von Arbeit entstehen oder auch durch die unterschiedliche Behandlung der Arbeit (siehe dazu Abschnitt »Serviceklassen« auf Seite 199). Es wäre hier auf jeden Fall empfehlenswert, dem durch weitere Analysen nachzugehen.

In Tabelle 7-2 finden Sie zur Auffrischung kurz wesentliche Kenngrößen zur Charakterisierung und Interpretation von Wahrscheinlichkeitsverteilungen, die Sie in Abbildung 7-4 in einer Beispielverteilung dargestellt sehen.

Tabelle 7-2: Kenngrößen von Wahrscheinlichkeitsverteilungen

Kenngröße	Definition	Nutzung und Anmerkungen
Durchschnitt (Mittelwert)	Summe aller beobachteten Werte geteilt durch die Anzahl.	Reagiert empfindlich auf Langläufer.
Perzentile, Prozentränge	Durch Perzentile wird die Verteilung in 100 umfangsgleiche Teile zerlegt.	Siehe Beispiel 85 % in der nächsten Zeile.
85stes Perzentil	Bei aufsteigend sortierten Werten der Wert, in den 85 % fallen. Wenn es 100 Werte sind, der 85. Wert. Bei 40 Datenpunkten wäre es der 34. Wert.	85 % aller beobachteten Werte sind maximal so groß. Typische Größe für Prognosen. Je nach Kontext wird typischerweise mit dem 80. bis 90. Perzentil gearbeitet.
Median	50. Perzentil, d.h. bei aufsteigend sortierten Werten der mittlere Wert.	Stabiler als der Durchschnitt, auch bei Langläufern. Bewegung des Medians ist Indikator für Verbesserungen oder Verschlechterungen.
Minimum	Der minimale beobachtete Wert.	Ist oftmals nicht null!
Maximum	Der maximale beobachtete Wert.	Vermittelt einen Eindruck von der Spannbreite der Verteilung.

Das Laufzeitverhalten, das die Verteilung in Abbildung 7-4 widerspiegelt, lässt sich wie folgt beschreiben: Jede zweite Anfrage wird innerhalb von 55 Tagen geliefert (Median). 4 von 5 Anfragen werden innerhalb von 98 Tagen geliefert (80stes Perzentil). Die längste bisher beobachtete Laufzeit war 185 Tage. Im Durchschnitt werden Anfragen innerhalb von 63 Tagen erledigt.

Die gemessenen Laufzeiten beschreiben das Verhalten unseres komplexen Liefersystems »von außen«. Sie entstehen also nicht durch eine Aufteilung in einzelne Komponenten und deren Analyse, stattdessen ist das System quasi eine »Black Box«: Was auch immer darin geschieht – nach der Zeit von x Stunden, Tagen oder Wochen wird ein Arbeitsgegenstand geliefert. Laufzeiten dienen auch als wichtige Grundlage zur Identifizierung von Verbesserungspotenzial sowie für Prognosen.

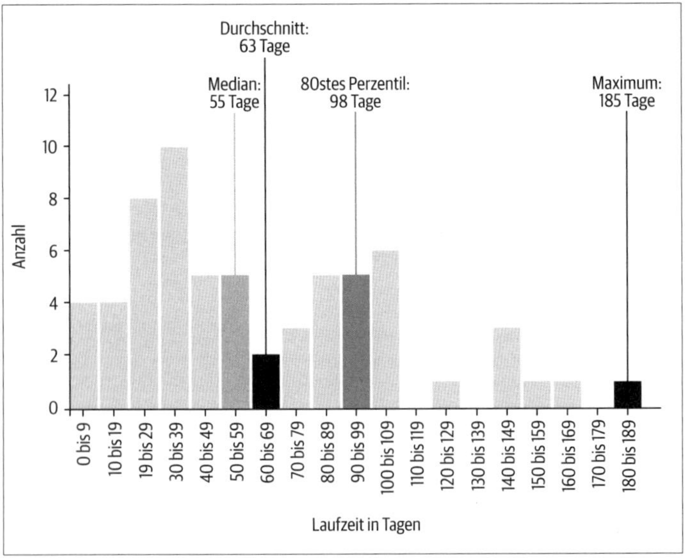

Abbildung 7-4: Verteilung mit Kenngrößen

Kommen wir zur nächsten Fragestellung.

Lieferrate

Für diese Kennzahl können Sie die beobachteten Lieferraten (d.h. Ihre Auswertungen dazu, wie viel in einem bestimmten Zeitraum jeweils ausgeliefert wurde) in einem sogenannten *Laufdiagramm* (*Run Chart*) eintragen, gezeigt in Abbildung 7-5.

Sie können an diesem Beispiel sehen, wie viele Anträge (y-Achse) jeweils pro Kalenderwoche (x-Achse) bearbeitet wurden. Es ist recht typisch, dass nach Spitzen in der Kurve Täler folgen: Hier gab es Unregelmäßigkeiten im Fluss, etwa durch einen Blocker. Natürlich können Sie das Diagramm an Ihre Bedürfnisse anpassen, z.B. Lieferraten pro Tag oder auch Monat, Quartal oder Jahr.

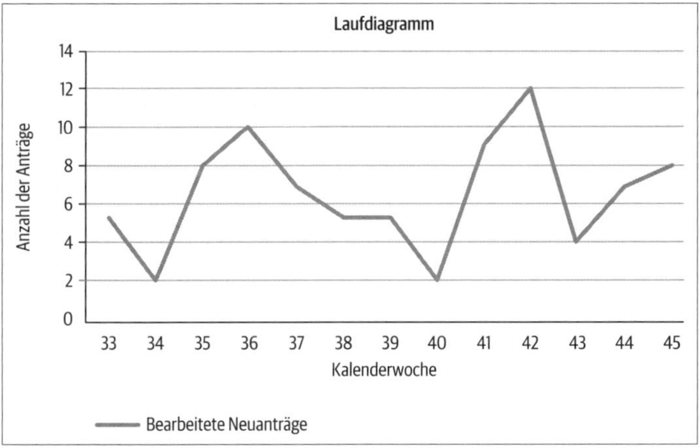

Abbildung 7-5: Bearbeitete Neuanträge

Diese Informationen helfen Ihnen, Ihr Lieferverhalten zu verstehen: Liefern Sie stabil, oder gibt es starke Schwankungen? Außerdem können Sie diese Kennzahlen nutzen, um Vorhersagen für zukünftige Lieferungen zu treffen und die Nutzung Ihrer Kapazitäten vorauszuplanen.

Verhältnis von Bedarf zu Lieferfähigkeit

Wenn dauerhaft mehr Anfragen ankommen, als abgearbeitet werden können, hat dies negative Konsequenzen. Dazu gehören der Verlust von Fokus in verstopften Systemen, längere Bearbeitungszeiten etc. Die meisten digitalen Kanban-Tools bieten Ihnen die Möglichkeit, dies zu überprüfen: Vergleichen Sie die Ankunftsrate (von Kunden angeforderte Leistungen) mit der Lieferrate (fertiggestellte Leistungen) in einem bestimmten Zeitraum. Außerdem ist es hilfreich, hier die Entwicklung über die Zeit zu betrachten, um Trends zu sehen und entsprechend reagieren zu können.

Im Beispiel in Abbildung 7-6 sehen Sie positiv auf der y-Achse dargestellt die angefragten Arbeitspakete, das heißt, diese erhöhen den Arbeitsvorrat bzw. das WIP. Negativ sind die gelieferten Pakete, diese reduzieren den Arbeitsvorrat bzw. das WIP.

Es ist nur natürlich, dass es in einzelnen Wochen hier keine perfekte Balance gibt. Im Beispiel unten jedoch stehen innerhalb des betrachteten Zeitraums von immerhin 8 Wochen den zusammengerechnet insgesamt 37 angefragten Arbeitspaketen im selben Zeitraum lediglich 25 gelieferte Arbeitspakete gegenüber. Dies ist ein deutlicher Indikator dafür, dass das System nicht in Balance ist: Es wurde rein mengenmäßig betrachtet ca. ein Drittel weniger geliefert als angefragt.

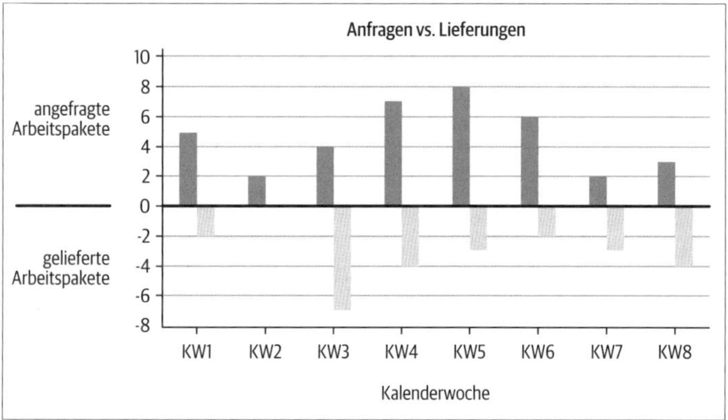

Abbildung 7-6: Wöchentliche Anfragen vs. Lieferungen von Arbeitspaketen

Dieses Beispiel setzt voraus, dass die enthaltenen Karten alle aus derselben Kategorie (z.B. Arbeitstyp) waren. Diese Überlegung führt uns zum Anfragemix.

Anfragemix

Neben dieser rein quantitativen Betrachtung ist es in vielen Umgebungen sinnvoll, auch auf das Mischungsverhältnis der Arbeit zu schauen. Schließlich macht es einen Unterschied, ob Sie 20 kleinere Fehler beheben oder 10 kleinere Fehler beheben und im gleichen Zeitraum außerdem noch 10 neue Features ausliefern.

Nutzen Sie die identifizierten Arbeitstypen (siehe Kapitel 10, *Kanban Design Workshops*) und messen Sie deren jeweiligen Anteil an der angefragten Arbeit. Betrachten Sie dazu sowohl die Anfragen als auch die Lieferungen. Hieraus können Sie erkennen, ob Sie gegebenenfalls (bewusst oder unbewusst) bestimmte Kategorien von Anfragen bevorzugen oder benachteiligen.

2. V: Kennzahlen zum Verbessern

Sobald Sie mithilfe der oben beschriebenen Kennzahlen ein erstes Verständnis für das Verhalten Ihres flussbasierten Arbeitssystems entwickeln konnten, folgt der nächste Schritt: Sie können nun diese und weitere Kennzahlen und Diagramme einsetzen, um Verbesserungen zu überprüfen und voranzutreiben.

Wie auch in anderen Bereichen empfiehlt sich hier zum einen die Beobachtung von Trends: Wie entwickeln sich die Basiskennzahlen Ihres Systems? Außerdem können Sie anhand vieler Kennzahlen Verbesserungspotenziale für das Erbringen Ihrer Dienstleistungen erkennen und dann im Weiteren durch Beobachtung der Trends die Wirksamkeit initiierter Maßnahmen überprüfen. Da dies ein weites Feld ist, möchte ich Ihnen im Folgenden ein paar typische Anwendungsfälle vorstellen, die Ihnen den Einsatz der Kennzahlen veranschaulichen sollen.

Wie ist der Fluss durch unser System, wo stockt es?

Um potenzielle Verbesserungen identifizieren zu können, ist es hilfreich zu verstehen, wie sich die Arbeit durch das System bewegt (fließt oder auch stockt). Dazu werden die Anzahl der Karten in bestimmten Systemabschnitten (z.B. Spalten) zu einem Zeitpunkt und deren jeweilige Verweildauer betrachtet.

Dies kann in einem sogenannten *kumulativen Flussdiagramm* (CFD, *Cumulative Flow Diagram*) dargestellt werden. Die manuelle Erstellung ist etwas aufwendig, die meisten Tools zaubern Ihnen das Diagramm jedoch automatisch. Die Interpretation ist recht einfach und intuitiv, nutzen Sie es also gern in Ihren Regelmeetings zur Verbesserung und auch mit Führungskräften.

Um dies gut verständlich zu veranschaulichen, lassen Sie uns auf Daten blicken, die in einer Okaloa-Flowlab-Simulation generiert wurden. Ohne die Simulation zu sehr zu spoilern: Es wurden zwei Runden gespielt, nennen wir sie A und B, eine Runde mit WIP-Limits, eine ohne. Dies ist immer ein schöner Vorher-nachher-Vergleich. In Abbildung 7-7 finden Sie die Rohdaten. Dazu wurde jeweils zum Tagesende die Anzahl der Karten pro Spalte notiert.

Runde A			
Tag	Schritt 1	Schritt 2	Fertig
1	10	0	0
2	11	0	0
3	13	2	0
4	15	3	0
5	14	3	1
6	13	4	1
7	14	3	2
8	15	4	3
9	16	3	4
10	16	3	4

Runde B			
Tag	Schritt 1	Schritt 2	Fertig
1	3	0	0
2	2	0	1
3	2	1	2
4	1	0	5
5	2	0	5
6	2	2	5
7	3	1	6
8	3	0	7
9	3	1	7
10	2	1	9

Abbildung 7-7: Karten im System jeweils zu Tagesende

Die daraus resultierenden Diagramme sind in Abbildung 7-8 dargestellt. Nehmen Sie sich hier gern einen Moment und versuchen Sie, die Daten und Diagramme zu lesen.

In den CFDs werden die Karten in den Spalten – Achtung, von rechts auf dem Board beginnend – aufeinandergestapelt. Die unterste Fläche zeigt also die Fertigstellungsrate an. Diese Kurve ist in *Runde B* deutlich steiler, das heißt, die Lieferrate ist höher. Für die Spalten *Schritt 1* und *Schritt 2* (davor im Arbeitsfluss) sehen Sie in *Runde A* große Flächen für viel angefangene Arbeit und schmale Streifen für wenig WIP und guten Fluss. Beachten Sie z. B. die große helle Fläche im oberen Diagramm. Diese spiegelt eine überflutete erste Spalte auf dem Board wider mit bis zu 15 parallel in Arbeit befindlichen Karten.

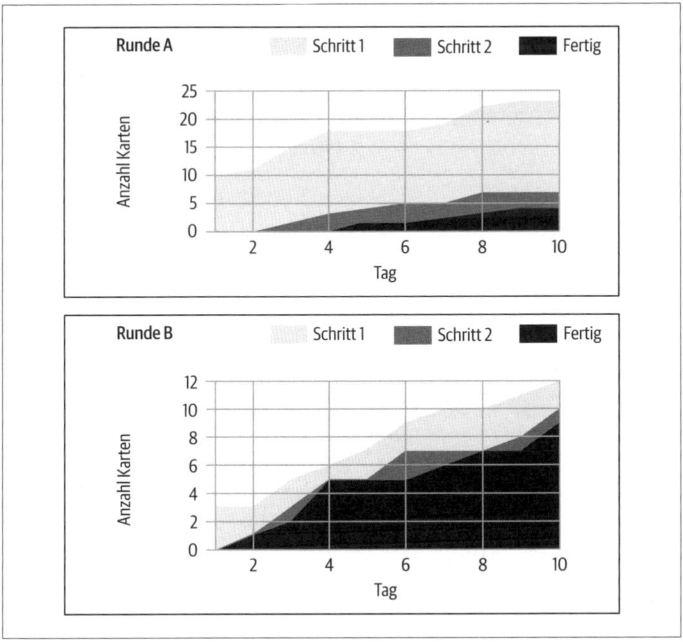

Abbildung 7-8: Kumulative Flussdiagramme für Runde A ohne WIP-Limits und Runde B mit Limitierung

Diese kleine Interpretationshilfe zeigt Ihnen, dass in *Runde B* WIP-Limits erfolgreich angewendet wurden. Es wurde weniger Arbeit begonnen und deutlich mehr Arbeit fertiggestellt. Für ein besseres Verständnis des Flusses insgesamt liefert eine Betrachtung der akkumulierten Zeit je Karte in den einzelnen Spalten interessante Erkenntnisse.

In der Praxis gibt es noch weitere Darstellungsmöglichkeiten mit dem Ziel eines besseren Verständnisses für den Fluss der Arbeit durch das System. Mit dem Fluss eng verknüpft sind Verzögerungen, das heißt vermeidbares Stocken im Fluss einzelner Arbeitsgegenstände.

Verzögerungen reduzieren

Es ist sicher schon deutlich geworden, dass Kanban auch als Verbesserungstreiber stark auf die Laufzeit setzt. In der Laufzeit zeigen sich alle Verzögerungen und Wartezeiten im Prozess. Arbeiten Sie daher kontinuierlich mit den Laufzeitverteilungen, beobachten Sie Trends, teilen Sie Ihre Arbeit gegebenenfalls in Kategorien auf.

Der Median (also das 50. Perzentil) ist gut geeignet, um Trends zu erkennen: Sinkt der Median, das heißt, bewegt er sich in der Verteilung (gemeinsam mit der Kurve) nach links, werden die entsprechenden Arbeitsgegenstände insgesamt schneller geliefert.

Dasselbe gilt für den Durchschnittswert. Dieser bewegt sich ebenfalls nach links (sinkt), wenn Sie z. B. Ursachen für sehr lange Laufzeiten (siehe den Abschnitt »Blocker« unten) beheben. Es liegt in der Natur der Sache (es müssen ja erst wieder einige Karten den ganzen Prozess mit der entsprechenden Laufzeit durchlaufen), dass Sie hier ein wenig Geduld benötigen werden, ehe die Effekte sichtbar werden. Diese sind dann jedoch in der Regel für Ihre Kunden deutlich spürbar! Ihre Verteilung wird schmaler, das heißt, Sie werden genauere Lieferzusagen treffen und einhalten können.

Die Betrachtung von Laufzeitverteilungen sollte zu einem wichtigen Bestandteil Ihrer Feedback-Schleifen werden. Nutzen Sie diese z. B. in Retrospektiven bzw. Flow Reviews. Betrachten Sie dabei neben den allgemeinen Trends vor allem auch die Datenpunkte am rechten Rand der Verteilung. Dort finden Sie die Karten mit der längsten Laufzeit. Diese sind oftmals die Verursacher von Beschwerden und Eskalationen. Kontrollieren Sie sie rückblickend, um die Ursachen für die offenbar aufgetretenen Verzögerungen identifizieren und durch Verbesserungsexperimente adressieren zu können.

Übrigens: In den seltensten Fällen waren diese »Langläufer« durch einen höheren Arbeitsaufwand entstanden. Sie werden sicher feststellen, dass viele dieser Karten aufgrund bestimmter Umstände im Prozess behindert waren. Dies führt uns direkt zu einer sehr einfachen, aber wirksamen Kennzahl, den sogenannten Blockern, die einen Teil dieser Verzögerungen explizit machen.

Blocker

Als *Blocker* werden Gegebenheiten bezeichnet, die das weitere Bearbeiten der betroffenen Karte behindern. Der Arbeitsfluss stockt. Blocker werden durch vereinbarte, gut sichtbare Markierungen auf den Karten markiert. Dies kann z.B. durch rote Stoppschilder, pinkfarbene darauf geklebte Karten oder Ähnliches erfolgen.

Achtung, eine Karte, die aufgrund von wechselnder Priorisierung »liegen bleibt«, ist nicht blockiert! Sie ist lediglich eine Opfergabe an den Gott des Multitaskings. Der wichtige Unterschied besteht darin, dass Sie die Arbeit an dieser Karte mit dem Multitasking-Schaden direkt wieder aufnehmen könnten, sobald Sie sich dazu entscheiden.

Die Ursache von Blockern liegt typischerweise in diesen Bereichen:

- fehlende Informationen oder Entscheidungen
- Warten auf meist unplanmäßige Zuarbeiten anderer Bereiche (außerhalb des Teams bzw. Service, gegebenenfalls außerhalb der Organisation, z.B. durch Lieferanten)
- Probleme mit Tools oder der Infrastruktur

Hier ein paar Beispiele aus der Praxis:

- Warten auf Informationen oder Entscheidungen des Kunden
- Warten auf Zuarbeit durch einen anderen Bereich (z.B. Rechtsabteilung, IT oder Einkauf)
- Warten auf Problemlösung oder Zuarbeit durch externen Lieferanten
- Warten auf Freigaben
- Warten auf Nacharbeiten nach fehlgeschlagenen Abnahmen oder Tests
- Störungen der Infrastruktur (Deployment-Pipeline defekt, CMS funktioniert nicht, Zugänge fehlen)

In einem ersten Schritt ist es wichtig, Blocker zu erkennen und sichtbar zu machen. Das Kanban-Meeting ist hierfür ein wichtiges Forum: »Das klingt, als gäbe es ein echtes Hindernis, um an dieser Karte weiterzuarbeiten. Lasst uns mal einen Blocker draufhängen.«

Die Analyse von Blockern ist gerade im Umfeld größerer Organisationen eine wichtige Quelle für Erkenntnisse und bietet viel Verbesserungspotenzial. Diese Daten sollten Sie idealerweise zu Blockern sammeln:

- Grund der Blockierung
- Beginn
- Ende (und damit Dauer)

Tipp: Beginnen Sie frühzeitig mit dem Sammeln dieser Daten! Sie können sie dann später (z.B. nach ein paar Monaten) auswerten und werden sicher viele Erkenntnisse gewinnen.

Achtung! – Laufzeit und Aufwand

Wenn man sich mit dem Thema Steuerung und Optimierung des Arbeitsflusses befasst, stößt man neben dem Begriff der *Laufzeit* (siehe Beginn des Abschnitts) oftmals auch auf *Aufwand*. Lassen Sie uns beide Begriffe kurz kontrastieren und an einem kleinen Beispiel veranschaulichen:

- Unter *Aufwand* versteht man typischerweise die Menge an Zeit, in der aktiv an etwas gearbeitet wird.
- *Laufzeit* misst »verstrichene Zeit«, das bedeutet, die Uhr wird an einem bestimmten Punkt gestartet und später angehalten. Hier werden also Wartezeiten, das heißt Perioden von Inaktivität, berücksichtigt.

Der gemessene Aufwand hingegen klammert Wartezeiten aus. Vielleicht ist folgendes Beispiel hilfreich: Ein Malermeister hat zwei Aufträge angenommen. Am Montag arbeitet er von 8 bis 12 Uhr an Objekt 1. Danach muss die Farbe trocknen etc., ehe er weiterarbeiten kann. Er arbeitet nachmittags also an Objekt 2, von 13 bis 16 Uhr. Abends kommt er zu Objekt 1 zurück und stellt dies von 17 bis 18 Uhr fertig. Rüst- und Reisezeiten sollen hier vernachlässigt werden.

Wie hoch sind Aufwand und Laufzeit für Objekt 1 und 2?

Objekt 1: Start 8 Uhr, Ende 18 Uhr
Laufzeit = 10 Stunden, Aufwand = 4 Stunden vormittags plus
1 Stunde abends = 5 Stunden.

Objekt 2: Start 13 Uhr, Ende = 16 Uhr
Laufzeit = 3 Stunden, Aufwand = 3 Stunden.

Wie vielleicht auch Sie aus persönlicher Erfahrung wissen, sind Handwerker oftmals an deutlich mehr Objekten parallel aktiv, was den Unterschied zwischen Aufwand und Laufzeiten noch vergrößert. Meine Erfahrung ist: »Wenn die Handwerker einmal da sind, geht es schnell!«

Laufzeiten sind auch aus Sicht der Kunden sehr wichtig, denn zum Ende der Laufzeit ist der Auftrag erledigt. Stellen Sie sich vor, Sie hätten einen Pauschalpreis mit dem Malerbetrieb vereinbart. In diesem Fall interessieren Sie sich tatsächlich nur für die Laufzeit, also für die Zeit, bis der Auftrag erledigt ist.

Laufzeit und Aufwand sind also zwei sehr verschiedene Kennzahlen. Hinzu kommt, dass Laufzeiten oftmals systematisch unterschätzt werden. Hier spielt uns allen eine wesentliche kognitive Verzerrung einen Streich, die Daniel Kahneman *WYSIATI* nennt, »What you see is all there is« [Kahneman 2016]. Eine Softwareentwicklerin beispielsweise »sieht« die neue Funktionalität nur, wenn sie diese aktiv in der Entwicklungsumgebung bearbeitet. In den Zeiten, in denen die entsprechende Karte z. B. auf Bearbeitung durch andere, auf Entscheidungen, technische Transporte, Tests des Fachbereichs oder fehlende Informationen wartet, ist diese Karte unsichtbar und wird in der Folge z. B. bei Schätzungen nicht ausreichend einbezogen.

Die bei Kanban angewendete Praktik der Visualisierung ist sehr wirksam, um dieser Verzerrung entgegenzuwirken und ein realistischeres Bild zu entwickeln.

Flusseffizienz

Das Verhältnis von Laufzeiten zu tatsächlich aktiven Arbeitszeiten (in denen Aufwand generiert wird) wird durch die Kennzahl *Flusseffizienz* gemessen. Sie können diese z. B. in größeren Abständen stichprobenartig ermitteln.

$$Flusseffizienz = \frac{Arbeitszeit}{Laufzeit}$$

$$Laufzeit = Arbeitszeit + Wartezeit$$

oder anders ausgedrückt

$$Flusseffizienz = \frac{Arbeitszeit}{Arbeitszeit + Wartezeit}$$

Lassen Sie uns dies an einem Beispiel betrachten. In einem Beratungsunternehmen hat die Erstellung eines Konzepts insgesamt 35 Tage gedauert, also mehr als einen Monat. Die verantwortliche Beraterin hat dafür 7 Tage Aufwand gebucht.

$$Flusseffizienz = 7\ Tage\ /\ 35\ Tage = 20\ \%$$

Die Flusseffizienz ist 20 %. Was ist in den restlichen 80 % der Laufzeit, also den übrigen 28 Tagen geschehen? Das sind die Wartezeiten etwa auf Rückmeldungen vom Kunden, das Warten auf Start der Arbeiten, Entscheidungen, auf Informationen von anderen Bereichen. Möglicherweise hat die Beraterin auch andere Aufgaben gehabt und diese zwischenzeitlich höher priorisiert. Die Gründe sind mannigfaltig.

Abbildung 7-9 visualisiert den Wechsel zwischen Arbeits- und Wartezeiten auf einem exemplarischen Zeitstrahl. Die weißen Bereiche stellen Arbeitszeit dar, eingefärbt bzw. schraffiert sind Wartezeiten mit verschiedenen Ursachen.

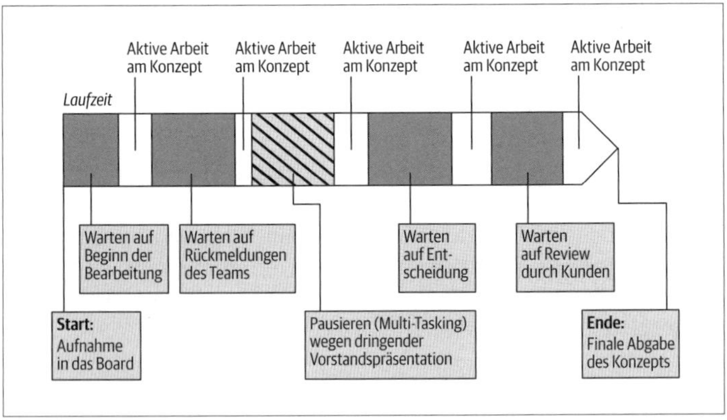

Abbildung 7-9: Flusseffizienz: Phasen aktiver Arbeit und Wartezeiten während der Laufzeit

Je höher die Flusseffizienz, also je geringer der Anteil der eingefärbten Flächen, desto besser ist der Arbeitsfluss, also desto weniger werden Karten durch Wartezeiten beeinflusst.

Im Rahmen der ersten Praktik *Visualisiere* haben Sie in Abbildung 3-1 auf Seite 70 bereits Aktivitäts- und Wartespalten kennengelernt. Alle Pufferspalten mit dem *Pause*-Symbol zählen bei der Berechnung der Flusseffizienz als Wartezeiten. Außerdem können auch in den mit *Play* gekennzeichneten Aktivitätsspalten Wartezeiten auftreten. Diese werden z.B. durch zu hohes WIP und dadurch bedingtes Umschalten (Karten bleiben unbearbeitet liegen) oder Blocker verursacht.

In diesem Zusammenhang wird häufig folgende Frage gestellt: Verändert sich die Flusseffizienz, wenn mehrere Berater involviert waren? Nur dann, wenn diese nicht gleichzeitig tätig waren. Sie erinnern sich, der Zähler in der Formel oben hieß Arbeitszeit, also die Anzahl Stunden bzw. Tage, an denen aktiv am Arbeitsgegenstand gearbeitet wurde. Dies ist unabhängig davon, ob eine oder 20 Personen aktiv waren. Das heißt, Wartezeit wird immer dann akkumuliert, wenn nicht wenigstens eine Person aktiv an dem entsprechenden Arbeitsgegenstand arbeitet. Häufig ist der Aufwand jedoch eine ausreichend gute Näherung für die Arbeitszeit in der obigen Gleichung.

Ein Effekt der Anwendung von Kanban ist, die Wartezeiten (im Beispiel oben die 80 %) zu reduzieren. Mittel hierzu sind z.B. die Einführung von WIP-Limits (weniger Multitasking), das aktive Beobachten und Steuern des Flusses und die zunehmend bessere Steuerung von Abhängigkeiten. Das bedeutet, dass Sie bei der gleichen inhaltlichen Arbeitsweise (in den in Abbildung 7-9 oben weißen Bereichen) und dem gleichen Aufwand schneller liefern können. Interessant, oder?

Gegenspieler beachten

Gerade bei der Einführung von Verbesserungen, z.B. einer ehrgeizigen Verkürzung der Laufzeit oder einer Erhöhung der Lieferrate, können ungewünschte Effekte auftreten, wenn diese isoliert und damit auf Kosten anderer Eigenschaften betrachtet werden.

Viele Kennzahlen haben natürliche »Gegenspieler«, das heißt zugehörige abhängige andere Kennzahlen. Diese können wichtige Indikatoren sein, um unbeabsichtigte negative Effekte frühzeitig zu erkennen und entgegenwirken zu können.

1. Gegenspieler *Beschleunigung vs. Fehlerrate*: Behalten Sie bei Initiativen zur Beschleunigung (d.h. Reduzierung der Laufzeit) stets auch die Fehlerrate und den Fehlerbedarf im Blick: Wird zu sehr »auf die Tube gedrückt«, sodass es zu Qualitätsproblemen oder Nacharbeit kommt?
2. Gegenspieler *WIP-Reduzierung vs. Lieferrate*: Haben Sie das WIP stark reduziert bzw. haben Sie dies vor, prüfen Sie regelmäßig die Lieferrate. Diese sollte stabil bleiben bzw. sich mittelfristig erhöhen. Sollte die Lieferrate sinken, gibt es eventuell nicht mehr genug Arbeit, um die vorhandenen Fähigkeiten und Kapazitäten optimal zu nutzen.

Neben diesen beiden Kennzahlenpaaren gibt es weitere Verbindungen in den komplexen Arbeitssystemen. Vermeiden Sie es unbedingt, einzelne und womöglich aus dem Kontext herausgelöste Kennzahlen in Isolation zu betrachten.

3. V: Kennzahlen für Vorhersagen (Prognosen)

Auf Basis der historischen Daten aus der ersten Gruppe, die für das Verstehen der Leistungsfähigkeit erhoben wurden, werden Sie in der Lage sein, Prognosen zu folgenden Fragen zu erstellen:

- Wie lange wird es voraussichtlich dauern, bis wir diesen Arbeitsgegenstand liefern werden?
- Bis wann können wir einen bestimmten Umfang (d.h. eine bestimmte Menge an Arbeitspaketen) liefern?
- Wie viele Anforderungen werden wir etwa in den nächsten x Monaten erfüllen?

Die Basis: historische Daten

Die im Kanban-System gesammelten Daten über in der Vergangenheit abgeschlossene Arbeitsgegenstände (vor allem Laufzeiten von

Kategorien von Arbeit und Lieferraten) werden auch als »historische Daten« bezeichnet. Diese bilden die Basis für Ihre Vorhersagen in die Zukunft. Beginnen Sie daher möglichst frühzeitig, Daten zu sammeln, auch wenn Sie sie nicht sofort nutzen.

Im ersten »V« haben Sie Laufzeitverteilungen mit ihren Charakteristiken kennengelernt. Eine ausreichend große Stichprobengröße und ein stabiles System vorausgesetzt, sind sämtliche Faktoren wie Schwankungen in der Zusammensetzung der Gruppe, eine Grippewelle, Urlaubszeiten, Probleme mit der Infrastruktur etc. bereits »eingepreist«. Diese müssen für Prognosen daher nicht separat betrachtet werden. Sie können dadurch sehr leichtgewichtig Vorhersagen von guter Qualität erstellen.

Dieser empirische, auf tatsächlich beobachteten (Laufzeit-)Daten basierende Ansatz unterscheidet sich damit deutlich von der im klassischen Projektmanagement angewendeten deterministischen Planung. Dort werden basierend auf Analysen für die einzelnen Arbeitspakete Aufwände geschätzt, sämtliche absehbaren Verzögerungen eingerechnet, Abhängigkeiten vorausgesehen und geplant und zum Schluss Puffer für weitere Risiken eingebaut. In den meisten Fällen bedeutet dies deutlich höhere Planungsaufwände und nicht signifikant bessere Planungs- bzw. Schätzgenauigkeiten. Bei Interesse verfolgen Sie das Thema »Lean Forecasting« für weitere Informationen.

Grundvoraussetzungen für Prognosen

An dieser Stelle wird es nun Zeit, einen Mythos zu entlarven, der sich leider hartnäckig hält.

Mythos: Alle Karten müssen gleich groß sein?

Vermutlich liegt der Ursprung dieses doch recht verbreiteten Missverständnisses in den Wurzeln der Kanban-Methode in der Lean Production. Deshalb sehr deutlich: Nein, Sie müssen nicht alle Karten »gleich groß« schneiden! In den meisten Fällen wäre das mit vertretbarem Aufwand auch gar nicht möglich. Außerdem würde dies den Kanban-Veränderungsprinzipien widersprechen. Sie erinnern sich, Kanban setzt auf der aktuellen Arbeitsweise auf.

Was bedeutet denn überhaupt »gleich groß«? Nach meiner Erfahrung ist damit in den meisten Fällen »vergleichbarer Aufwand« gemeint. Hier liegt ein erster großer Irrtum. Sie haben bereits die Unterschiede beider Messgrößen kennengelernt (siehe Abschnitt »Achtung! – Laufzeit und Aufwand« auf Seite 164). Kanban fokussiert auf die Betrachtung von Laufzeiten.

Einwurf: Und was ist mit dem Schätzen von Aufwänden?

Falls Sie heute Aufwände schätzen und anschließend nutzen (z.B. zur Abrechnungserstellung für Ihre Kunden), machen Sie dies gern weiter. Die entsprechenden Aktivitäten sind Teil des Arbeitsflusses und werden auf dem Board abgebildet, z.B. durch eine entsprechende Spalte (*Schätzung*) oder als Teil von Pull-Kriterien (*Aufwand wurde geschätzt*).

Wenn Sie heute nicht schätzen, müssen (und sollten) Sie wegen Kanban nicht damit anfangen. Für Kanban selbst und insbesondere für Verbesserungs- und Prognosezwecke ist der Aufwand keine relevante Kennzahl.

Ein stabiler Mix von Arbeit

Ausgangspunkt der Prognosen sind also stets Laufzeiten, keine Aufwände. Im Zusammenhang mit Wissensarbeit ist es – auch abhängig vom Grad der Komplexität – sehr aufwendig bis unmöglich, im Voraus die genaue Bearbeitungsdauer abzuschätzen. Die gute Nachricht ist, dass es mit diesem Ansatz nicht erforderlich ist. Was wir für gültige Prognosen und zuverlässige Lieferungen benötigen, ist Folgendes:

- eine definierte und in sich ausreichend homogene Kategorie von Arbeit
- und eine gleichbleibende Mischung, ein »stabiles System«.

Lassen Sie uns einen kurzen Ausflug nach Schottland machen. Hier (und natürlich auch in anderen Teilen der Welt) gibt es sogenannte Trockenmauern. Diese entstehen durch das Aufeinanderschichten von trockenen, losen Steinen. Es wird also kein Verbundstoff wie z.B. Mörtel eingesetzt. Diese Mauern sind nicht nur hervorragende

Biotope und fördern Biodiversität, sondern auch ein sehr anschauliches Beispiel für unser Thema.

Die Steine in den Trockenmauern haben eine gewisse Mindestgröße und natürlich ein Maximum, bedingt durch die auch für einen gestählten Hochlandbewohner begrenzte Körperkraft. Dadurch ergibt sich die Kategorie: »Steine, die man ohne Hilfsmittel ein paar Meter tragen kann.«

Nun zur gleichbleibenden Mischung: Wenn wir einen laufenden Meter der Trockenmauer auseinandernehmen und alle Steine nebeneinanderlegen, sind sämtliche Stichproben, die wir an verschiedenen Stellen der Mauer nehmen, vergleichbar: Stets gibt es einen gewissen Anteil an kleinen, mittleren und großen Steinen. Die Verteilung ist gleich! Wie zuversichtlich sind Sie, dass der untersuchte Mauerabschnitt (Ihre historischen Daten) dem Abschnitt (Zukunft), den Sie vorhersagen wollen, hinreichend ähnlich ist?

Wenn Sie mit Prognosen beginnen, seien Sie nicht überrascht – gerade am Anfang finden Sie hier und da Felsen massiven Ausmaßes und eventuell auch eimerweise Sand. Damit wird natürlich die Qualität der Vorhersagen leiden. Nutzen Sie diese wichtigen Erkenntnisse, um Ihre Kategorien der Arbeit sauberer zu definieren und auszudifferenzieren. Und ermahnen Sie Ihre »Mauerbauer«, nicht heimlich riesige Steine mit Baggern anzukarren oder Schubkarren zu nutzen ;)

Diese grundlegenden Bedingungen vorausgesetzt, können Sie nun erstaunlich einfach bestimmte Prognosen treffen.

Lieferdauer von Paketen

Unter Anwendung einer flussorientierten Sichtweise können Sie mit einer sehr einfachen Formel die voraussichtliche Lieferzeit einer bestimmten Anzahl an Anfragen abschätzen. Diese basiert auf dem bereits in Kapitel 4, *Limitiere die parallele Arbeit (das WIP)*, eingeführten *Littles Gesetz*.

$$Dauer = \frac{Umfang}{Lieferrate}$$

Dies setzt voraus, dass Sie valide historische Daten haben, die Sie auch auf die Zukunft anwenden können (Stabilität).

Ein einfaches Beispiel dazu: Ein Serviceteam hat aktuell 120 Anfragen im Arbeitsvorrat. Die durchschnittliche Lieferrate in den letzten 2 Monaten betrug 20 Anfragen pro Woche. Wie lange wird es dauern, bis die 120 vorhandenen Anfragen abgearbeitet sind? (In diesem Zeitraum neu hinzukommende Anfragen werden separat betrachtet.)

$$Dauer = \frac{120\ Anfragen}{20\ Anfragen\ /\ Woche} = 6\ Wochen$$

Nach ca. 6 Wochen werden diese 120 Anfragen abgearbeitet sein.

Das ist ein sehr simpler Ansatz, jedoch in der Praxis hilfreich (und mit minimalem Aufwand verbunden, sobald Sie Ihre grundlegenden Kennzahlen etabliert haben). Sie können damit wie oben grobe Abschätzungen durchführen, wie »Für wie lange haben wir Arbeit im Backlog?«, oder auch wie lange es dauern wird, einen gewissen Umfang an Arbeit umzusetzen, z.B. im Rahmen einer Release-Planung.

In Kombination mit Littles Gesetz und der Zuweisung fester Kapazitäten im System (d.h. Reservierung von WIP für bestimmte Arbeitsaufträge) können Sie auf diese Weise Prognosen und auch Entscheidungen zur Auswahl und Steuerung von Arbeit unterstützen.

All dies eröffnet ein eigenes weites Feld, das auch unter dem Begriff *Lean Forecasting* bekannt ist und den Rahmen dieses Buchs sprengen würde. Ich verweise Sie an dieser Stelle sehr gern auf Troy Magennis und seine Seite *FocusedObjective.com*. Dort finden Sie frei verfügbare Übungen, Beispiele, Informationen zu diesem Thema und natürlich Informationen zu Schulungen.

Sie haben nun zwei der drei Hauptmechanismen für Feedback in Kanban kennengelernt: die Visualisierung und Kennzahlen für verschiedene Zielsetzungen. Nun wenden wir uns dem Feedback-Mechanismus zu, der Ihnen helfen wird, das aktive Arbeiten mit und Nutzen von Informationen im Alltag zu verankern und zu einem selbstverständlichen Teil der Arbeit zu machen. Dies sind die Regelmeetings, die Sie im nächsten Abschnitt kennenlernen.

Regelmeetings – die Kanban-Kadenzen

Um sicherzustellen, dass die Feedback-Mechanismen regelmäßig und konsistent angewendet werden und nicht im Alltagsgeschäft untergehen, wird ein dem Kontext angepasster Satz von Regelmeetings etabliert. Hierfür wird auch der Begriff *Kadenz* verwendet, also eine Art Taktung oder Herzschlag für Ihr System.

Ehe Sie nun leidgeprüft aufstöhnen: Keine Sorge, in der Regel werden Sie durch die Anwendung von Kanban nicht (noch) mehr Meetings bekommen. Häufig werden vorhandene Meetings besser strukturiert und fokussiert, sodass die Dauer der Meetings für alle reduziert wird.

Kanban definiert verschiedene *Meetings* und *Reviews*[2], die mit zunehmender organisatorischer Reife immer anspruchsvoller und kundenorientierter werden. Das stellt eine sich selbst verstärkende Feedback-Schleife dar, die Sie in Abbildung 7-10 sehen.

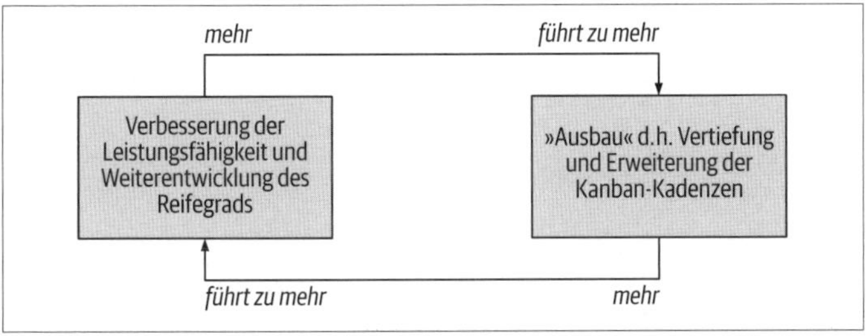

Abbildung 7-10: Kadenzen und Weiterentwicklung

Im Rahmen dieses Buchs möchte ich Sie mit dem grundlegenden Satz an Kadenzen vertraut machen. Dazu stelle ich Ihnen die zugehörigen Meetings oder Reviews mittels eines kurzen Steckbriefs vor.

2 Also Überprüfungen bzw. Rückblicke.

Anschließend lernen Sie zwei beispielhafte Umsetzungen kennen. Abschließend bekommen Sie Hilfestellungen zur praktischen Durchführung der Regelmeeting.

Überblick

Abbildung 7-11 zeigt Ihnen die wichtigsten Kanban-Kadenzen in ihrem Zusammenspiel mit anderen Feedback-Mechanismen. Diese sind der Kernsatz für team- und serviceorientierte Kanban-Implementierungen. Im unteren Teil des Schaubilds sehen Sie die beiden Meetings zur Steuerung der Dienstleistung, das heißt der operativen Erbringung (Nachschubmeeting und Kanban-Meeting). Der obere Bereich stellt die sogenannten Reviews (Überprüfungen) dar, die vor allem der Verbesserung dienen. Jedes Kanban-System (d. h. jeder »kanbanisierte« Service bzw. jedes Team, das mit Kanban arbeitet) bringt einen eigenen Satz dieser Kadenzen mit.

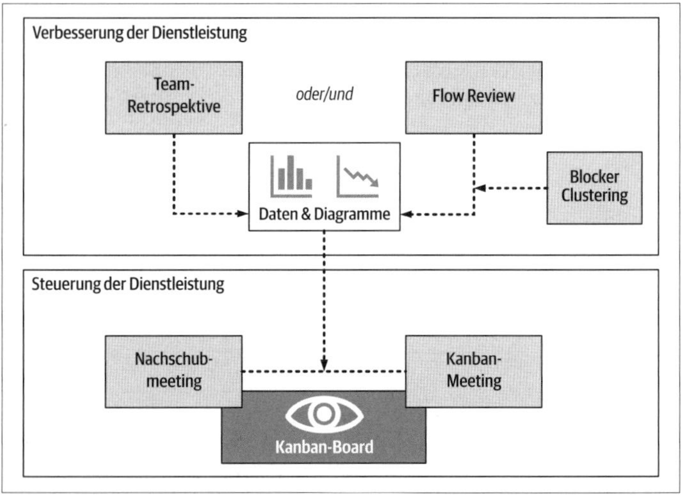

Abbildung 7-11: Überblick über die Kanban-Kadenzen

Alle fünf Kadenzen werden nachfolgend anhand kurzer Steckbriefe erklärt. Betrachten Sie diese als generische Vorlagen, die für Ihren konkreten Einsatz zu gestalten sind. Sie erinnern sich, der Ausgangspunkt sind jeweils Ihre aktuell bereits vorhandenen Regelmeetings!

Diese konkrete Ausgestaltung betrifft neben dem Namen der Meetings auch die Teilnehmenden und natürlich die Frequenz, also Taktung und Dauer der Termine. Folgende Fragen können Ihnen helfen, zu bestimmen, wie häufig Meetings benötigt werden:

- Wie dynamisch ist das Umfeld? Wie häufig gibt es neue Informationen bzw. ändert sich die Situation?
- Wie teuer ist das Meeting auch in Bezug auf die Koordinierungskosten, zum Beispiel durch die Anzahl der Teilnehmenden, deren Verfügbarkeit sowie gegebenenfalls Fahrtkosten, Zeit für die Vorbereitung und so weiter.

Als Orientierung kann folgende Faustregel dienen: Je dynamischer das Umfeld, desto häufiger sollten die Meetings durchgeführt werden. Die Dauer kann reduziert werden, je häufiger das Meeting stattfindet. Aus einem monatlichen zweistündigen Meeting kann sich beispielsweise ein Meeting zweimal die Woche zu je 15 Minuten entwickeln. Dies ist ein praktisches Beispiel dafür, wie Sie durch die Anwendung von Kanban agiler, also flexibler arbeiten können.

Wie beginnen Sie nun am besten mit der Umsetzung? Ein guter Startpunkt könnte der Blick in Ihren Kalender sein: Welche Regelmeetings sind etabliert, und wozu sind diese da? Wie effektiv sind sie, gibt es hier Unzufriedenheiten?

Halten Sie dann die nun folgenden Steckbriefe mit besonderem Fokus auf dem Zweck dagegen: Wo können Sie Vorhandenes anpassen, wo gibt es Lücken? Sie müssen und sollten die Kalender nicht mit jeder Menge neuer Termine fluten. Ziehen Sie auch eine schrittweise Änderung in Betracht.

Direkt im Anschluss an die Steckbriefe finden Sie zwei typische Beispiele für Kadenzen in der Praxis. Im darauffolgenden Abschnitt »Tipps zur Durchführung der Regelmeetings« auf Seite 183 finden Sie weitere Informationen und praktische Hilfestellungen zur Implementierung passender Kadenzen für Ihre organisatorische Umgebung.

Steckbriefe der Kadenzen

Lassen Sie uns mit dem wohl bekanntesten Meeting beginnen, dem »Kanban-Meeting«.

Kanban-Meeting	
Zweck	Abstimmung darüber, wie die Arbeit gemeinsam am besten voranzubringen ist.
Basis	• Aktuelles Kanban-Board. • Vereinbarungen zur Moderation. • Informationen zu neu aufs Board gelangten Karten (aus dem Nachschubmeeting).
Ergebnisse	Abgestimmte Pull-Entscheidungen und Prioritäten; Absprachen zur Behandlung von Blockern und sonstigen Hindernissen.
Taktung	Hoch.
Dauer	Kurz, maximal 15 Minuten.
Teilnehmende	Alle regelmäßig an der Erbringung des Service Beteiligten bzw. das jeweilige Team.

Kommen wir nun zum Nachschubmeeting. Im Abschnitt »Nachschub« auf Seite 122 haben Sie ja bereits die Funktion und die Wirkungsweise des »Nachschubs« kennengelernt. Im Nachschubmeeting wird der Nachschub an Arbeit konkret organisiert.

Nachschubmeeting (Replenishment)	
Zweck	• Bewusste Entscheidung darüber, welche Arbeitsanfragen zur Umsetzung auf das Board kommen. • Berücksichtigung von Selektionskriterien und gegebenenfalls Faktoren für die Umsetzung, z. B. technische Abhängigkeiten. • Dadurch ein Auffüllen des Eingangspuffers, sodass an den aktuell wichtigen und richtigen Karten gearbeitet wird und für die nächste Zeit nicht die Arbeit ausgeht.
Basis	• Aktuelles Kanban-Board: freie Kapazitäten im Eingangspuffer des Boards. • Umsetzungsbereite Karten. • Richtlinien für die Auswahl.

Nachschubmeeting (Replenishment)	
Ergebnisse	Befüllter Eingangspuffer, sodass ausreichend und entsprechend den Kriterien selektierte Arbeit bis zum nächsten Nachschubmeeting vorhanden ist.
Taktung	Je nach Dynamik, mittelhoch.
Dauer	Kurz, in der Regel 15 Minuten bis maximal 1 Stunde.
Teilnehmende	Entscheidungsträger, z. B. Produkt- oder Projektmanager, Product Owner, Führungskräfte und Vertreter des/der Umsetzungsteams.

Mit diesen ersten beiden Meetings (Kanban-Meeting und Nachschubmeeting) haben Sie im Zusammenspiel mit dem Kanban-Board ein Grundgerüst für die operative Steuerung Ihrer Dienstleistungen.

Daneben gibt es weitere Regelmeetings, die vor allem dem Entwickeln eines besseren Verständnisses der Leistungsfähigkeit auch im Vergleich zu den Anfragen und dem Managen von Verbesserungen dienen. Als Erstes finden Sie hierzu den Steckbrief zur Team-Retrospektive. Diese unterstützt das Lernen und Verbessern im Team. Die Retrospektive ist ein eher offenes Format, in dem auch allgemeine zwischenmenschliche Themen oder Konflikte in einem sicheren Raum bearbeitet werden können.

Team-Retrospektive	
Zweck	Lernen und Verbessern der Zusammenarbeit im Team. Bietet dem Team den Rahmen, über die gemeinsame Arbeit zu reflektieren: • Erkennen, was gut funktioniert und gestärkt werden sollte, sowie das, was nicht gut funktioniert. • Überprüfung in vorherigen Retrospektiven vereinbarter Aktionen oder Experimente.
Basis	Beobachtungen, das Board.
Ergebnisse	Verbesserungsaktionen.
Taktung	Niedrig.
Dauer	Mittel, in der Regel 1 bis 1,5 Stunden.
Teilnehmende	Ein ganzes Team.

Je nach vorherrschender Kultur in der Organisation sind Team-Retrospektiven stark nach innen, also eher auf teaminterne Aspekte fokussiert. Um eine stärkere Kundenorientierung zu erreichen, können sie zum Flow Review weiterentwickelt werden. Wie Sie dem Steckbrief unten entnehmen können, ist ein Flow Review stärker an Daten orientiert und bewegt sich nicht zwingend innerhalb von Teamgrenzen. Der Flow Review eignet sich hervorragend für das bessere Verstehen der Arbeitsweise und Leistungsfähigkeit des Service sowie für Impulse und Aktionen zu dessen Verbesserung.

Wenn nur ein Team mit dem entsprechenden Kanban-System seine Arbeit steuert, können beide Formate, Team-Retrospektive und Flow Review, auch alternierend durchgeführt werden, denn ein Flow Review bietet nicht so viel Spielraum für die Bearbeitung zwischenmenschlicher Themen. Und wenn in einem Service doch Bedarf an Team-Retrospektiven entsteht, können Sie dafür separate Zeiträume einplanen.

Flow Review	
Zweck	Lernen und Verbessern des Service: • Entwickeln eines ersten quantitativen Verständnisses des gelieferten Service. • Verbesserung des Arbeitsflusses. • Unterstützung der Arbeitsplanung. • Verbesserung der Vorhersagbarkeit.
Basis	Kennzahlen aus dem vergangenen Zeitraum sowie Trends und darauf basierende Diagramme. Vorbereitet durch eine verantwortliche Person.
Ergebnisse	Erkenntnisse zum Flussverhalten und Verbesserungsaktionen.
Taktung	Niedrig, oft monatlich.
Dauer	Mittel, in der Regel 0,5 bis 1 Stunde.
Teilnehmende	Vertreter des Service (aus den involvierten Teams oder Bereichen), gegebenenfalls Verantwortliche für den Service und Teamleitung.

Bei zunehmend quantitativer Betrachtung kann ebenfalls ein Blocker Clustering implementiert werden. Dieses wurde erstmals von Klaus Leopold implementiert und hat inzwischen seinen festen Platz in der Kanban-Methode.

Blocker Clustering	
Zweck	Analyse der bisher aufgetretenen Blocker und Bündelung nach deren Ursache, um Risiken zu erkennen und behandeln zu können.
Basis	Sammlung der Daten zu Blockern im vergangenen Zeitraum: Ursache und Dauer, gegebenenfalls weitere Informationen wie zugehörige Arbeitspakete.
Ergebnisse	Identifizierung von Verbesserungsmaßnahmen.
Taktung	Sehr niedrig, oftmals alle 2 bis 3 Monate. Der Grund hierfür ist, dass eine ausreichende Menge an Blockern zur Analyse aufgelaufen sein muss.
Dauer	Relativ lang (1 bis 2 Stunden), um ein eingehende Analyse zu ermöglichen.
Teilnehmende	Beteiligte, die zur Ursachenklärung der Blocker beitragen können. Gegebenenfalls (weitere) Führungskräfte für die Ableitung resultierender Verbesserungsmaßnahmen.

Sie sind nun mit dem grundlegenden Satz an Kadenzen von Kanban vertraut, der Sie ein gutes Stück weit tragen sollte. Für weitere Entwicklungsschritte werden diese weiterentwickelt und durch zusätzliche Kadenzen ergänzt, Sie finden sie z.B. in der KMM Practices Map (*https://www.kanbanmaturitymodel.com/?s=Practices+Map*).

Damit Sie sich ein besseres Bild davon machen können, wie die Kadenzen in der Praxis aussehen und miteinander agieren können, lernen Sie nun zwei Beispiele kennen.

Zwei praktische Beispiele

Eventuell erinnern Sie sich noch an das einführende Szenario »Eine Woche mit Kanban« zu Beginn des Buchs auf Seite 36. Dieses möchte ich hier wieder aufgreifen. Im Beispiel wurden zwei miteinander verbundene Kanban-Systeme skizziert, auf Projekt- und auf Teamebene. Jedes System hat einen eigenen Satz von Kadenzen. Diese sind nachfolgend beschrieben.

101-Brands-Projekte

Mit diesem Kanban-System werden Projekte der fiktiven Marketingagentur 101 Brands gesteuert. Die Projekte zur Neueinführung von

Produkten in deren Zielmärkte haben eine Laufzeit von typischerweise Monaten bis sogar Jahren. Die Flussgeschwindigkeit ist also relativ gering. Das Umfeld ist auch eher ruhig, das heißt, es ändern sich nicht täglich Dinge, die die Projekte beeinflussen würden.

Zum Team des Projektmanagement-Office (PMO-Team) gehören vier Personen im Projektmanagement, die Leiterin, die Assistenz sowie fünf Abteilungsleiterinnen und -leiter. Außerdem gibt es in der Organisation in anderen Bereichen drei weitere Personen, die als Teil ihrer Rolle auch die Leitung von Projekten übernehmen. In Abbildung 7-12 sehen Sie die Kadenzen, die für diese Projekte durchgeführt werden.

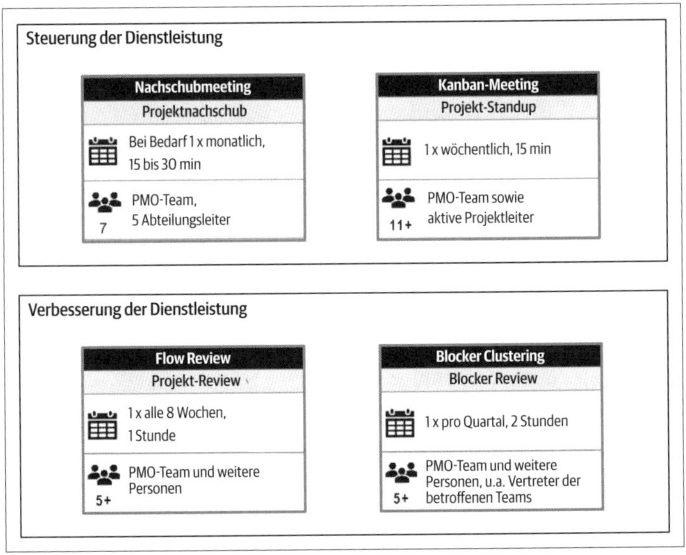

Abbildung 7-12: Kadenzen von 101 Brands

Als Herzschlag dargestellt, ergibt sich ein Diagramm wie das in Abbildung 7-13. Hier werden für ein Quartal die regelmäßigen Meetings zeitlich angeordnet. Je höher der Balken, desto länger dauert das Meeting.

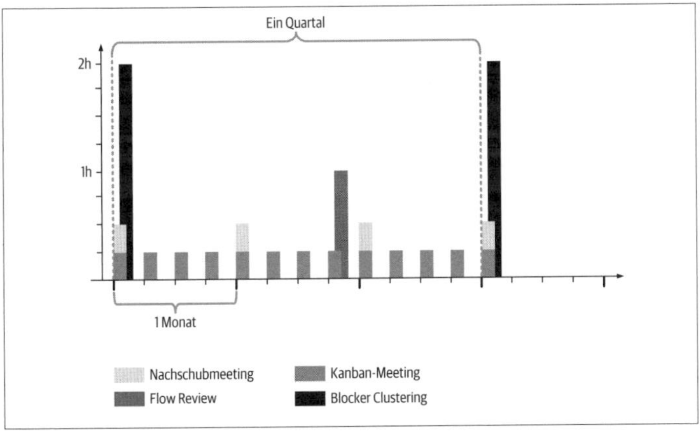

Abbildung 7-13: Herzschlagdiagramm für 101 Brands

Der Puls ist hier eher also geruhsam. Lassen Sie uns nun den Satz der im Team Delta Machine implementierten Kadenzen anschauen.

Team Delta Machine

Die Arbeit im Team Delta Machine ist schnelllebiger als die der Projekte im 101-Brands-Board, denn hier werden Marktrecherchen für die ganze Organisation durchführt. Täglich treffen neue Arbeitsanfragen ein. Arbeit fließt zügig. Das Team kann in der Regel gemeinsam mit dem Team Lead ohne Involvieren weiterer Personen Nachschubentscheidungen treffen.

Es war für das Team daher praktisch und effizient, Nachschubmeeting und Kanban-Meeting in einem *Team Daily* zusammenzulegen. Einmal monatlich trifft sich das Team zu einer Retrospektive. Es führt noch kein Blocker Clustering durch, ein Vertreter nimmt jedoch gelegentlich an den Blocker Reviews von 101 Brands teil. In Abbildung 7-14 sehen Sie die beiden Kadenzen des Delta-Machine-Teams.

Im Herzschlagdiagramm in Abbildung 7-15 finden Sie die grafische Darstellung der Kadenzen. Beachten Sie den veränderten Maßstab: Die gesamte Breite stellt nun einen Monat dar, wir haben also dreifach hineingezoomt.

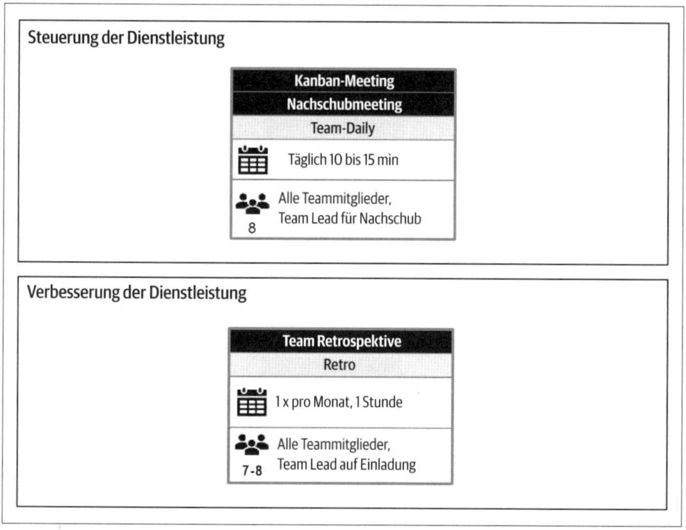

Abbildung 7-14: Kadenzen von Team Delta Machine

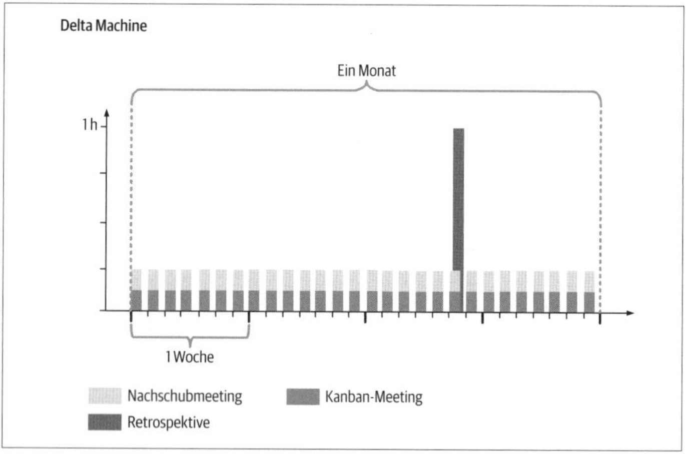

Abbildung 7-15: Herzschlagdiagramm für Kadenzen des Teams Delta Machine

Nach diesen kurzen Steckbriefen und Beispielen zu den Regelmeetings gibt es nachfolgend noch einige Hinweise und Tipps zu deren Durchführung in der Praxis.

Tipps zur Durchführung der Regelmeetings

Mit Ausnahme der Retrospektiven erfordert die Moderation der Regelmeetings keine speziellen Fähigkeiten. Anfänglich können die Meetings von einem Coach oder einer Führungskraft moderiert werden, damit sich die Teilnehmenden abschauen können, wie es geht. Danach können und sollten andere hier Initiative zeigen. Auch für die Kadenzen gilt: Führung auf allen Ebenen. Hier sollen alle aktiv sein und sich einbringen können.

Bevor wir konkret in die einzelnen Meetings schauen, vorab ein paar allgemeine Tipps. Vermeiden Sie es, starr an vermeintlichen »Regeln« festzuhalten. Das Ziel ist schließlich nicht, eine Box abzuhaken nach dem Motto: »Wir machen diese Kadenz nach dem Lehrbuch«, sondern die jeweilige Zielsetzung möglichst effizient zu erreichen.

Reflektieren Sie regelmäßig und fragen Sie dazu alle Beteiligten: Ist unsere Zeit gut in dieses Meeting investiert? Erreichen wir das Ziel? Ist die Frequenz richtig, oder sollten wir uns häufiger oder seltener treffen? Werden Sie ruhig kreativ, probieren Sie neue Dinge aus und schauen Sie dann gemeinsam, wie es funktioniert.

Nachfolgend finden Sie noch kurze Hinweise zu den Regelmeetings, die Ihnen hoffentlich den Start erleichtern.

Kanban-Meeting

Der Kasten unten fasst wichtige Regeln für die Moderation des Kanban-Meetings zusammen.

Regeln für das Kanban-Meeting

Als grundlegendes Prinzip für das Kanban-Meeting gilt: »Steuere die Arbeit und lass die Menschen sich selbst um die Arbeit herum organisieren!«

- Benennen Sie einen Moderator oder eine Moderatorin, gern rotierend.
- Grundlage: Das Board gibt den aktuellen Status der Arbeit wieder.
- Gehen Sie die Karten auf dem Board von rechts nach links spaltenweise durch. Fokussieren Sie auf Fragen zur Koordinierung, vermeiden Sie tiefe fachliche Diskussionen.
- Es müssen nicht alle Karten besprochen werden. Konzentrieren Sie sich auf blockierte oder sonstige markierte Karten.
- Karten in Puffern können kurz besprochen werden: Welche Karten sollten als Nächstes und von wem gezogen werden?

Wenn sich herausstellt, dass eine oder mehrere der Karten einer weiteren Diskussion bedürfen, sollten sich die Beteiligten direkt im Anschluss treffen.

Die Anwendung dieser Regeln bedeutet, dass nicht jeder zwingend etwas sagen muss: Das Kanban-Meeting ist kein interaktiver Statusbericht, um zu prüfen, ob alle Personen voll ausgelastet sind. (Ich schreibe dies nicht ohne Grund, unterschätzen Sie nicht eingeschliffene Denk- und Verhaltensweisen.)

Es müssen auch nicht alle Beteiligten anwesend sein. Gerade bei Kanban-Boards und Meetings auf Ebene des Arbeitsflusses ist es ausreichend, wenn beteiligte Teams durch eine Auswahl ihrer Mitglieder repräsentiert sind. Wenn das Kanban-Meeting entsprechend den im Kasten beschriebenen Regeln moderiert wird, können jedoch durchaus auch mehr als 20 Personen teilnehmen.

Der Blick auf die Arbeit soll auch das Steuern des Flusses unterstützen, und zwar »mit Zug zum Tor«: Legen Sie einen starken Fokus auf das Voranbringen und Abschließen der vorhandenen Karten sowie auf die Besprechung von Hindernissen im Arbeitsfluss. Die Praktik, das Board von rechts nach links durchzugehen (*Walk the board from right to left*) ist hierfür nicht nur symbolisch bedeutsam, sondern auch effektiv.

Es müssen daher auch nicht alle Karten besprochen werden. Anfangs kann die Moderatorin noch kurz alle Karten nacheinander antippen, und es kommt z.B. ein »Läuft!« zurück. Nach einiger Zeit und wachsendem Zutrauen in die Informationen auf dem Board kann dies weiter verschlankt werden, und es müssen nur noch Karten, die besonders markiert sind, z.B. durch Blocker oder sonstige Kennzeichnungen, besprochen werden.

Lassen Sie uns einmal ein Kanban-Meeting für einen Service, an dem drei Teams gemeinsam arbeiten, belauschen:

> *»Moin! Moin! … Danke, dass ihr zu unserem Servicemeeting gekommen seid. Sind Vertreter aller drei Teams da? Prima, dann können wir ja loslegen. Nachdem Lutz letzte Woche moderiert hat, habe ich nun heute die Ehre.*
>
> *Ah, wie ich sehe, ist Karte XYZ gestern fertig geworden, Klasse! (… Applaus …) Das war ja kein Selbstläufer, die Karte sehen wir uns im nächsten Flow Review näher an.*
>
> *In der Qualitätssicherung läuft alles? (Gebrummeltes Ja, Yo.)*
>
> *Gut, dann weiter zur Entwicklung. Hier ist eine Karte frisch geblockt, lasst uns da draufschauen. Da steht ›Warten auf Genehmigung‹. Aha, wer muss denn was genehmigen, und wer kümmert sich drum?«*
>
> *»Es geht hier um die Erweiterung der Entwicklungsumgebung für die neuen Module. Ich bin dran.«*
>
> *»Okay, dann schreibe ich deinen Namen dazu. – Alles andere passt?«*
>
> *Bernd aus Team B meldet sich: »Zu dieser Karte bräuchte ich mal jemanden aus Team C zur Klärung von ein paar Fragen, wer hat Zeit?« – Celine aus Team C sagt »Ja, lass uns im Anschluss kurz reden.«*
>
> *(Der Moderator geht weitere Spalten durch, alles läuft.)*

»Dann noch kurz die Information an euch alle: Gestern im Nachschubmeeting wurden diese beiden Karten auf das Board bewegt. Sie sind wichtig für die Initiative Spirit. Serviceklasse normal, also bitte dann bei Kapazitäten ganz normal bearbeiten.

Gibt es von euch noch Fragen oder Hinweise?« – Aisha aus Team A weist noch kurz auf zwei Teamtage von Team A hin, in denen es beschränkt erreichbar ist.

»Okay, dann vielen Dank und weiter einen erfolgreichen Tag.«

Zeitlich sollte ein Kanban-Meeting maximal 20 Minuten dauern, in vielen Fällen sind 10 bis 15 Minuten ausreichend.

Wichtig: Das Kanban-Meeting kann, muss aber nicht täglich stattfinden. Es ist auch nicht auf ein Team begrenzt. Oftmals treffen sich z. B. Vertreter mehrerer Teams und Führungskräfte vor einem übergreifenden Board. Damit wäre wohl auch beantwortet, wieso die generische Form dieses Meetings nicht »Daily« heißt ;)

Zur Erinnerung: Wenn Sie mit einem Team beispielsweise von einer Scrum-Implementierung kommen und diese in Richtung Kanban weiterentwickeln möchten, haben Sie bereits ein *Daily Standup* etabliert. Dieses dient ebenfalls der Koordinierung und Abstimmung im Team. Belassen Sie dies zunächst, es gibt erst einmal keinen Grund zur Umbenennung! Entwickeln Sie dieses Meeting schrittweise weiter in Richtung des Zwecks des Kanban-Meetings. Wenn es sinnvoll ist, benennen Sie es natürlich (später) gern um. Bei vielen Teams gibt es z. B. *D-lies* (dienstags und donnerstags).

Falls Sie nach einer Weile etwas mehr Frische und Dynamik in Ihre Kanban-Meetings bringen möchten, empfehle ich Ihnen den AskKanban-Kartensatz von Brendan Wovchko, huge.io, zu finden unter *https://blog.huge.io/ending-stale-stand-ups-with-ask-kanban-64de6c084d60*.

Nachschubmeeting

Das Nachschubmeeting spielt eine wichtige Rolle, um einen geregelten Zugang von Arbeit ins Liefersystem zu gewährleisten. Der

Kasten unten fasst die wichtigsten Fragen zusammen, die Sie bei der Durchführung des Meetings im Auge behalten sollten.

Leitfragen im Nachschubmeeting

An diesen Fragen sollten Sie sich orientieren und dabei die getroffenen Vereinbarungen beachten:

- Wie viel Kapazität ist im System frei? Wie viele Karten sind also in das Pull-System zu geben, damit das Lieferteam ausreichend Optionen zur Verfügung hat, um die Kapazitäten optimal zu nutzen?
- Welche Karten sind umsetzungsbereit, erfüllen also alle nötigen Voraussetzungen, z.B. ausreichend vorhandene Informationen oder bereits getroffene Entscheidungen?
- Welche Karten sind aktuell am dringendsten und sollten in den Lieferprozess gehen?
- Gibt es fachlich oder technische Rahmenbedingungen zu beachten, also z.B. technische Abhängigkeiten?

Teilnehmerkreis

Der Kreis der Teilnehmenden des Nachschubmeetings ist häufig anders und typischerweise kleiner als beim Kanban-Meeting. Auch hier gilt: Setzen Sie auf der vorhandenen Arbeitsweise auf! Kanban macht keinerlei Vorgaben, wer genau die Entscheidungen zum Nachschub trifft. Die Auswahl der Arbeit sollte jedoch explizit und auf Basis der getroffenen Vereinbarungen geschehen. (Fragen Sie gern einmal nach, in erstaunlich vielen Fällen ist es anfänglich ein Mysterium, wie die Karten denn eigentlich auf das Board kommen.) Je nach Kontext können also Einzelne (z.B. Projektleiterinnen, Teamleiter oder Produktmanagerinnen), Teile des Teams oder auch das gesamte Team am Nachschubmeeting teilnehmen.

Inhaltlich ist die Gestaltung dieses Meetings abhängig von den konkreten Kanban-Techniken, die bereits in Anwendung sind: Gibt es einen expliziten Arbeitsvorrat, sind umsetzungsbereite Karten z.B. gekennzeichnet, wie ist der Eingangspuffer gestaltet? Typische Varianten haben Sie im Abschnitt »Gestaltung des Kanban-Systemeingangs« auf Seite 123 kennengelernt.

Sehr effizient funktioniert das Meeting, wenn Sie einen WIP-limitierten Eingangspuffer im System haben. Sie erinnern sich vielleicht an die fortgeschrittene Variante des Systemeingangs im Abschnitt »Eingangspuffer limitieren und dimensionieren« auf Seite 126? Hier heißt es dann jeweils nur, den oder die freien Plätze aufzufüllen.

Im Beispiel in Abbildung 7-16 wurde die *Ausgewählt*-Spalte (der Eingangspuffer des Systems) auf drei Karten limitiert. Die Spalte ist noch vom letzten Nachschubmeeting voll. Wahrscheinlich gab es Probleme mit den aktuell in Arbeit befindlichen Karten, sodass keine nachgezogen wurden. Somit fällt das Nachschubmeeting heute aus! Der Service hat noch ausreichend Karten im Eingangspuffer.

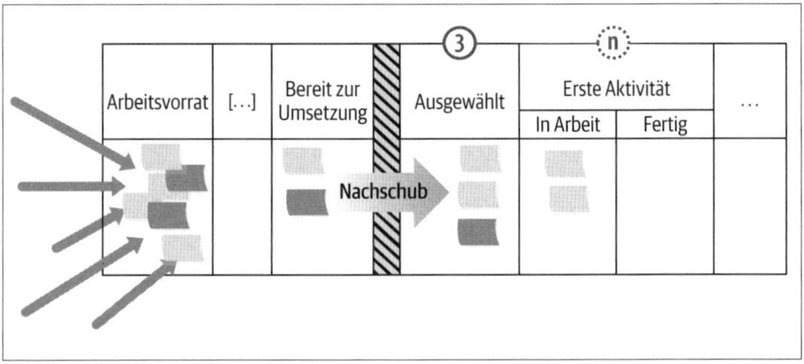

Abbildung 7-16: Das Nachschubmeeting fällt hier aus!

Im nächsten Beispiel in Abbildung 7-17 ist die Arbeit seit dem letzten Nachschubmeeting wohl etwas besser vorangegangen. Hier ist nämlich nur noch eine der drei möglichen Karten im Eingangspuffer verblieben, die anderen sind bereits auf dem Weg durch den Arbeitsfluss. Im Nachschubmeeting heißt es daher, zwei Karten auszuwählen und in den Eingangspuffer zu bewegen. Die zentrale Frage in diesem Nachschubmeeting lautet also: »Welche zwei Karten kommen als Nächstes aufs Board?«

Nach meiner Erfahrung bieten Nachschubmeetings eine effektive und effiziente Alternative zu den gefürchteten »Priorisierungsmeetings«, in denen zig Karten in eine Reihenfolge gebracht werden.

Im dargestellten Beispiel ist der dem Eingangspuffer vorgelagerte Teil des Boards schon gut entwickelt. Es wird also auf einen Blick deutlich, dass derzeit nur drei Karten potenziell umsetzungsbereit sind. Aus diesen drei Karten gilt es, im Nachschubmeeting zwei auszuwählen.

Übrigens haben Karten in Spalten auf Kanban-Boards, soweit nicht anders vereinbart und dargestellt, keine Reihenfolge. Das gilt auch für den Eingangspuffer.

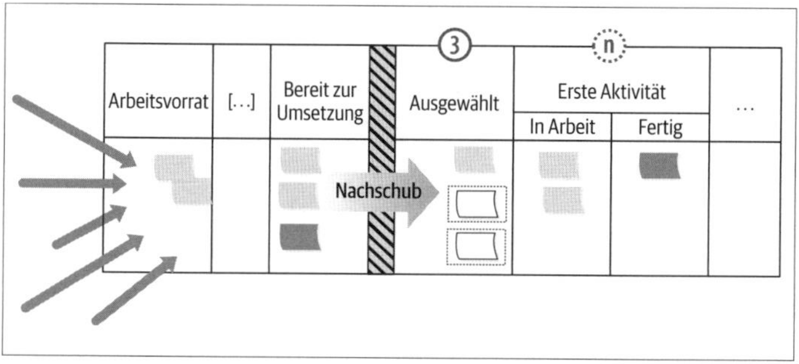

Abbildung 7-17: Zwei Plätze im Eingangspuffer sind aufzufüllen.

Auch wenn Ihr Board visuell noch nicht so ausdifferenziert ist wie die Beispiele in den Abbildungen, können Sie die Leitfragen anwenden. Betrachtung und Auswahl erfordern dann gegebenenfalls etwas mehr Zeit. Nutzen Sie dazu die vereinbarten Regelungen z.B. zur Auswahl, zu Serviceklassen oder Kapazitätszuweisungen.

Team-Retrospektive

Das Format der Retrospektive erlaubt einen Rückblick auf die gemeinsame Arbeit in einer vergangenen Zeitperiode.

Retrospektiven werden typischerweise von einem neutralen Moderator geleitet. Zweck der Moderation ist es, einen sicheren Raum zu schaffen, in dem das Team aktuelle Themen und Probleme offen ansprechen und kreativ sowie lösungsorientiert bearbeiten kann. Dazu werden Visualisierungen und bestimmte Moderationstechniken eingesetzt. Beispielsweise werden die Beiträge der Teilnehmenden oft in Form von Stichwörtern und Fragen auf Zetteln gesammelt und im Anschluss zusammengetragen und diskutiert. So ist sichergestellt, dass sich alle gleichberechtigt in den Prozess einbringen können. Ziel ist die Vereinbarung von Veränderungen, deren Wirkung dann wiederum in einer der folgenden Retrospektiven überprüft wird.

Diese Stufen sind für die Moderation üblich:

1. Gutes Gesprächsklima schaffen.
2. Themen sammeln.
3. Erkenntnisse gewinnen.
4. Entscheidungen treffen.
5. Abschluss.

In diesem Rahmen können Sie verschiedene Moderationstechniken einsetzen. Auch aus dem Bereich der kreativen Problemlösung (CPS, *Creative Problem Solving*) können Sie sich bedienen.

Eine einstündige Retrospektive könnte z.B. mit einer kurzen Übung zum Ankommen beginnen, in dem die Teammitglieder die aktuelle Stimmung anhand eines »Wetterberichts« bewerten. Anschließend werden Themen gesammelt, die die Einzelnen aktuell bewegen. Dazu werden oft Kategorien genutzt wie *Start*, *Stop*, *Continue* (was kann neu begonnen bzw. versucht werden, welche Verhaltensweisen oder Gegebenheiten sollten gestoppt werden, welche können fortgesetzt werden). Die gesammelten Themen werden dann gemeinsam bearbeitet, z.B. durch Gruppierung und weitere Analysetechniken. Darauf basierend werden mögliche Aktionen entwickelt, darüber abgestimmt und Vereinbarungen getroffen. Zum Abschluss gibt es oft kleine Übungen zur Reflexion, Feedback zur Retrospektive oder auch gegenseitige Wertschätzung.

Retrospektiven haben eine wichtige Funktion, denn sie ermöglichen (und erzwingen!) ein Innehalten im täglichen Trubel und eine Reflexion über die Zusammenarbeit und die Arbeitsorganisation.

In die Betrachtung sind im Kontext von Kanban unbedingt auch das ganze Kanban-System sowie seine Gestaltung und Nutzung einzubeziehen, um Kanban kontinuierlich weiterzuentwickeln. So können im Rahmen einer Retrospektive beispielsweise das Board-Layout verändert, Vereinbarungen überprüft und weiterentwickelt oder auch Änderungen an Häufigkeit oder Format von Regelmeetings vereinbart werden.

Retrospektiven sollten regelmäßig durchgeführt werden, sodass auch die Arbeit am System ein normaler Bestandteil des Arbeitsalltags wird. Für mehr Details und praktische Hilfestellungen zur Moderation empfehle ich Ihnen das Buch »Retrospektiven – kurz & gut« von meinem geschätzten Kollegen Rolf Dräther aus derselben Buchreihe [Dräther 2014].

Flow Review

Während in der Team-Retrospektive der Fokus sehr stark auf den teaminternen Dynamiken liegt, wendet sich der Flow Review nun stärker dem Service zu.

In den Steckbriefen zu den Regelmeetings haben Sie eventuell bemerkt, dass der Flow Review im Vergleich zur Team-Retrospektive häufiger durchgeführt wird, aber kürzer ist. In der Praxis ist es wichtig, dass der Flow Review gut vorbereitet wird, damit er in etwa 30 Minuten durchgeführt werden kann. Dazu ist es hilfreich, dass eine Person, die sich gut mit Kanban-Kennzahlen und gegebenenfalls dem digitalen Tool auskennt, im Vorfeld die Daten sichtet und aufbereitet.

Im Fokus sollten dabei die Kennzahlen aus der ersten Gruppe *Verstehen* und im weiteren Verlauf auch aus *Verbessern* stehen. Typischerweise werden die folgenden Kennzahlen betrachtet (jeweils für den Zeitraum seit dem letzten Flow Review):

- Daten zu den Laufzeiten der abgeschlossenen Karten.
- Aktualisierte Verteilung der Laufzeit (aufgeteilt nach Kategorie) und gegebenenfalls Trends.
- Daten zu Karten mit besonders langer Laufzeit und gegebenenfalls zugehörige Blocker.

- Anzahl gelieferter Karten, gegebenenfalls aufgeteilt nach Kategorien wie Arbeitstypen, Serviceklassen, Anforderern.
- Vergleich der im Zeitraum angefragten mit den gelieferten Karten.

Im Meeting sollte der Fokus darauf liegen, mithilfe der Daten die Arbeitsweise und den Arbeitsfluss besser zu verstehen und Verbesserungspotenziale zu identifizieren. Achten Sie darauf, dass die Teilnehmenden nicht in eine Verteidigungshaltung oder gar gegenseitige Schuldzuweisungen abrutschen. Vereinbaren Sie möglichst in jedem Flow Review einige (nicht zu viele!) Aktionen und sorgen Sie für deren Nachverfolgung in einem der Folgetreffen.

Blocker Clustering

Das Regelmeeting Blocker Clustering ist recht einfach, aber wirkungsvoll. Clustering bedeutet so viel wie Bündelung oder Gruppierung. Es geht in diesem Fall darum, die in letzter Zeit aufgetretenen Blocker (Blockaden im Arbeitsfluss) hinsichtlich ihrer Ursache zu analysieren und zu gruppieren. Dies dient als Basis, um deren Ursache zu adressieren, damit dadurch verursachte Verzögerungen zukünftig reduziert werden.

Die wichtigste Basis für diese Auswertung sind die gesammelten Blocker! Hier daher nochmals der Hinweis, möglichst früh mit dem Erfassen und Sammeln der Daten zu beginnen. Wenn Sie ein haptisches Board haben, sammeln Sie alle Blocker-Kärtchen in einem Umschlag oder einer Box. Beim Einsatz eines digitalen Boards erkunden Sie, wie Sie Blocker darstellen und auswerten können, und teilen Sie dies allen Beteiligten mit.

Folgende Daten sollten Sie notieren: die Ursache der Blockade und idealerweise auch zeitliche Daten: wann festgestellt, das Lösungsdatum sowie die sich daraus ergebende Dauer. Wenn nicht alle Daten vorliegen, erfassen Sie zumindest die Dauer der Blockade, Sie werden staunen! Aus diesen Informationen ergeben sich dann Karten mit Aufschriften wie beispielsweise »Warten auf Freigabe von Rechtsabteilung, 14 Tage (26.6.–10.7.)« oder »Störung der Deployment-Pipeline, 3 Tage (7.7.–10.7.)«.

Vorausgesetzt, Sie haben einige Blocker gesammelt (es sollten schon mindestens fünf bis zehn sein, gern auch mehr), gehen Sie dann im Meeting wie folgt vor.

Schauen Sie sich die einzelnen Blocker-Karten nacheinander an und ordnen Sie sie auf einer Arbeitsfläche nach ihren jeweiligen Ursachen. Bei den ersten Meetings werden dadurch bestimmte Kategorien von Clustern entstehen, diese müssen Sie nicht vorher definieren. Notieren Sie die Anzahl der Blocker je Kategorie, dann können Sie Trends beobachten. Beispiele für Kategorien sind etwa »Anderes Projekt«, »Externer Dienstleister«, »IT-Infrastruktur« oder »Rechtsfragen«.

Falls Sie zeitliche Daten erfasst haben, bilden Sie danach die Summen der Blocker-Dauer je Kategorie und insgesamt. Eventuell sind auch Sie an dieser Stelle von den Zahlen überrascht. Häufig wird die Menge der Zeit, die durch Blocker verloren geht (in Form von Verzögerungen, die dadurch auftreten) massiv unterschätzt.

Schauen Sie sich dann Kategorie für Kategorie die Blocker (die ja nicht hypothetisch sind, sondern konkret beobachtet wurden) an und ergründen Sie deren Ursache. Dies kann in Kleingruppen geschehen, die sich mit den entsprechenden Kategorien gut auskennen. Basierend auf dieser tieferen Analyse, entwickeln Sie Vorschläge für Maßnahmen, um entweder die Wahrscheinlichkeit des Auftretens zu reduzieren oder die Auswirkung auf den Service zu minimieren oder zu vermeiden.

Vereinbaren Sie als greifbares Ergebnis gemeinsam wenigstens eine Maßnahme, die die untersuchten Blocker adressiert. Beobachten Sie danach kontinuierlich die Entwicklungen und prüfen Sie, ob die vereinbarten Maßnahmen durchgeführt wurden und Wirkung zeigen. Fügen Sie neue Kategorien hinzu oder passen Sie bestehende Kategorien an.

Es ist möglich, dass zunächst die Zahlen steigen, dass Sie also z.B. beim zweiten oder dritten Blocker Clustering eine größere Anzahl von Blockern entdecken. Dies ist vermutlich zunächst ein positives Zeichen, denn wahrscheinlich steigen Motivation und Disziplin bei der Erfassung. Die Menschen sehen, dass die Daten genutzt werden, und schenken den Blockern mehr Beachtung. Natürlich sollte dieser Effekt temporär sein. Der Zweck der Übung ist schließlich, die Ursachen der gefundenen Blocker zu adressieren und die dadurch verursachten Verzögerungen zu reduzieren, was zu kürzeren Laufzeiten führt.

Sie können das Blocker Clustering auch ab und an ergänzend oder alternierend zum Flow Review durchführen. Achten Sie dann bei Ihrer Zeitplanung darauf, dass Sie für das Blocker Clustering mindestens eine Stunde reservieren.

Das Kanban-Board und das Kanban-Meeting im Zusammenspiel

In der Praxis stellen das Kanban-Board und das Kanban-Meeting ein hervorragendes Team dar, das sich gegenseitig stützt und stärkt. Gerade in der Anfangsphase der Nutzung von Kanban ist es wichtig, diese Dynamik zu etablieren und nutzen. In Abbildung 7-18 sehen Sie, wie beide Elemente zusammenwirken.

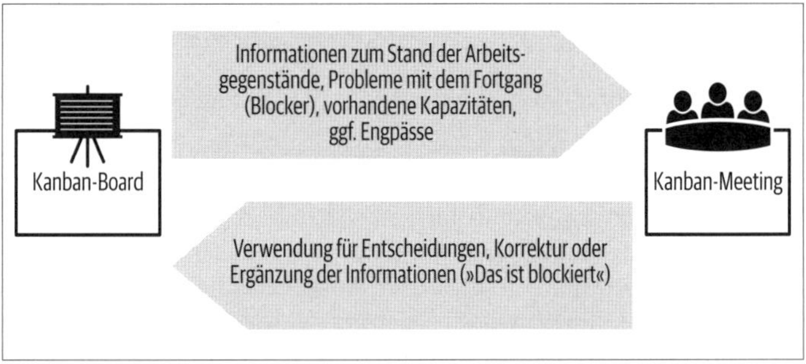

Abbildung 7-18: Zusammenspiel von Kanban-Board und Kanban-Meeting

Nach diesem Beispiel wenden wir uns nun der letzten Kanban-Praktiken zu. Diese wirkt in engem Zusammenspiel mit den Feedback-Schleifen.

KAPITEL 8

Verbessere gemeinsam, entwickle experimentell weiter

Die beiden Schlüsselwörter zu dieser Praktik sind: *gemeinsam* und *experimentell*.

Gemeinsam (kollaborativ) verbessern beruht auf dem Grundsatz, dass Beobachtungen und Erkenntnisse von verschiedenen Beteiligten gesammelt werden müssen, um ein vollständiges und korrektes Verständnis der tatsächlichen Situation zu entwickeln. Dieses tiefe Verständnis ist grundlegend, um die richtigen Schritte für Verbesserungen zu definieren.

Experimentell weiterentwickeln bedeutet, dass Sie sich von Modellen leiten lassen, um mögliche Veränderungen zu identifizieren. Beispiele für Modelle, die Sie in diesem Zusammenhang anwenden können, sind die Engpasstheorie, Littles Gesetz, Cynefin oder auch das KMM (*Kanban Maturity Model*).

Der folgende Kasten fasst die Praktik zusammen.

Praktik »Verbessere gemeinsam, entwickle experimentell weiter«

Kanban hilft Organisationen, kontinuierliche und inkrementelle Verbesserungen nachhaltig zu verfolgen. Dabei geht es sowohl um Verbesserungen am Prozess als auch an der Organisation selbst.

Diese Veränderungen sollten zielgerichtet initiiert und unter Beobachtung und Überprüfung der Ergebnisse durchgeführt werden, um Lernschleifen zu schließen. Dazu wird die naturwissenschaftliche Methode (siehe dazu den folgenden Abschnitt) angewendet.

Ausgangspunkt für die Veränderungen ist stets der Ist-Zustand.

> Die kontinuierliche Weiterentwicklung des Arbeitssystems sollte gemeinsam durch die Beteiligten und unter Nutzung der verschiedenen Kenntnisse und Erfahrungen sowie von etablierten Modellen vorangebracht werden.

Diese Praktik ist somit eng mit den evolutionären Veränderungsprinzipien (siehe Abschnitt »Veränderungsprinzipien« auf Seite 55) verknüpft. Sie basiert darauf, dass Sie sich ausgehend von der aktuellen Situation die vorhandenen Ressourcen und Stärken Ihrer Organisation für Veränderungen zunutze machen können.

Außerdem haben Sie sicher schon die Verbindung zur Praktik *Implementiere Feedback-Schleifen* entdeckt. Die Kanban-Regelmeetings helfen Ihnen, Schritte zur Verbesserung zu verankern. Es benötigt etwas Übung und die aktive Beteiligung des Teams, um effektive Verbesserungen voranzutreiben. Diese Praktik hilft Ihnen, die Regelmeetings zur Verbesserung inhaltlich zu gestalten.

Die naturwissenschaftliche Methode anwenden

Orientieren Sie sich bei der Etablierung von Feedback-Schleifen zu Veränderungen an der naturwissenschaftlichen Methode. Das Fundament dazu sind Beobachtungen und Daten über die aktuelle Arbeitsweise sowie Ergebnisse. Nutzen Sie diese, um Ideen für Experimente zu entwickeln und diese in Form einer Hypothese zu formulieren. Während und nach der Durchführung jedes Experiments werden Beobachtungen und Daten gesammelt und die Ergebnisse ausgewertet: Hatte das Experiment den erwarteten Effekt? Wichtig: Auch durch Experimente, bei denen ein unerwarteter oder sogar negativer Effekt eingetreten ist, lernen Sie! Lassen Sie die Erkenntnisse darüber, was nicht funktioniert hat, und die Gründe dafür in die Gestaltung der späteren Experimente einfließen. Gehen Sie daher in kleinen Schritten vor, jedes Ihrer Experimente sollte »safe-to-fail« sein, also mit vertretbaren Konsequenzen fehlschlagen können.

Hypothesen

An dieser Stelle noch kurz ein paar Hinweise zur Gestaltung von »Hypothesen«. Dieses Wort klingt zunächst beeindruckend, lassen Sie es uns kurz entzaubern. Eine Hypothese ist im Kern eine Vermutung über einen Zusammenhang. Diese ist empirisch (d.h. durch Experimente und Beobachtungen) zu überprüfen.

In einer einfachen Form kann eine Hypothese z.B. so formuliert werden:

»Wir haben *Folgendes* beobachtet. Wir glauben, dass, wenn wir *dies* tun, *jener* Effekt eintreten wird. Auf *folgende Weise* können wir die Wirkung überprüfen, also feststellen, ob das Experiment den gewünschten Effekt hatte und damit die Hypothese bestätigte.«

Ein Beispiel: Wir haben eine hohe Abbruchquote im Lieferprozess beobachtet. Wir haben die Ursachen analysiert und herausgefunden, dass davon nur eine bestimmte Sorte Anfragen betroffen war. Wir glauben, wenn wir vor der Umsetzung sicherstellen, dass die Informationen XYZ auf der Karte verfügbar und durch den Fachbereich bestätigt sind, gelangen diese unklaren Anforderungen nicht in den Lieferprozess. Dafür werden wir die *Umsetzungsbereit*-Kriterien anpassen. Um dies zu überprüfen, werden wir die Abbruchquoten weiter messen und erwarten eine signifikante Reduzierung innerhalb eines Monats.

Im Kern geht es darum, eine Verbesserungsidee vor deren Durchführung zu durchdenken und Effekte bewusst zu antizipieren, um sie überprüfbar zu machen. Es ist immer wieder erstaunlich zu beobachten, wie stark die Beschäftigung mit dem erwarteten Ergebnis einer Veränderung dessen Formulierung beeinflusst.

Bei der Initiierung von Veränderungen sind Schüsse ins Blaue zu vermeiden. Allzu oft geschieht Veränderung in folgender Form: »Ich habe eine Idee, lasst uns XY ausprobieren.« Dann werden Dinge verändert, aber anschließend wird nicht systematisch überprüft, wie die Wirkung war.

Die naturwissenschaftliche Methode und auch das Kanban-Reifegradmodell KMM helfen Ihnen, die Veränderungen zielgerichtet und somit effektiv und effizient voranzubringen. Die Zeit, die Sie in Veränderungen investieren, wird sich deutlich besser auszahlen!

Im Rahmen dieses Buchs soll das als Anregung ausreichend sein. Sie können dazu mehr in den fortgeschrittenen Kanban-Ausbildungen erfahren sowie auch in der Literatur zu KMM wie z. B. [Anderson/Bozheva 2021] bzw. auf der Website *kmm.plus*.

Die Kanban-Praktiken im Zusammenspiel

Sie haben nun einen Einblick in die Kanban-Praktiken bekommen. Beim Lesen sind Ihnen sicher die vielen Querverweise zu jeweils anderen Praktiken aufgefallen. Die Kanban-Praktiken spielen wie z. B. Handball- oder Fußballmannschaften zusammen. Sie bedingen und unterstützen einander. Vermeiden Sie es daher, »Stars« – also eine oder zwei sehr weit entwickelte Praktiken – zu etablieren und andere dafür zu vernachlässigen. Entwickeln Sie stattdessen die Praktiken recht gleichmäßig.

Durch die beiden Praktiken *Visualisiere* und *Mache Regeln explizit* etablieren Sie einen Rahmen für die Selbstorganisation. Auf dieser Grundlage basieren die anderen vier Praktiken. Wenn Sie ein beliebiges Kanban-Board betrachten, wird dieses Ihnen Rückschlüsse auf die Ausprägung der weiteren Praktiken geben. Für viele Kanban-Praktiken werden Sie Vereinbarungen treffen.

Die beiden Praktiken *Limitiere die parallele Arbeit (das WIP)* und *Manage den Arbeitsfluss* hängen eng miteinander zusammen. Das Limitieren des WIP ist eine unter vielen Möglichkeiten, den Fluss zu steuern. Auf ähnliche Art und Weise spielen die Praktiken *Implementiere Feedback-Schleifen* und *Verbessere gemeinsam, entwickle experimentell weiter* zusammen. Während Feedback-Schleifen den generellen Rahmen bilden, stellt letztere Praktik systematischen Input bereit und sorgt für besonders effektive Verbesserungen. Eine exemplarische Darstellung dieser Zusammenhänge finden Sie in Abbildung 8-1.

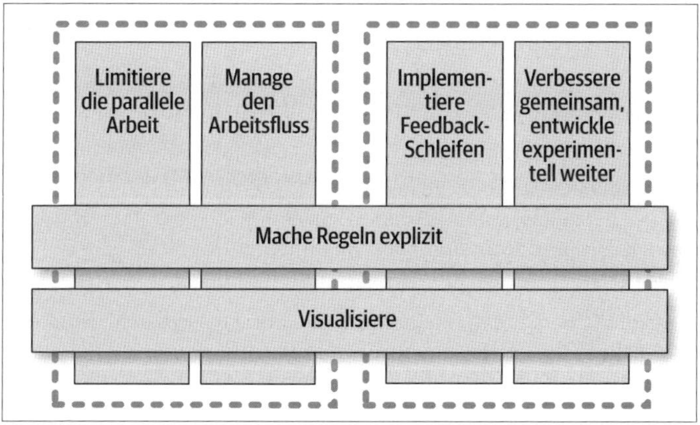

Abbildung 8-1: Übersicht der Kanban-Praktiken

Ich hoffe, dieser Überblick hat Ihnen geholfen, ein zusammenhängendes Bild der Kanban-Praktiken zu bekommen. Abschließend möchte ich nochmals auf die Kanban-Prinzipien, die Sie in Kapitel 2, *Grundlagen der Methode*, kennengelernt haben (Veränderungs- und Dienstleistungsprinzipien, Abschnitt »Prinzipien« auf Seite 54), verweisen. Diese sollen auch stets die Anwendung der Kanban-Praktiken leiten.

Sie sind nun für den Teil III dieses Buchs gerüstet, in dem wir uns anschauen, wie Sie den Start mit Kanban am besten gestalten, damit Sie zügig und kontinuierlich Vorteile durch die Anwendung der Methode gewinnen.

Reflexion zu Teil II

Lösungen finden Sie am Ende dieses Abschnitts.

Serviceklassen

Halten Sie in den nächsten Tagen nach Beispielen von Serviceklassen in Ihrer Organisation oder im Alltag Ausschau und finden Sie mindestens drei.

In welchem Bereich sind sie zu finden? Sind diese explizit benannt? Wie unterscheiden sie sich?

Falls Sie in nächster Zeit eine Anfrage mit (scheinbar) festem Liefertermin bekommen, fragen Sie interessiert und höflich nach: »Was geschieht, wenn wir erst einen Tag (oder eine Woche/einen Monat) später fertig werden?« Wie war die Reaktion Ihres Gegenübers? Haben Sie hierdurch Einsichten gewonnen?

Flusseffizienz

A) Haben Sie (Zugriff auf) Daten, um die Flusseffizienz Ihrer Arbeitspakete zumindest stichprobenartig zu berechnen? Sie benötigen dazu für ein bestimmtes Arbeitspaket:

- Startdatum
- Enddatum (Fertigstellung bzw. Lieferung)
- Arbeitszeit

Zur Erinnerung: Flusseffizienz = Arbeitszeit / Laufzeit

Welche Werte haben Sie errechnet? Je nach fachlicher Domäne sind z. B. einstellige Prozentwerte im IT-Umfeld nicht unüblich.

Welche Einsichten oder Anregungen können Sie daraus ableiten?

B) Denksportaufgabe: Flusseffizienz für Grundformen der Serviceklassen

Reflektieren Sie die vier Grundformen von Serviceklassen:

Standard

Fester Termin

Beschleunigt

Unbestimmt

Ordnen Sie diese nach ihrer typischen Flusseffizienz relativ zueinander. Das heißt, welche Serviceklasse hat in der Regel die höchste Flusseffizienz etc.

Littles Gesetz praktisch angewendet

Sie stehen in einem Vergnügungspark in der Schlange vor der Hauptattraktion. Die Schlange ist konstant lang. Als Sie ankommen, schätzen Sie, dass etwa 300 Personen vor Ihnen stehen. Alle zwei Minuten werden ca. 20 Personen in eine Gondel gelassen. Wie lange werden Sie etwa noch warten?

Quiz: Zwei Wahrheiten, eine Lüge

Eine der jeweils drei Aussagen ist falsch, welche ist es?

1. Kanban-Boards

   A) Auf Kanban-Boards haben sich die drei Spalten *Zu erledigen*, *In Arbeit* und *Abgeschlossen* bewährt.

   B) Kanban-Boards stellen den Fluss der Arbeit dar.

   C) Ein Kanban-Board kann verschiedenste Arten von Arbeit darstellen.

2. WIP-Limits

   A) WIP-Limits können genutzt werden, um den Fluss zu steuern.

   B) WIP-Limits stellen eine gleichmäßig hohe Auslastung aller Beteiligten sicher.

   C) WIP-Limits sind eine Voraussetzung für die Etablierung von Pull-Systemen.

3. Pull

   A) *Pull* erlaubt Teammitgliedern, sich Arbeit frei auszuwählen.

   B) *Pull* heißt, Arbeit wird in die nächste Prozessstufe gezogen, wenn dort freie Kapazitäten vorhanden sind.

   C) *Pull* benötigt Puffer, aus denen Arbeit jeweils in den nächsten Prozessschritt weitergezogen werden.

Kadenzen

Welche Regelmeetings gibt es bereits in Ihrer Organisation? Welche davon können Sie den Kanban-Kadenzen zuordnen? Sehen Sie Lücken oder Überlappungen?

Führen Sie bereits Retrospektiven durch? Gab es, resultierend aus den letzten Retrospektiven, Änderungen in Ihrer Zusammenarbeit? Welche Effekte hatten diese?

Lösungen

Denksportaufgabe zur Flusseffizienz

Reihenfolge von hoch zu niedrig:

Beschleunigt, *Fester Termin*, *Standard*, *Unbestimmt*

Littles Gesetz

Zunächst Lieferrate auf Minuten normalisieren:

20 Personen / 2 Minuten --> durchschnittlich 10 Personen/Minute.

300 Personen / 10 Personen/Minute = 30 Minuten.

Quiz

Folgende Antworten sind jeweils falsch:

1. A – Obwohl diese häufig zu finden sind, stellen sie eher einen Startpunkt dar und sollten weiterentwickelt werden, um den eigenen konkreten Arbeitsfluss abzubilden.
2. B – Es geht nicht um die Auslastung der Personen, sondern um einen gleichmäßigen Arbeitsfluss. Generell ist Auslastung in Kanban keine relevante Steuerungsgröße. (Natürlich sollte die Auslastung nicht unter ein gewisses Maß sinken, in der Praxis wird dies jedoch nur selten beobachtet.)
3. A – Dies ist ein häufiges Missverständnis. Der Zweck von *Pull* ist nicht die persönliche freie Auswahl der Arbeit, sondern das Ermöglichen eines guten Flusses. Dazu werden WIP-Limits als Signale für freie Kapazitäten eingesetzt.

TEIL III

Ihr Start mit Kanban

Sie haben sich nun ein Bild von der Methode gemacht und auch Anwendungsbeispiele erhalten. Hoffentlich sind Sie nun motiviert und inspiriert, selbst mit Kanban loszulegen.

In diesem Teil des Buchs bekommen Sie zunächst eine Starthilfe, um Ihr eigenes System aufbauen und in Betrieb nehmen zu können, und danach weitere praktische Tipps zur Anwendung der Praktiken.

KAPITEL 9

Fragen zum Start

In diesem Kapitel erfahren Sie, welche grundlegenden organisatorischen Fragen Sie zu Beginn Ihrer Kanban-Initiative klären sollten. Sie lernen dazu auch einen typischen Fahrplan für die Einführung kennen und bekommen Hinweise für die Gestaltung der Trainingsstrategie.

Wo und wie starten?

Wo starten Sie am besten Ihre Kanban-Reise? Oftmals flammt Kanban in einer Ecke der Organisation auf und verbreitet sich von da aus weiter.

Ein geeigneter Startpunkt ist typischerweise da, wo es aktuell Unzufriedenheiten und damit eine entsprechende Veränderungsbereitschaft gibt. Achtung, der betroffene Service sollte sichtbar und wichtig sein, aber nicht unternehmens- bzw. überlebenskritisch.

Wenn Sie die Reise aktiv steuern können, lautet eine weitere Empfehlung: von der Mitte nach außen (*from the middle out*). Bei einem IT-Serviceprovider beispielsweise gab es eine starke Überlastung praktisch der gesamten Organisation durch unzählige und in ihrer Gesamtheit ungesteuerte Initiativen und Projekte. Hier wurde zunächst auf dieser mittleren Ebene (also den Initiativen und Projekten) mit einem Initiativen-Board und kurz darauf mit einigen Teams begonnen.

Häufig jedoch sind Teams der Startpunkt für Kanban. Oftmals gibt es eine Person im Team, die sich zu Kanban informiert hat oder Erfahrungen aus einer anderen Firma mitbringt und dann schnell Unterstützer für Kanban im Team findet. Während dies zunächst zu schnellen Implementierungen führt, ist ein nachhaltiger, langfristiger Erfolg mit diesem Vorgehen schwieriger zu erreichen – daher Vorsicht, beim Start im Team droht eine Sackgasse für Kanban. In dem eingangs genannten Beispiel des Serviceproviders hätte eine reine Implementierung in einzelnen Teams den »Schmerz« zwar sehr deutlich gemacht, die Ursache jedoch nicht adressiert. Tatsächlich entsteht oftmals Frust, wenn Probleme und deren Gründe klarer erkannt werden, jedoch nicht adressiert werden (können). Mehr dazu im folgenden Abschnitt.

Achtung, Teamfalle

Teams sind ein wichtiger Bestandteil von Organisationen und für Menschen als »Herdentiere« ein wichtiger sozialer Ankerpunkt. Ein übermäßiger Fokus auf einzelnen Teams kann sich allerdings negativ auf die Gesamtleistung der Organisation auswirken. Dies geschieht dann, wenn bei Entscheidungen und Handlungsweisen ausschließlich im Rahmen des Teams gedacht und operiert wird und Faktoren im Umfeld ausgeblendet werden.[1] Natürlich sind Teams oft Startpunkte für Kanban-Implementierungen, müssen es jedoch nicht sein. In vielen Organisationen schaffen einzelne Teams keinen Wert für die Kunden der Organisation, oftmals arbeiten mehrere Teams mehr oder weniger aktiv zusammen, um Kundenservices bereitzustellen.

Ein übermäßiger Teamfokus kann Silodenken verstärken und Grenzen zementieren, die eigentlich im Sinne der Kunden durchlässiger gemacht werden sollten. Um diesem vorzubeugen, empfiehlt es sich, frühzeitig Servicedenken und Kundenorientierung einzubringen. Dies kann mit Fragen angestoßen werden wie: »Was geschieht, nachdem ihr eure Arbeit abgeschlossen habt, bis der Kunde die Leistung empfängt?«

1 Bei Interesse können Sie zu diesem Thema mehr lesen in [Burke 2023] *Organization Change: Theory and Practice*, S. 140, bzw. in [Kanter 1982] *Dilemmas of managing participation*. Organizational Dynamics, 11(1), 5–27.

Checkliste zum Start

Erfreulicherweise sind die für den Kanban-Start zu schaffenden Voraussetzungen überschaubar, denn Sie arbeiten im Wesentlichen wie gehabt weiter. Sie etablieren lediglich Ihr Kanban-System als neue Steuerungsschicht »über« der bisherigen Arbeitsweise. Diese hilft Ihnen dabei, Ihre Arbeit schrittweise besser zu organisieren.

Die nachfolgende Checkliste fasst wichtige Punkte, die Sie für Ihre Kanban-Implementierung beachten sollten, zusammen. Im weiteren Verlauf dieses Kapitels bekommen Sie hierfür zusätzliche Informationen. Folgende organisatorische Vorbereitungen sollten getroffen werden:

- Kanban-Basiswissen bei allen Beteiligten (sowohl bei reinen Anwenderinnen und Anwendern als auch bei betroffenen Führungskräften) aufbauen (siehe Abschnitt »Trainingsstrategie« auf Seite 222), möglichst auch mit einer Simulation (siehe Abschnitt »Simulationen« auf Seite 212).
- Erwartungen, Ziele, gegebenenfalls auch vorhandene Befürchtungen für den Kanban-Einsatz abgleichen.
- Festlegen des Umfangs des Kanban-Systems und möglichst gemeinsame Beschreibung des Service.
- Organisation eines gegebenenfalls in mehrere Teile gegliederten Kanban Design Workshop zum Entwurf des Boards und der Karten und für initiale Vereinbarungen wie Regelmeetings, Kennzahlen und Verantwortlichkeiten.
- Organisation der Regelmeetings mit den jeweiligen Beteiligten.
- Implementierung eines Kanban-Tools oder Kanban-Boards. Dazu müssen Sie im ersten Schritt eine Entscheidung treffen dazu, ob ein digitales Kanban-Tool oder ein analoges Board an der Wand verwendet wird.

Bei Entscheidung für das digitale Tool:

- Evaluierung und Auswahl.
- Benennung und Ausbildung von Administratoren.
- Gegebenenfalls kurze Anwenderschulung.

- Aufsetzen von Nutzern, Board-Struktur, Berechtigungen.
- Klärung des Supports durch den Tool-Hersteller.

Bei Entscheidung für ein Board an der Wand:

- Entscheidung für den Standort (Sichtbarkeit, Zugang, Platz zum Treffen vor dem Board).
- Auswahl des Mediums (am besten ein Whiteboard).
- Materialien für Karten, Board-Gestaltung, Stifte ...

Im folgenden Abschnitt lernen Sie einen typischen Fahrplan kennen, der Ihnen eine Orientierung für die Vorbereitungen und die weitere Einführung gibt.

Ein typischer Fahrplan

Abbildung 9-1 zeigt Ihnen eine Übersicht des typischen Ablaufs einer Kanban-Einführung. Sie sehen hier die wichtigsten Phasen mit beispielhaften Aktivitäten. Natürlich sind diese den Gegebenheiten Ihrer Organisation anzupassen.

Aus der Erfahrung gilt es nach der Klärung grundlegender Fragen (*Vorbereitung*), Basiswissen zu Kanban bei den Beteiligten aufzubauen. Dies hat sich absolut bewährt und wird sich im weiteren Verlauf auszahlen. Anschließend kann zügig zum Entwurf des initialen Kanban-Systems übergegangen und dieses aufgesetzt werden.

Vereinbaren Sie dann einen Zeitpunkt für die Inbetriebnahme, den Startschuss für Ihr Kanban-System. Greifen Sie während der ersten Wochen der »Inbetriebnahme« falls möglich gern auf Unterstützung z.B. durch Kanban-Coaches zurück, um schnell ins alltägliche Arbeiten zu kommen. Hier werden sich konkrete Fragen zur Nutzung des Boards, zur Anwendung der Vereinbarungen und so weiter ergeben. Außerdem müssen sich gegebenenfalls vereinbarte Änderungen an Regelmeetings etablieren. Bieten Sie in dieser Zeit regelmäßig kurze Reflexionspunkte an, um das System wirklich passend zu machen, z.B. 30 bis 60 Minuten pro Woche. Nach kurzer Zeit werden Sie dann in der Phase der *Verstetigung* eigenständig mit Ihrem Kanban-System weiterarbeiten können.

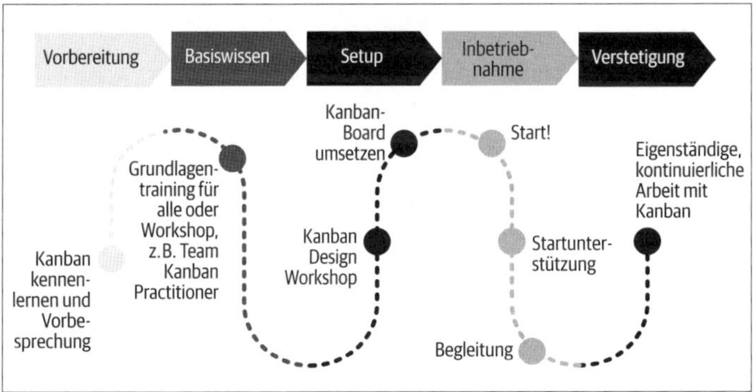

Abbildung 9-1: Fahrplan für die Einführung von Kanban

Wie Sie im Fahrplan oben gesehen haben, sind doch einige Schritte nötig, um das System und die Anwendung der Methode nachhaltig zu implementieren. Sicher möchten auch Sie verwahrloste Boards, von denen die Zettel wie Herbstlaub herunterflattern, vermeiden.

Mit ein wenig Vorbereitung können Sie diese Schritte jedoch innerhalb weniger Tage bis Wochen durchlaufen. Hier ein exemplarischer Zeitplan:

Vorbereitung im kleinen Kreis, dann Beginn:

1. Woche 1: Ein Tag Grundlagentraining und dann Kanban Design Workshop.
2. Woche 2: Aufsetzen des Boards (analog oder digital) und Füllen des Boards mit den aktuellen Arbeiten.
3. Ende von Woche 2: Startschuss, ab dann arbeiten alle mit dem Kanban-System.
4. Wochen 3 bis 6: Inbetriebnahmephase mit häufigen Feedback-Schleifen.
5. Es läuft! Dranbleiben und kontinuierlich am und im System arbeiten.

Im Vergleich zu anderen deutlich revolutionäreren Ansätzen zu Agilität können Sie mit Kanban mitten im Flug das Triebwerk wechseln, Sie müssen nicht zur Wartung landen. :-)

Wie Sie im exemplarischen Zeitplan oben gesehen haben, werden Sie in der Regel nach wenigen Tagen bis Wochen erste Schritte gehen können. Streben Sie hier nicht nach Perfektion, das erste Ziel ist zunächst, die Arbeit transparent zu machen und grundlegende Vereinbarungen zu schaffen. Gehen Sie die Einführung möglichst zügig und fokussiert an und arbeiten Sie dann mit Unterstützung der Einsichten durch Ihr Kanban-System kontinuierlich weiter.

Trotz des schnellen Starts sollten Sie Geduld mitbringen, bis sich tatsächlich messbare und stabile Verbesserungen einstellen. Denken Sie hier eher in Quartalen als in Wochen.

Digitales Kanban-Tool?!

Die Frage, ob und welches Kanban-Tool genutzt werden sollte, wird von Anwenderinnen und Anwendern häufig gestellt und auch in der Community gern lebhaft diskutiert. Vor der COVID-19-Pandemie war meine erste kurze Antwort üblicherweise: »Wenn es geht, startet mit einem Board an der Wand.«

Auch wenn man sich damit oftmals nicht zum Liebling des Hausmeisters macht, ist ein physisches Board an der Wand in Bezug auf seine Flexibilität und die vielseitigen Gestaltungsmöglichkeiten kaum zu übertreffen. Ein Board an der Wand lädt zur Kommunikation ein, ist oftmals ein Hub zum Austausch und ein wesentlicher Treiber für Transparenz.

Hierzu eine kleine Anekdote: In einer Bank hing ein Kanban-Board, mit dem ein ganzer Bereich seine übergreifenden Initiativen gesteuert hat, an der Wand in einem Flur. Alle Beteiligten liefen mehrmals am Tag dran vorbei, um z. B. Kaffee zu holen. Ein pinkfarbener Blocker mit »Wartet auf Genehmigung vom CIO« fiel jedem auf und natürlich auch dem CIO, der das deshalb zügig erledigte.

Ein fehlendes oder unzureichend geeignetes Tool kann ein ernsthaftes Hindernis auf dem Weg zur Entwicklung der Organisation hin zu einem höheren Reifegrad darstellen. Insbesondere die Interaktion von miteinander verknüpften Boards und die Auswertungsmöglichkeiten von Kennzahlen sind hier kritische Bereiche. Gleichzeitig kann wie so oft ein Tool vorhandene Defizite in anderen Bereichen nicht ausbügeln.

Für das digitale Tool gibt es zwei Varianten: zum einen ein spezielles Kanban-Tool, zum anderen ein eher freies Tool, das ein virtuelles Whiteboard bereitstellt. Wenn Sie ein spezielles Kanban-Tool nutzen möchten, sollte es möglichst diese Funktionen unterstützen:

- Flexible Modellierung der Boards mit freier Gestaltung von Zeilen und Spalten.
- Eine flexible Ansicht auch umfangreicherer Boards: die Möglichkeit, Zeilen und Spalten ein- bzw. auszuklappen sowie Zoom-in/Zoom-out und Filtermöglichkeiten.
- Eine Anzeige von Vereinbarungen z.B. in Spaltenköpfen.
- Boards, Karten und Policies sollten ohne Unterstützung eines zentralen Administrators leicht anpassbar sein.
- Verschiedene Möglichkeiten der WIP-Limitierung, am besten kombinierbar über eine oder mehrere Spalten und Zeilen, eventuell auch Limitierung der aktiven Karten je Person.
- Verschiedene Kartentypen mit angepassten Informationen. Verschiedene Farben sowie Markierungen.
- Mehrere Bearbeitende je Karte sollten möglich sein.
- Perspektivisch eine Unterstützung mehrerer gekoppelter Boards, hierarchisch und auf gleicher Ebene.
- Automatisierungsmöglichkeiten z.B. per Business Rules.
- Hierarchien von Karten, also Eltern-Kind-Beziehungen und entsprechende Informationen auf den Karten (z.B. Fortschritt der Child-Karten).
- Unterstützung der wichtigsten Kennzahlen und Diagramme und am besten ein CSV- oder XLS-Export.
- Außerdem sollten Sie die IT-Standards Ihrer Organisation zu Vorgaben für Cloud-basierte oder selbst gehostete Tools, Sicherheit etc. berücksichtigen.

Einige der aktuell gebräuchlichsten Tools wie Atlassian Jira und Trello sind für den Einstieg mit einem Team zunächst brauchbar. Im Bereich Modellierungsmöglichkeiten und Datenauswertungen gibt es aber signifikante Limitierungen. Falls Sie mit stark ausgeprägten Systemen mit z.B. mehreren Workflows in einem Board oder mehreren verknüpften Boards arbeiten möchten, werden Sie schnell an Grenzen stoßen.

Die Unterstützung von Kanban-Kennzahlen und Diagrammen ist bei diesen Werkzeugen limitiert. Hier gibt es Erweiterungen oder auch Tools wie getNave (*getnave.com*), die Sie z.B. mit Jira oder Trello koppeln können. Zum Zeitpunkt der Drucklegung dieses Buchs bieten Tools wie Kanbanize, Nimblework/Digité Swift Kanban, KanbanZone oder LeanKit hier deutlich bessere Unterstützung.

Aufgrund der Beschränkungen vieler Tools und der doch beträchtlichen Einstiegshürden (siehe den Abschnitt »Checkliste zum Start« auf Seite 207) erfreuen sich unstrukturiertere Tools, die quasi eine virtuelle Wand zur Verfügung stellen, zunehmender Beliebtheit. Tools wie *miro* oder *mural* werden in Unternehmen oftmals bereits genutzt, können leicht erlernt werden und bieten eine große Flexibilität. Es ist auch eine Option, später auf ein spezielles Kanban-Tool zu wechseln, nachdem sich die Visualisierung stabilisiert und Kanban-Praktiken eingespielt haben.

Nach der Betrachtung der Tools wenden wir uns nun Simulationen zu. Deren Einsatz ist zum Start mit Kanban absolut empfehlenswert.

Simulationen

Einige Wirkmechanismen von Kanban entsprechen nicht unserer über Jahre erfolgten Prägung. Unsere Intuition sagt uns, dass wir viel schaffen, wenn wir fleißig sind und erst mal viel an Arbeit beginnen. Generationen von Managern haben gelernt, dass Auslastung das Maß aller Dinge ist. Dies ist auf die Ursprünge im Taylorismus[2] zu-

2 Siehe z.B. *https://de.wikipedia.org/wiki/Taylorismus.*

rückzuführen, jedoch heute für viele Geschäftsumgebungen nicht mehr angemessen. Zu viel Arbeit oder Aufgaben parallel führen zu signifikanten Verlusten. Wer schon einmal in einem vollen ICE versucht hat, das WLAN zu nutzen, kann Geschichten von voll ausgelasteten Systemen erzählen.

Weniger anfangen und dadurch Dinge schneller und in größerer Zahl fertigbekommen, muss zunächst erlebt werden. Dadurch bekommt unser unbewusstes, schnelles Denken [Kahneman 2016] neue Erfahrungen, aus denen es lernt und neue (unbewusste) Denkweisen entwickeln kann. Anschließend kann das Erfahrene mit Modellen, Theorie etc. unterlegt werden, um das kognitive Denken zu adressieren. Hier neue Erfahrungen zu schaffen und Kanban in einem sicheren Rahmen in Aktion zu erleben, wird die Akzeptanz und Anwendungstiefe stark verbessern.

Ich empfehle daher stets, mit einer Simulation zu starten.

FeatureBan

Für den Einstieg ist *FeatureBan* eine gute Wahl. Der Zeitaufwand hierfür beträgt etwa 45 Minuten bis 1,5 Stunden. FeatureBan gibt es als »analoge« Variante mit umfangreicher Dokumentation und Anleitung auf *Agendashift.com*. Mike Burrows hat das Spiel entwickelt und teilt die nötigen Informationen. Eine interessante Variante ist auch *ChangeBan*, siehe dieselbe Website.

Die russischen Kollegen von Kaiten.io stellen eine kostenlose und wie ich finde sehr gelungene Onlineumsetzung von FeatureBan unter dem Namen *FlowFast* zur Verfügung. Hier werden während der Simulation fiktive Daten über die Bearbeitung der Beispielelemente gesammelt, z.B. Laufzeiten und WIP-Levels. Daraus werden dann grundlegende Diagramme generiert, was gerade bei der Arbeit mit Einsteigern sehr hilfreich ist. Gehen Sie dazu auf *https://tools.kaiten.io/featureban*.

Mit FeatureBan können die Teilnehmenden neben der Visualisierung vor allem das Konzept von WIP-Limits in kurzer Zeit erleben. (Achtung, eine aktive Arbeit mit WIP-Limits ist in der Onlinesimulation nicht möglich, nur in der analogen Umsetzung.) Außerdem lernen Sie grundlegende Kennzahlen und Diagramme kennen.

Sowohl die Onlinevariante von FeatureBan als auch die Originalmaterialien von Mike Burrows sind (unter Creative-Commons-Lizenz) kostenfrei verfügbar.

Okaloa Flowlab

Wenn Sie ein wenig mehr Zeit haben und weitergehendes Arbeiten und Erleben ermöglichen möchten, empfehle ich Ihnen, sich mit *Okaloa Flowlab* (*www.okaloa.com*) vertraut zu machen.

Diese Simulationen setzen wir bei flow.hamburg in den verschiedenen Varianten am häufigsten ein. Okaloa wurde von den belgischen Kanban-Trainern Patrick Steyaert und Arlette Vercammen entwickelt. Aus lernmethodischer Sicht ist diese Simulation am besten geeignet. Hier wird das sogenannte *Double Loop*-Lernen [Argyris/Schön 2018] sehr effektiv umgesetzt, bei dem sich auch das mentale Modell verändert. Die Simulationen ermöglichen den Teilnehmenden, das eigene Handeln zu reflektieren und auch die zugrunde liegenden Paradigmen kritisch zu betrachten. Es wird also nicht nur im Rahmen des aktuellen Systems optimiert und gearbeitet, es werden auch die zugrunde liegenden Denk- und Verhaltensweisen adressiert. Ursprünglich handelte es sich um ein Brettspiel, mittlerweile ist aber auch eine sehr gelungene Onlineversion verfügbar. Okaloa Flowlab bietet aufeinander aufbauende Simulationen. Neben der wohl verbreitetsten Teamvariante gibt es weitere Simulationen wie z. B. eine Multiteamsimulation oder ein Upstream.

Zu haben sind die physikalischen brettspielartigen Sets für ca. 1.000 bis 2.000 Euro. Die Sets sind hochwertig in Taschen verpackt und enthalten z. B. abwischbare Karten, Würfel etc. Diese können Sie bei guter Behandlung sehr lange und häufig nutzen. Für die Onlinevarianten liegen Sie für einzelne Simulationen in einer Größenordnung von etwa 100 Euro, dies ist auch von Ihrem Ausbildungsstand und der gewählten Lizenz abhängig.

Okaloa Flowlab ist generisch, das heißt nicht IT-spezifisch. Der Fokus liegt eher auf flussbasierter Arbeitsweise und Business Agility statt auf der Kanban-Methode. Hier können Menschen aus den verschiedensten Branchen erfahrungsgemäß gut andocken, und die Simulation ist auch für Runden mit Führungskräften absolut geeignet.

Der Zeitaufwand beträgt für die meisten Varianten zwei bis drei Stunden. Achtung, die Simulationen bauen aufeinander auf, Sie können also z. B. nicht direkt mit der Upstream-Variante starten.

Okaloa Flowlab ist in Bezug auf die Moderation von den drei hier beschriebenen Simulationstools am anspruchsvollsten. Gleichzeitig haben Sie bei Okaloa die meisten Möglichkeiten und können sehr zuverlässig fantastische Lerneffekte generieren. Für die Ausbildung von Moderatorinnen und Moderatoren hat Okaloa ein eigenes Konzept, das stark auf Co-Moderation beruht. Für den Austausch gibt es darüber hinaus eine sehr starke und hilfreiche internationale Community.

getKanban

Sehr verbreitet ist auch das *getKanban*-Spiel. Durch das detailreiche Board und die eintretenden Ereignisse macht es den Teilnehmenden üblicherweise viel Spaß. Jedes Team simuliert die Arbeit einer kleinen Softwarefirma. Diese baut eine Onlineanwendung mit einem abonnentenbasierten Umsatzmodell. Umgesetzte Karten bringen neue Abonnenten, die wiederum Geld einbringen. Das Ziel ist es, den Gewinn zu maximieren (erfahrene Moderatorinnen können auch mit anderen Zielen arbeiten, z. B. die Laufzeiten zu reduzieren).

Spannend ist, dass finanzielle Gesichtspunkte eingearbeitet sind. Dies birgt jedoch auch die Gefahr, dass die Teams sich zu sehr auf das Gewinnen statt auf das Lernen und Erproben konzentrieren.

Ein kleiner Hinweis zur Vorsicht: Es wird ordentlich IT-Fachvokabular (z. B. *Deployments*) verwendet. Das Spiel ist außerdem nur auf Englisch verfügbar. Nach meiner Erfahrung sind Menschen aus anderen Branchen hier oftmals überfordert. Selbst für eingefleischte Softwareleute bringt das Spiel schon einiges an Komplexität mit.

Zur Moderation: Ein Set für ein Team kostet ca. 500 Euro plus Versand und Zoll aus den USA. Das Set ist recht hochwertig gestaltet, und Sie bekommen umfangreiche Hilfen und eine komplette PowerPoint-Spielanleitung zur Moderation dazu. Wenn Sie einen oder zwei Testläufe mit einer wohlgesonnenen Gruppe machen können, sollten Sie für den ersten »echten« Praxiseinsatz gerüstet sein.

Mit einer Spieldauer von etwa drei bis fünf Stunden gehört getKanban zu den Schwergewichten. Dafür bekommen Teilnehmende einen guten Einblick in die Kanban-Praktiken zum Steuern des Flusses, zu WIP-Limits, Serviceklassen, dem Sammeln grundlegender Kennzahlen und dem Erstellen von Diagrammen.

Neben der Präsenzversion als Brettspiel ist getKanban auch online verfügbar (siehe *getkanban.com*).

Weitere Simulationen und Lernspiele

Die bisher beschriebenen Simulationen sind zum Zeitpunkt der Drucklegung dieses Buchs wohl die etabliertesten bzw. am weitesten verbreiteten. Natürlich gibt es außerdem noch jede Menge weiterer Lernspiele oder Simulationen. So gibt es inzwischen auf Kanbanize basierende Simulationen, die das European Software Institute (ESICEE) anbietet. Mischen Sie sich am besten unter die lokalen Communitys wie *Limited WIP Societies* oder *Kanban User Groups*, die es in verschiedenen Regionen im DACH-Raum gibt. Auf den entsprechenden Treffen gibt es typischerweise Informationen zu aktuellen und neuen Simulationen und oftmals auch die Möglichkeit, diese auszuprobieren.

Rollen

Sie erinnern sich – Kanban ist die Methode »Beginne da, wo du heute stehst!« Dies gilt besonders auch für Rollen: Alles bleibt hier zunächst wie gehabt. Wenn Sie mit Kanban starten, verändern sich also die Rollen (ebenso wie die Organisationsstruktur) und damit das soziale Gefüge nicht. Durch die Anwendung von Kanban werden Sie nach und nach viele Erkenntnisse generieren, die dann gegebenenfalls Änderungen anstoßen können. Dies sollte jedoch am Anfang bei der Einführung der Methode vermieden werden.

Besonders in Organisationen geringer Reife fehlt es häufig an einer Übernahme von Verantwortung für den Fluss und für die Erfüllung der Kundenerwartungen. Tatsächlich hat sich herausgestellt, dass dies eine wesentliche Hürde darstellt, um Kanban-Services und -Systeme außerhalb von Teamgrenzen weiterzuentwickeln. Es haben sich daher in der Praxis – auch basierend auf Beobachtungen in Organisationen höherer Reifegrade – zusätzliche Rollen im Kanban-Umfeld herauskristallisiert. Deren Funktion besteht unter anderem darin, formelle Verantwortung zu übernehmen und Erlaubnis für bestimmte Tätigkeiten zu geben (*Permission Giving*).

Kanban definiert folgende Rollen, die zu gegebener Zeit in verschiedener dem Kontext angemessener Form umgesetzt werden können:

- *Flow Manager* (FM) – verantwortet den Lieferprozess
- *Service Delivery Manager* (SDM) – eine reifere Version des Flow Manager
- *Service Request Manager* (SRM)

Auch im deutschen Sprachraum sind diese englischen Begriffe gebräuchlich. Mögliche Näherungen in deutscher Sprache wären beispielsweise *Liefermanager* für den Flow Manager bzw. *Anfragenmanager* für den Service Request Manager. Wie mit den meisten Dingen in Kanban – Sie ahnen es – können Sie diese Rollen benennen, wie es bei Ihnen am besten passt. Oder natürlich auch im typischen Kanban-Stil eine bereits vorhandene Rolle entsprechend weiterentwickeln, ohne Rollenbezeichnungen anzutasten.

Alle Rollen werden in den folgenden Abschnitten kurz beschrieben. Abbildung 9-2 gibt vorher einen Überblick über die jeweiligen Verantwortungsbereiche: je dunkler die Farbe im Balken, desto stärker ausgeprägt die Verantwortlichkeit.

Beachten Sie, dass keine der Rollen komplett »leere« (also weiße) Bereiche in der Verantwortung hat, Verantwortlichkeiten gehen also ineinander über. Ziel ist es, einen klaren Fokus der Rollen und gleichzeitig ein gutes Zusammenwirken zu haben. Ein »Sich-gegenseitig-Bälle-über-den-Zaun-Werfen« sollten Sie unbedingt vermeiden. Der Service Request Manager beispielsweise verantwortet ganz klar den Prozess von der Anfrage bis zum umsetzungsreifen Arbeitspaket. Auch wenn dann der Flow Manager bzw. der Service Delivery Manager die Hauptverantwortung übernimmt, wird der Service Request Manager die Umsetzung aus einiger Distanz verfolgen und zur Verfügung stehen, wenn weitere Informationen oder Entscheidungen nötig werden.

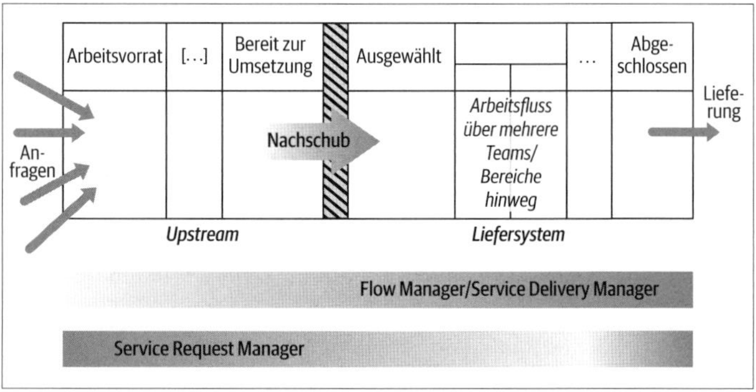

Abbildung 9-2: Überblick über Verantwortlichkeitsbereiche der verschiedenen Rollen

Für die konkrete Umsetzung der Rollen gibt es verschiedene mögliche Ausprägungen, die im Rahmen dieses Buchs nicht umfänglich behandelt werden können. Im Buch [Anderson/Bozheva 2021] finden Sie weitere Hilfestellungen.

Die in den Rollendefinitionen genannten Verantwortlichkeiten können von Einzelnen oder Gruppen von Personen (z.B. einem Team) wahrgenommen werden. Eine Person (z.B. eine Projektmanagerin) kann auch beide Rollen, also Service Request Manager und Service Delivery Manager, übernehmen.

Lassen Sie uns die einzelnen Rollen nun näher anschauen.

Flow Manager (FM)

Diese Rolle wird im folgenden Kasten beschrieben.

> **Flow Manager (FM)**
>
> Der Flow Manager verantwortet den Lieferprozess. In diesem Rahmen ist es seine oder ihre Aufgabe,
>
> - den Lieferprozess kontinuierlich zu beobachten und einen glatten Arbeitsfluss sicherzustellen,
> - funktionierende Feedback-Schleifen für den Lieferprozess sicherzustellen,
> - für eine allgemeine Kundenorientierung und eine kundenorientierte Sicht auf den Gesamtprozess zu sorgen,
> - beim Verstehen von Kundenanfragen behilflich zu sein sowie
> - sicherzustellen, dass nötige Kennzahlen erhoben werden.

Diese Rolle wird häufig von einem Teammitglied übernommen, das die notwendigen Kenntnisse und Fähigkeiten für diese Aufgabe hat. Andererseits können auch z.B. eine Teamleiterin oder die Projektleitung die Verantwortlichkeiten eines Flow Manager übernehmen.

In der alltäglichen Arbeit bedeutet diese Rolle beispielsweise, bei der Behebung von Blockaden zu unterstützen und (potenziell) lang laufende Karten früh zu erkennen und gegenzusteuern. Der Flow Manager kann außerdem das Kanban-Meeting moderieren bzw. stellt sicher, dass dies in passender Form durch eine andere Person geschieht.

Achtung, der Flow Manager hat *keine* rein moderierende Rolle!

Für die Leserinnen und Leser, die mit Scrum vertraut sind, möchte ich hier noch Folgendes sehr klar formulieren: Der Flow Manager ist kein »Scrum Master für Kanban«! Die Erwartung an den Flow Manager ist, dass er oder sie aktiv eingreift und Entscheidungen zur Organisation im Lieferprozess trifft. Natürlich kann und sollte er auch Selbstorganisation im Service unterstützen. Dafür hat er oder sie dann gemeinsam mit den Beteiligten den entsprechenden Rahmen zu etablieren und trägt weiterhin die Gesamtverantwortung.

Im Gegensatz zur als Nächstes beschriebenen Rolle des Service Delivery Manager hat diese Rolle eher einen internen Fokus, um den Fluss aktiv zu steuern und eine phasenweise Überlastung aufgrund von Turbulenzen im Fluss zu reduzieren.

Service Delivery Manager (SDM)

Der Service Delivery Manager ist eine Weiterentwicklung der Rolle des Flow Managers in Umgebungen mit einem höheren Reifegrad. Der Flow Manager unterstützt zunächst die Kundenorientierung und schafft Bewusstsein und eine effektive Steuerung des gesamten Lieferprozesses – oftmals über verschiedene Organisationseinheiten hinweg. Der Service Delivery Manager agiert in Umgebungen, deren Dienstleistung »Fitness for Purpose« als Ziel hat[3], also an den Erwartungen der Kunden ausgerichtet ist und sich anhand deren kontinuierlich weiterentwickelt.

Im Gegensatz zum Flow Manager arbeitet der Service Delivery Manager mit stärker kundenorientierten Kennzahlen. Auch das Risikomanagement für einzelne Arbeitspakete kommt hinzu, z.B. bei der Anwendung von verzögerungskostenbasierten Serviceklassen. Er oder sie entwickelt ebenfalls die Feedback-Schleifen weiter.

Der Fokus im Verantwortungsbereich wandert nun flussaufwärts zur dritten Rolle, dem Service Request Manager.

Service Request Manager (SRM)

Der folgende Kasten enthält die Rollenbeschreibung des Service Request Manager.

3 Mehr Informationen finden Sie in [Anderson/Zheglov 2018] und auf *fitterforpurpose.com*.

Service Request Manager (SRM)

Der Service Request Manager verantwortet die Upstream[4]-Aktivitäten, das heißt von der Anfrage bis zum Beginn des Liefersystems.

Dazu hat er oder sie folgende Zuständigkeiten:

- Sorgt für ein Verständnis der Bedürfnisse und Erwartungen der Kunden.
- Entwickelt unter Einbeziehung der Beteiligten einen konsistenten Prozess zur Ausarbeitung der Anfragen.
- Sorgt für die optimale Steuerung des Flusses der Optionen (also der angefragten Arbeit), orientiert an der Leistungsfähigkeit des Liefersystems.
- Unterstützt im Nachschubmeeting bei der Auswahl und Einordnung von Arbeitspaketen.
- Sorgt für funktionierende Feedback-Schleifen im Bereich Upstream, unterstützt Feedback-Schleifen im Liefersystem.
- Sorgt für strategische Ausrichtung der getroffenen Entscheidungen.
- Managt Risiken im Upstream-Bereich.

Diese Rolle ist oftmals erst in Organisationen höherer Reife voll ausgeprägt. Erfahrungsgemäß ist es hilfreich, sich zumindest mit der Frage zu beschäftigen, wer in diesem Bereich die Verantwortung trägt, und diese Rolle dann gegebenenfalls schrittweise zu entwickeln. Diese Rolle wird häufig von Produktmanagern, Product Ownern, Projekt- oder Teamleitenden ausgeführt.

Nach meinen Beobachtungen findet sich in diesem Bereich (also von der Anfrage bis zum Beginn des Lieferprozesses) tatsächlich oft ein Verantwortungsvakuum. Natürlich gibt es in den Organisationen Personen, die sich mit der inhaltlichen Analyse und der Priorisierung von Anfragen befassen. Eine flussorientierte Betrachtung und tatsächlich eine aktive Koordinierung fehlen jedoch häufig.

4 Siehe auch das Kapitel 13, *Upstream Kanban*.

Ein SRM sorgt also zum einen konkret dafür, dass zum richtigen Zeitpunkt die richtigen und ausreichend vorbereiteten Arbeitspakete zum Ziehen (Pull) in das Liefersystem zur Verfügung stehen. Andererseits muss er sicherstellen, dass es einen konsistenten Prozess auf dem Weg dahin gibt. Dazu kann er oder sie beispielsweise explizite Regeln für das Managen der Optionen und auch das Aussondern oder Ablehnen von Anfragen etablieren.

Zur Unterstützung Ihrer Kanban-Initiative und auch zur Ausbildung der Rollen sind Schulungen ein wesentlicher Baustein. Wir wenden uns daher nun der Trainingsstrategie zu.

Trainingsstrategie

Die Erfahrungen vieler Kanban-Coaches und auch die *State of Kanban*-Umfragen (*https://kanban.university/state-of-kanban/*) zeigen sehr klar: Der frühzeitige Aufbau von Kanban-Wissen in Organisationen ist ein wichtiger Erfolgsfaktor für Kanban-Einführungen: Die Chance, nachhaltige Systeme zu etablieren, die langfristig Bestand haben und zu spürbaren Verbesserungen in der Zusammenarbeit und der Dienstleistungsqualität führen, steigt deutlich, wenn Kanban-Wissen vorhanden ist.

Die Grundformel für die Trainingsstrategie ist recht einfach: von Anfang an breites Basiswissen sowie gezielt bei Schlüsselpersonen tiefes Wissen aufbauen. Die Pyramide in Abbildung 9-3 stellt dies schematisch dar.

Zur Orientierung: Es hat sich bewährt, pro Gruppe aus etwa 15 Kanban-Anwendern ein bis zwei Personen (*Systementwickler*) mit tieferem Wissen auszubilden. Damit können Sie kontinuierliche Verbesserungen aus eigener Kraft vorantreiben. Im weiteren Verlauf Ihrer Kanban-Reise wird sich die Ausbildung von Kanban-Coaches, die Organisationsentwicklung noch stärker voranbringen können, auszahlen. Die Kanban University bietet auf diese Bedarfe ausgerichtete Trainings an, vom »Team Kanban Practitioner« über den »Kanban Management Professional« hin zum »Kanban Coaching Professional«.

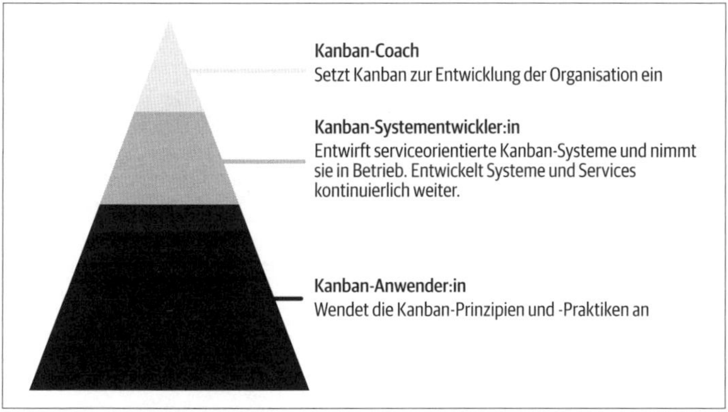

Abbildung 9-3: Trainingspyramide

Nachdem Sie mit Basiswissen ausgerüstet sind, können Sie Ihren Systementwurf in Angriff nehmen. Ein methodisches Vorgehen dazu lernen Sie im nächsten Kapitel kennen.

KAPITEL 10

Kanban Design Workshops

Möglicherweise scharren Sie nun schon ungeduldig mit den Hufen: Kommt jetzt endlich das Board an die Wand? An dieser Stelle wird sich ein wenig Geduld auszahlen. Bitte malen Sie nicht einfach eine Tabelle mit drei Spalten.

Noch einmal zur Erinnerung: Ein Board allein ist noch kein Kanban-System! Zweifellos ist das Kanban-Board wohl das sichtbarste Element eines Kanban-Systems und für den Start fundamental. Daneben gehören zu einem Kanban-System jedoch auch weitere Bestandteile, wie vereinbarte Regeln und Regelmeetings sowie erste Kennzahlen. Dieses System wird den Rahmen für Ihre Arbeitsorganisation darstellen.

In diesem Kapitel lernen Sie daher als praktische Hilfestellung zum Entwurf Ihres Kanban-Systems das Vorgehensmodell des Kanban Design Workshop (KDW) kennen. Sie erhalten durch dessen Anwendung ein passgenaues System für Ihren konkreten Einsatzzweck, das Sie dabei unterstützen wird, Ihre Arbeit effektiv zu steuern und zu verbessern.

Kanban Design Workshop (KDW)

Der *Kanban Design Workshop*, auch bekannt als STATIK (*Systems Thinking Approach to Implementing Kanban*), ist ein bewährtes und ganzheitliches Vorgehensmodell, um ein Kanban-System zu entwerfen.

Er bietet Ihnen einen pragmatischen Weg, ein für Ihre Umgebung passendes und an Ihren Dienstleistungen ausgerichtetes Kanban-System entwerfen und am nächsten Tag in Betrieb nehmen zu können.

Aus der Erfahrung von Dutzenden durchgeführter Kanban Design Workshops kann ich Ihnen berichten, dass neben dem Board-Entwurf und den Vereinbarungen ein sehr wichtiges »Nebenprodukt« sozialer Art entsteht: der Abgleich verschiedener Sichtweisen auf die gemeinsame Arbeitsumgebung, die Entwicklung eines besseren Verständnisses für das Gesamtbild und oft auch etwas Stolz (»Wow, was wir alles so leisten!«).

Daher vermeiden Sie es möglichst, ein Kanban-System mal eben schnell allein am Whiteboard zu entwerfen. Auch wenn das Ergebnis nicht unbedingt »falsch« sein wird, vergeben Sie sich viele Chancen für einen wertvollen Austausch und Vereinbarungen im Team und machen sich den Start mit Kanban unnötig schwer. Abbildung 10-1 gibt einen Überblick über die verschiedenen Schritte im Prozess.

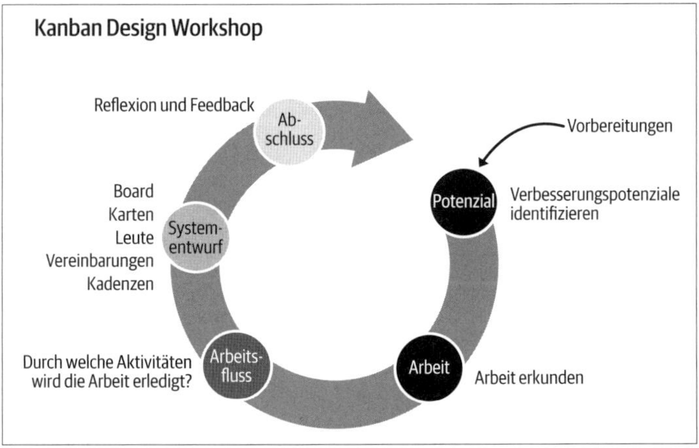

Abbildung 10-1: Überblick über Stufen eines Kanban Design Workshop

Die folgende Liste beschreibt die Stufen im Prozess:

1. Vorbereitungen.
2. Verbesserungspotenziale identifizieren: Welche Unzufriedenheiten gibt es, die Motivation zur Veränderung erzeugen?

3. Arbeit erkunden: Welche Anfragen werden gestellt, von wem und in welchen Mustern?
4. Arbeitsfluss: Durch welche Aktivitäten wird diese Arbeit erledigt?
5. Systementwurf: Vereinbarung des initialen Board- und Kartendesigns, grundlegender Regelungen und Regelmeetings.
6. Reflexion und Feedback.

In den nächsten Abschnitten lernen Sie diese Stufen des Workshops beginnend mit den nötigen Vorbereitungen näher kennen.

Achtung, der Prozess ist iterativ, es kann durchaus vorkommen, dass Sie in Folgestufen vorher Übersehenes entdecken. Beispielsweise finden sich beim Betrachten des Arbeitsflusses häufiger bis dahin noch unentdeckte Arbeitstypen. Gehen Sie dann kurz zurück und vervollständigen Sie das Bild. Seien Sie also den ganzen Workshop über offen, Neues zu entdecken.

Den Kanban Design Workshop vorbereiten

Beginnen wir nun mit den nötigen Vorbereitungen für einen Kanban Design Workshop.

Den Boden bereiten

Die folgenden Punkte sollten Sie adressieren, ehe Sie mit dem Workshop starten:

- Vereinbaren Sie den Umfang des Boards: Die Arbeit welches Teams bzw. welcher Service soll gesteuert werden?
- Entwickeln Sie möglichst eine Beschreibung des Service.
- Bereiten Sie das Board (analoges Board oder digitales Tool, siehe den Abschnitt »Digitales Kanban-Tool?!« auf Seite 210) vor, sodass der Entwurf direkt im Anschluss an den Workshop umgesetzt werden kann.
- Analysieren Sie die aktuell vorhandene Leistungsfähigkeit des oder der Serviceteams. Diese Informationen fließen in den Systementwurf ein.

- Identifizieren Sie die zukünftigen Beteiligten: Wer wird mit dem System arbeiten? Stellen Sie zumindest eine gute repräsentative Auswahl für den Kreis der Teilnehmenden des Kanban Design Workshop sicher.

In den folgenden Abschnitten werden diese Punkte noch weiter erläutert. Das Ziel des Entwurfsworkshops ist es, am nächsten Tag mit der Inbetriebnahme des Kanban-Systems starten zu können.

Machen Sie gegenüber den Beteiligten deutlich, was sie erwarten können: Das Ergebnis des Workshops wird »nur« der Entwurf des Systems z.B. auf einem Whiteboard (haptisch oder digital) sein. Die Übertragung erfolgt nachher im kleinen Kreis!

Bei der Verwendung eines digitalen Tools sollten Sie für diese Übertragung bei halbwegs ausdefinierten Systemen ein paar Stunden im kleineren Kreis (z.B. mit den Administratoren) einplanen.

Den Service beschreiben

Beim Lesen des folgenden Abschnitts kommt Ihnen eventuell der Verdacht, dass Ihre Organisation mit dieser serviceorientierten Betrachtungsweise (noch) überfordert ist. Das kann z.B. aufgrund eines ausgeprägten Abteilungsdenkens (»Silos«) oder schwach ausgeprägten Vertrauens und mangelnder Transparenz der Fall sein. Starten Sie in diesem Fall mit Ihrem Team mit einer etwas stärker nach innen orientierten Sichtweise als Näherung an den Service: Was sind die Aufgaben, die das Team bearbeitet?

Zurück zu den Services – lassen Sie uns auf die Suche nach diesen begeben. Die Beschreibung von Services ist ein effektives Mittel, um das Denken in starren Teamstrukturen zu vermeiden. Die Identifizierung und Verfolgung von Services von ihrer Anfrage bis zur Lieferung zwingt Sie, alle beteiligten Aktivitäten und Akteure unabhängig von deren Zugehörigkeit zu irgendwelchen Kästchen in Organigrammen zu betrachten.

Lesen Sie dazu gegebenenfalls den Abschnitt »Die Kanban-Linse« auf Seite 59 nochmals durch. Außerdem ist folgende Metapher hilfreich, um Services zu identifizieren: Stellen Sie sich einen Tresen vor, hinter dem ein Mitarbeiter die Anfragen Ihrer Kunden entgegennimmt. Wer kommt zu Ihnen, was wird angefragt, wie werden diese Anfragen erfüllt, wer bekommt die Lieferung?

Eine gute Möglichkeit, die identifizierten Services zu beschreiben, ist die an das Format der User Story[1] angelehnte Formulierungsvorlage, die Sie im folgenden Kasten finden.

> ### Einen Service beschreiben
>
> Wer fragt an und bekommt das Ergebnis? Was wird damit ermöglicht? Was wird angefragt?
>
> **Wir liefern** *Service*, **damit** *Kunden/Kollegen/Abteilung(en)* **den** *Mehrwert/Zweck/das Ziel* **erbringen können.**

Zum Beispiel: »Wir entwickeln, planen und koordinieren Studiengänge der Fakultät XYZ, damit Studierende eine effektive Umgebung zum Lernen vorfinden und die Fakultät attraktive Angebote anbieten kann.«

Eine nicht so gelungene Beschreibung wäre z. B.: »Wir machen SAP, damit die Firma Geld verdienen kann.« Etwas konkreter und nützlicher: »Wir betreiben und entwickeln die internen SAP-Systeme für die Bereiche Finance und Sales kontinuierlich weiter, damit diese ihre Funktionen effektiv und effizient erfüllen können.«

Analyse der vorhandenen Leistungsfähigkeit

Neben dem Verständnis für den Service bzw. dem betrachteten Arbeitsbereich ist es hilfreich, ein grobes Verständnis (z. B. ein Mengengerüst) von der derzeitige Leistungsfähigkeit des Liefersystems in den Workshop mitzubringen. Dies sind nützliche und wichtige Informationen für die Entwurfsentscheidungen. Eine typische Frage wäre z. B.: »Wie viele Anfragen dieser Art gibt es pro Monat?« Das

1 Eine Technik aus der agilen Softwareentwicklung, in der Kundenanforderungen aus deren Sicht beschrieben werden.

kann später bei der Entscheidung helfen, ob diese Kategorie eine eigene Zeile auf dem Board wert sein könnte.

Achtung, hier nochmals die Erinnerung: Wir denken in Systemen. Es geht nicht um einzelne Personen. Lesen Sie die Überschrift also am besten als »Leistungsfähigkeit des Systems«.

Suchen Sie nach ein paar Freiwilligen, die gemeinsam mit Ihnen vorhandene Daten durchstöbern, um die aktuelle Leistungsfähigkeit beschreiben zu können. Auch fehlende Daten sind eine wertvolle Erkenntnis! Nutzen Sie dies als Chance für Vereinbarungen von Aktionen, um diese zukünftig zu sammeln.

Wonach suchen wir? Im Kern sind es die Kennzahlen, die Sie beim ersten »V« (Verstehen) kennengelernt haben:

- Anfragevolumen: Welche Anfragen von welcher Art gab es durch die Kunden pro Zeiteinheit, z. B. Woche oder Monat?
- Lieferraten: gelieferte Dienste pro Zeiteinheit. Bei schnelllebigen Services z. B. Karten pro Tag oder Woche, bei Initiativen abgeschlossene pro Jahr. Werden diese gleichmäßig oder ungleichmäßig geliefert, gibt es hier saisonale Spitzen?
- Reaktionsfähigkeit, gemessen in Laufzeiten: Wie lange hat es jeweils gedauert, diese Anfragen zu liefern?
- Weitere Kennzahlen wie Flusseffizienz, Abbruchraten und Fehlerquoten können ebenfalls hilfreich sein, falls ermittelbar.

Sie benötigen dazu historische Daten der letzten Monate oder Jahre. In den wenigsten Organisationen werden Sie sie direkt mit diesen Bezeichnungen finden. Keine Panik, das bekommen Sie in der Regel hin. Falls Sie nicht mit Excel auf Kriegsfuß stehen, gibt Ihnen der nächste Abschnitt hierzu ein paar praktische Tipps.

Ermittlung flussorientierter Kennzahlen

Als Erstes gilt es, gegebenenfalls verstreute Datenschätze zu suchen und zu heben. Fragen Sie in Ihrem Arbeitsumfeld nach Excel-Dateien und schauen Sie nach den Exportfunktionen Ihrer Ticketmanagementsysteme oder Ihres Projektmanagementsystems. Im Kern benötigen Sie Start- und Enddaten von gelieferten Arbeitspaketen eines Service, gegebenenfalls auch gebuchte Aufwände (für die Kalkulation der ungefähren Flusseffizienz). Damit können Sie jede Menge anfangen!

Ich zeige Ihnen nun, wie Sie sie ganz leicht in flussorientierte Kanban-Kennzahlen »übersetzen«. In Abbildung 10-2 sehen Sie als Beispiel Daten zu Beginn und Ende der Bearbeitung von Arbeitspaketen, die aus einem Ticketing-System exportiert wurden. Diese wurden genutzt, um die Laufzeit zu berechnen.

SUMME | fx =B2-A2

	A	B	C
1	Start	Ende	Laufzeit (in Tagen)
2	12.01.22	30.03.22	=B2-A2
3	05.02.22	10.02.22	5
4	15.11.22	03.01.23	49
5	10.10.22	23.11.22	44

Abbildung 10-2: Ermittlung von Laufzeiten aus Start- und Endterminen in Excel

Die gleichen Ausgangsdaten können Sie nutzen, um Lieferraten z. B. von Arbeitspaketen pro Kalenderwoche zu ermitteln. In Abbildung 10-3 sehen Sie einen groben Ansatz. Der Kern ist hierbei die Funktion KALENDERWOCHE() in Excel. Damit sich keine Verfälschungen durch mehrere Jahre ergeben, empfiehlt sich eine Verkettung mit dem Jahr. Die Formel dazu könnte so aussehen:

```
=VERKETTEN(JAHR(B5);"/KW";KALENDERWOCHE(B5))
```

D5 | fx =VERKETTEN(JAHR(B5);"/KW";KALENDERWOCHE(B5))

	A	B	C	D
1	Start	Ende	Laufzeit (in Tagen)	Lieferwoche
2	12.01.22	30.03.22	77	2022/KW14
3	05.02.22	10.02.22	5	2022/KW7
4	15.11.22	03.01.23	49	2023/KW1
5	10.10.22	23.11.22	44	2022/KW48

Abbildung 10-3: Ermittlung von Lieferraten aus Start- und Endterminen in Excel

Falls Sie daraus Diagramme generieren möchten, bietet es sich an, für einstellige Wochenzahlen eine Null einzuschieben, damit die Sortierung stimmt. Die Formel sieht dann so aus:

```
=VERKETTEN(JAHR(B3);"/KW";WENN(KALENDERWOCHE(B3)
<10;"0";"");KALENDERWOCHE(B3))
```

Im Fall unregelmäßiger Lieferraten und Wochen ohne Lieferung füllen Sie entsprechend mit leeren Wochen auf, damit das Bild nicht verfälscht wird. Anschließend können Sie die Anzahl der gelieferten Arbeitspakete pro Kalenderwoche, also die Lieferrate, mittels ZÄHLENWENN() oder auch mit einer einfachen Pivot-Tabelle ermitteln. Natürlich können Sie statt KALENDERWOCHE() auch z.B. MONAT() oder JAHR() nutzen.

Nun, ich denke, ich habe Sie auf den Weg gebracht, von hier können Sie Ihre eigenen Excel-Tricks anwenden.

Mit den eben beschriebenen Methoden werden Sie sicher ein paar Daten ausfindig machen können, um ein quantitatives Gefühl zu bekommen. Sorgen Sie sich jedoch nicht – auch wenn Sie ohne Daten zur Leistungsfähigkeit starten (müssen), wird der Ansatz des Kanban Design Workshop funktionieren. Sie werden an der einen oder anderen Stelle halt einfach Annahmen treffen oder intuitiv entscheiden müssen.

Die Vorbereitungen sind nun so weit abgeschlossen, es gilt, die Einladungen zu versenden!

Teilnehmerkreis für den Workshop

Vermeiden Sie es unbedingt, das Board allein »im stillen Kämmerlein« zu entwerfen. Zum einen würden Sie damit die Akzeptanz des zukünftigen Arbeitssystems bei den Beteiligten erschweren. Zum anderen vergäben Sie damit viele Vorteile, die Sie durch ein partizipatives Vorgehen gewännen.

Wen sollten Sie einladen? Der Teilnehmerkreis sollte die Gruppe der Menschen, die mit dem System arbeiten werden, gut repräsentieren. Maximal können etwa 10 bis 15 Personen an dem Workshop teilnehmen. Es ist sehr hilfreich, wenn ein Großteil der Teilnehmenden zumindest über Grundkenntnisse der Kanban-Methode verfügt.

Nachdem Sie die nötigen Vorbereitungen getroffen haben, können Sie die Durchführung eines Kanban Design Workshop starten bzw. eine andere Person mit der Moderation beauftragen. Hierfür gibt es im nächsten Abschnitt praktische Tipps.

Einen Kanban Design Workshop durchführen

Nach meiner Erfahrung sind die Leitsätze im unten stehenden Kasten eine gute Basis für die erfolgreiche Durchführung eines Kanban Design Workshop.

Leitsätze für die Moderation eines Kanban Design Workshop

- »Manage Work, not Workers!« Der primäre Fokus liegt auf der Arbeit und den damit verbundenen Aktivitäten. Ziel ist ein Kanban-System, das den Fluss der Arbeit realistisch abbildet. Wer konkret wo involviert ist, hat nachrangige Bedeutung.
- »Beginne dort, wo du dich heute befindest!« Achten Sie kontinuierlich darauf, im Hier und Jetzt zu bleiben. Kein Wunschdenken!
- Es gibt bei der Gestaltung von Systemen verschiedene Möglichkeiten für die Modellierung, aber kein richtig oder falsch. Ermutigen Sie die Gruppe, eine Entscheidung zu treffen und diese in der Praxis auszuprobieren!
- Im Zweifel die einfachere Variante wählen! Wenn z. B. unklar ist, ob eine extra Spalte nötig ist, probieren Sie es ohne sie und schauen, wie das in der Praxis funktioniert.
- Man entwirft Kanban-Systeme nicht für, sondern mit Menschen. Achten Sie auf einen repräsentativen Querschnitt bei den Teilnehmenden!

Außerdem hilft bei der Durchführung tatsächlich Erfahrung, wenn auch »nur« aus der Sicht eines Teilnehmenden. Wenn Sie die Möglichkeit haben, starten Sie mit der Moderation eines Workshops in einem bekannten Umfeld und in einem kleineren Umfang. Sie werden dann routinierter. Nach einer gewissen Anzahl Workshops wird Ihnen die Denkweise in Fleisch und Blut übergegangen sein, und Sie werden mit »unbewusster Kompetenz« in diesen Bahnen denken.

Überblick über den Ablauf

Einen typischen Ablauf eines Kanban Design Workshop (bzw. einer Serie von kürzeren Workshops) fasst Tabelle 10-1 zusammen. Die Zeiten geben eine grobe Orientierung für ein durchschnittliches System mit einer Handvoll Arbeitstypen und maximal zwei verschiedenen Arbeitsflüssen.

Wenn Sie unsicher sind oder das Gefühl haben, dass sich die Umsetzung etwas schwieriger gestalten könnte, empfehle ich Ihnen, den Workshop von vornherein in mehreren Teilen zu planen und durchzuführen. Dies wird Ihnen erlauben, die Risiken besser zu managen.

Erfahrungsgemäß funktioniert es gut, die Schritte 1 (Potenziale) und 2 (Arbeit) in einem ersten Teil zu bündeln. Auf dieser Basis können Sie dann die folgenden Teile feiner abstimmen und weiter konkretisieren. Sie können z. B. den Kreis der Teilnehmenden nachjustieren oder auch die parallele Arbeit von Gruppen planen.

Tabelle 10-1: Ablauf eines Kanban Design Workshop

Schritt	Zweck	Typische Dauer
--	Eröffnung: Den Teilnehmenden ermöglichen, im Thema anzukommen. Eine vertrauensvolle Atmosphäre schaffen und Ziele des Workshops vermitteln. Leitsätze transportieren.	10 min
1	Verbesserungspotenziale	20 bis 30 min
2	Arbeit erkunden	30 min
3	Arbeitsfluss	30 bis 60 min

Tabelle 10-1: Ablauf eines Kanban Design Workshop (Fortsetzung)

Schritt	Zweck	Typische Dauer
4	Systementwurf	ca. 60 bis 120 min
5	Abschluss: Was haben Sie und die Teilnehmenden entdeckt und gelernt? Wann möchten Sie eine erste Überprüfung durchführen?	15 min

Ein KDW kann sehr gut auf mehrere Termine aufgeteilt werden. Falls Sie die Möglichkeit haben, alle Beteiligten für einen halben oder ganzen Tag zusammenzubekommen, können Sie den gesamten Workshop natürlich auch an einem einzigen längeren Termin durchführen.

Wichtig: Das Ergebnis umfasst nur den Entwurf des Boards, nicht dessen tatsächliche Umsetzung in einem elektronischen Tool oder sauber am Whiteboard. Die darauffolgende Umsetzung ist in der Regel nochmals zeitaufwendig und kann im Anschluss an den Workshop von einer kleinen Gruppe Freiwilliger erfolgen.

Eröffnung des Workshops

Nehmen Sie sich auf jeden Fall ein paar Minuten, um Ihre Teilnehmenden gut auf die anstehenden Aufgaben einzustimmen. Formulieren Sie realistische Erwartungen und betonen Sie den Wert des Abgleichs und der als Nebenprodukt enthaltenen Vereinbarungen sowie des gemeinsam erarbeiteten Verständnisses der Arbeitsweise.

Erläutern Sie die Zielsetzung. Bewährt hat sich: Wir möchten morgen das Board in Betrieb nehmen, mit der aktuellen Arbeit befüllen und damit weiterarbeiten. Der Zweck des zu schaffenden Systems ist es, gemeinsam die Arbeit besser zu steuern und Verbesserungen kontinuierlich und zielgerichtet voranzutreiben, der Zweck ist nicht die Kontrolle Einzelner.

Betonen Sie, dass es sich um den ersten Entwurf handelt und sowohl das Board als auch sämtliche getroffenen Vereinbarungen regelmäßig weiterentwickelt werden. Geben Sie einen kurzen Überblick über die Stufen dieses Workshops, die Sie gemeinsam durchlaufen werden, und betonen Sie den interaktiven Ansatz: Jede Stufe kann neue Erkenntnisse liefern. Unterstützen Sie das am besten visuell.

Betonen Sie nochmals den Zweck des Workshops: die gemeinsame Erarbeitung und Vereinbarung des initialen Kanban-Systems, das sich dann im Laufe der Nutzung kontinuierlich weiterentwickeln wird. Es geht also um die Startaufstellung.

Fassen Sie kurz die Ergebnisse der Vorbereitung zusammen. Wichtig ist vor allem der Umfang des zu entwerfenden Systems: Um welchen Service oder welches Team geht es? Was ist ausdrücklich nicht Teil des Workshops?

Weisen Sie auf den Bereich *Vereinbarungen* hin (Flipchart oder auch Bereich auf dem virtuellen Whiteboard), in den Sie kontinuierlich Notizen hinterlegen werden, die Sie zum Schluss dann zu einer gemeinsamen Vereinbarung entwickeln können. Dies sind typische Inhalte:

- Was kommt nicht auf das Board?
- Welche Arbeitstypen gibt es?
- Nutzung von Karten, Farben und Zeilen.

Nachdem Sie nun alle eingestimmt haben, können Sie den ersten Schritt im Workshop angehen.

Schritt 1: Verbesserungspotenziale identifizieren

In diesem ersten Schritt wird erforscht, welche Unzufriedenheiten es mit der aktuellen Arbeitsweise und -organisation gibt. Dabei betrachtet man sowohl die »interne« Sichtweise derjenigen, die mit dem Kanban-System arbeiten (werden), als auch die »externe«, das heißt die der Kunden.

Eventuell sind Sie hiervon überrascht. Sie hätten etwas anderes erwartet, denn was hat das mit dem Board zu tun? Bitte nehmen Sie sich trotzdem Zeit, über diese Fragen gemeinsam nachzudenken. Erfahrungsgemäß kommen wichtige Informationen zutage, die Sie im weiteren Verlauf gut nutzen können. Beispielsweise wird es der Akzeptanz zuträglich sein, wenn Sie bei der Gestaltung des ersten Systementwurfs direkt einige der Unzufriedenheiten adressieren und damit gut bei den Leuten »andocken«. Außerdem bekommen Sie dadurch ein Gefühl dafür, ob es überhaupt eine Motivation für Veränderung (und damit ausreichend Antrieb für Ihre Kanban-Initiative) gibt.

Ich habe bereits mehrfach Workshops abgebrochen oder aufgeschoben, weil kaum Unzufriedenheiten geäußert wurden. Die Erfahrung hatte gezeigt, dass es in diesen Fällen sehr schwierig bis unmöglich ist, Kanban wirklich nachhaltig umzusetzen.

Eine mögliche Ursache dafür wäre zum einen, dass Mitarbeitende sich nicht trauen, Unzufriedenheiten zu äußern, weil z.B. die Firmenkultur keine Spielräume dafür lässt. Dem können Sie vorbeugen durch das Schaffen eines sicheren Raums in der Anmoderation und z.B. durch eine externe (zumindest abteilungsexterne) Moderation sowie eine geeignete Vorbereitung durch die Führungskräfte (»Nutzt die Chance, hier offen eure Unzufriedenheiten zu äußern!«).

Häufiger habe ich den Fall erlebt, dass Teams in einer Blase der Glückseligkeit eingebettet sind, während drum herum »das Haus brennt«. Sie könnten in solch einem Fall die Unterstützung von Führungskräften suchen. Gegebenenfalls erzeugen diese in solch einer Situation durch Spiegelungen und Rückkopplungen ein realistischeres Bild. Hierzu können z.B. Daten oder Aussagen bezüglich der Zufriedenheit von internen und/oder externen Kunden genutzt werden oder das Kommunizieren von beispielsweise strategischen Zielen oder Änderungen, für die neue Fähigkeiten etabliert werden müssen.

Zurück zum Vorgehen – zu Ihrer Beruhigung: In den meisten Fällen werden Sie von Ihren Workshopteilnehmenden in dieser Stufe reichlich Futter bekommen. Beispiele für Unzufriedenheiten finden Sie in unten stehenden Listen. Natürlich gibt es hier viele weitere Möglichkeiten.

Beispiele für interne Unzufriedenheit:

- Ich kann nicht in Ruhe arbeiten.
- Alles ist gleich super wichtig!
- Wir müssen ständig umplanen, das kostet Zeit und Motivation.
- Unser Zulieferer XYZ ist unzuverlässig.

- Wir werden erpresst, Liefertermine zuzusagen, aber uns fehlen dazu belastbare Daten.
- Wir haben keine Zeit, in die Plattformtechnologien zu investieren, und häufen technische Schulden an.
- Wir haben zwei Spezialisten für XY, und die sind total überlastet.
- Am Ende jedes Quartals bricht hier die Hölle los, und wir werden komplett überflutet mit Arbeit!
- Wir schaffen es oft nicht, die Qualität zu liefern, die unserem professionellen Anspruch gerecht wird.
- Für bestimmte Anfragen benötigen wir die Zuarbeit eines anderen Teams, das dauert dann ewig.

Neben diesen »internen« Unzufriedenheiten der Personen, die mit dem System arbeiten, betrachten wir auch die sogenannten »externen« Unzufriedenheiten. Mit »extern« sind dabei die Kunden gemeint (Sie erinnern sich, die Anforderer Ihrer Dienstleistungen). Nehmen Sie dazu deren Perspektive ein oder befragen Sie sie (oder auch als deren Vertreter agierende Personen). Auch dies ist eine sehr gute Gelegenheit, in Kommunikation zu treten und Erwartungen (besser) kennenzulernen.

Beispiele für externe Unzufriedenheit:

- Die Lieferung ist unzuverlässig. Zugesagte Termine werden nicht eingehalten.
- Anfragen werden erst nach Tagen beantwortet.
- Das Produkt ist toll, aber wehe, man hat ein Problem, dann dauert es ewig, bis der Kundendienst sich zurückmeldet.
- Die vereinbarten Service Level Agreements werden oft gerissen.
- Standardanfragen werden zuverlässig bearbeitet. Aber sobald es komplexer wird, scheint bei denen intern ein Pingpong loszugehen, und es passiert wochenlang nichts.
- Es ist schwierig, Zusagen über Liefertermine zu bekommen.
- Die schaffen viel zu wenig! Damit können wir unsere Ziele nicht erreichen.

In einem meiner Projekte stellte sich heraus, dass ein Team zwar wusste, dass es deutliche Unzufriedenheiten beim Kunden gab, dazu aber keine detaillierten Informationen hatte. Wir luden deshalb im Anschluss an den Workshop Vertreter der Kunden ein, die bekanntermaßen unzufrieden waren. In diesem Treffen ließen wir uns dann von den Kunden erklären, was diese vom Service hielten und wieso sie unzufrieden waren. Dabei kam heraus, dass diese tatsächlich nur mit einem Teil der für sie durchgeführten Analysen unzufrieden waren. Manchmal benötigten sie nämlich schnell (aber etwas unpräzisere) Ergebnisse und konnten nicht monatelang auf die sehr präzise Bearbeitungsart warten. Als Ergebnis wurden zwei Arbeitstypen definiert, die dann differenziert behandelt wurden.

Zurück zum Kanban Design Workshop: Mit Kanban wird das Ziel verfolgt, den Bedarf (d.h. alles, was die Kunden anfragen) mit den tatsächlichen Leistungsfähigkeiten in Balance zu bringen. Dazu muss ein Verständnis für beide Seiten der Gleichung erarbeitet werden. Die Grundlage dafür wird mit den nachfolgend beschriebenen Schritten 2 und 3 gelegt.

Schritt 2: Die Arbeit erkunden

Ziel dieses zweiten Schritts ist es, ein qualitatives und quantitatives Verständnis dafür zu entwickeln, welche Dienste angefordert, das heißt, welche Arbeit denn geleistet werden soll. Sollten Sie jetzt denken: »Das ist doch klar!«, machen Sie sich auf Überraschungen gefasst. Tatsächlich sind Organisationseinheiten in den allerwenigsten Fällen in der Lage, die Arbeitsanfragen (mit dem inhaltlichen Mix und den zeitlichen Mustern), die bei ihnen eintreffen, gut zu beschreiben.

Erklären Sie den Teilnehmenden zu Beginn den Begriff des *Kunden* (siehe auch den Abschnitt »Kunden und Services« auf Seite 46). Die Metapher »Wir haben einen Servicetresen. Wer kommt zu uns, und was wollen diese Personen und Parteien?« eignet sich gut in der Anmoderation. Lassen Sie die Teilnehmenden dann zunächst Arbeitstypen auf Stickies sammeln.

Stellen Sie im Anschluss die folgenden Fragen, um die angeforderten Anfragen näher zu erkunden:

- Wer fragt an?
- Was wird angefragt, und gibt es verschiedene Ausprägungen (z.B. einfach/komplex)?
- Über welche Kanäle kommt der Bedarf an?
- Was sind die Eigenschaften der Anfragen (siehe Tabelle 5-1 auf Seite 113)?
- Gibt es zeitliche Muster, z.B. eine große Welle zu Quartals- oder Saisonbeginn? Welche Bedarfe sind planbar, welche nicht? In welchem Grad sind sie steuerbar und abweisbar?
- Gibt es differenzierte Erwartungen beispielsweise an die Lieferzeit? Verschiedene Dringlichkeiten? Feste Termine?

Hier nochmals der kurze Hinweis: Falls die Teilnehmenden mit diesen Fragen (noch) überfordert sind, stellen Sie einfachere Fragen:

- Welche Arbeit erledigen wir als Team?
- Welche verschiedenen Arten von Arbeit haben wir, die wir mit verschiedenen Arbeitsabläufen bewältigen?

Für die gemeinsame Erarbeitung und Visualisierung im Workshop eignet sich eine Tabelle mit den identifizierten Arten der Arbeit (Arbeitstypen) und den gesammelten Informationen in den jeweiligen Zeilen. Hier bieten sich oftmals sowohl Chancen als auch die Notwendigkeit für einen Abgleich der Bezeichnungen. Bewährt hat sich hier: Name des Arbeitstyps, Kurzbeschreibung, ein bis zwei bekannte Beispiele.

Nachdem Sie diese Aufstellung erarbeitet haben, können Sie die jetzt zusammengetragenen Ergebnisse der in der Vorbereitung durchgeführten Analyse der Leistungsfähigkeit kurz gegenüberstellen. Eventuell liefert diese noch eingehendere Informationen zum Verbesserungspotenzial, z.B. zu Ungleichgewichten insgesamt oder in bestimmten Bereichen.

Schritt 3: Den Arbeitsfluss modellieren

Langsam, aber sicher nähern wir uns einem Kanban-Board, aber ein klein wenig Geduld ist noch nötig. Eventuell formt sich hier bereits ein grobes Bild davon, wie das zukünftige Board aussehen könnte, vor Ihren Augen.

In diesem dritten Schritt erkunden Sie für jeden entdeckten Arbeitstyp den jeweiligen Arbeitsfluss, das heißt die Reihe von Aktivitäten, mit der dieser erbracht wird. Vermeiden Sie bitte Abteilungsbezeichnungen und benennen Sie stattdessen die vorherrschenden Tätigkeiten. Schauen Sie möglichst durch die Kanban-Linse und erinnern Sie sich und Ihre Mitstreitenden auch an das Serviceprinzip Nummer zwei: »Steuere die Arbeit, erlaube Selbstorganisation darum herum«. Beispielsweise statt:

»Fachbereich – Anforderungsmanagement – Entwicklung – Anforderungsmanagement«

formulieren Sie:

»Anforderung trifft ein – Analyse – Genehmigung – Umsetzung – Teststufe 1 – fachliche Abnahme – Produktivsetzung«

Damit wirken Sie dem Abteilungsdenken entgegen und ebnen den Weg für übergreifende Zusammenarbeit.

Den Startpunkt im Arbeitsfluss finden Sie mit der einfachen Frage: »Jemand fragt diese Arbeit bei euch an, und was geschieht dann?«

Hangeln Sie sich nun Schritt für Schritt durch die Aktivitäten. Erfahrungsgemäß sind dies ca. 5 bis 15 je Arbeitstyp. Keine Panik, nicht jeder dieser Schritte wird später automatisch in eine Spalte auf dem Board münden. Meist kann ein Teil der Aktivitäten in die Pull-Kriterien Einzug halten. Sie werden später, wenn es an den Board-Entwurf geht, weitere Spalten (z.B. für Puffer) definieren, die für ein funktionierendes Pull-System und weitere Kanban-Techniken nötig sind.

Vermeiden Sie es unbedingt, an dieser Stelle schon ein Kanban-Board zu zeichnen. Neben- und untereinander (für parallele Aktivitäten) befindliche Stickies oder Kästchen und Pfeile am Whiteboard sind hier eine gut geeignete Form der Darstellung. Abbildung 10-4 gibt Ihnen ein paar Beispiele aus Workshops.

Nachdem Sie nun auch den Arbeitsfluss Ihrer verschiedenen Arbeitstypen modelliert haben, geht es in den Endspurt.

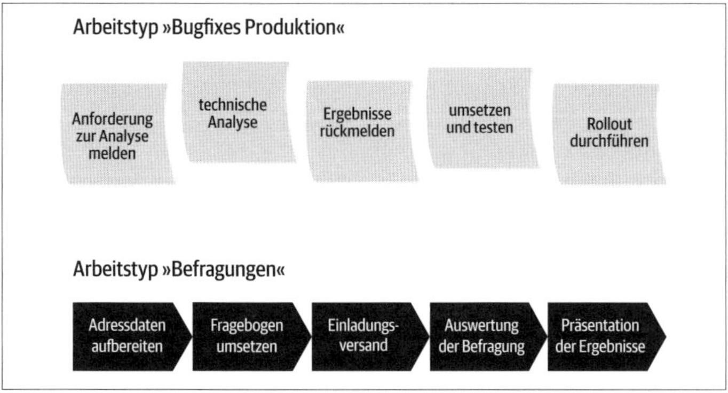

Abbildung 10-4: Beispiel-KDW-Zwischenergebnisse zum Arbeitsfluss

Schritt 4: Das initiale Kanban-System entwerfen

Nach all den Vorarbeiten wartet nun der Heureka!-Moment auf Sie und Ihre Mitstreitenden: Das initiale Kanban-System mit dem Herzstück des ersten Board- und Kartenentwurfs wird gemeinsam skizziert.

Grundlegende Überlegungen

Generell hat sich für den ersten Entwurf »Keep it simple« bewährt. Wählen Sie im Zweifel die einfachere Lösung und differenzieren Sie diese später weiter aus. Haben Sie jedoch auch keine Angst vor ausgereiften, detailreichen Boards. Zur Erinnerung: Das Kanban-Board ist ein visuelles Modell der tatsächlichen Arbeitsweise. Wenn Sie ausdifferenzierte Prozesse haben, werden sich diese auch auf dem Board wiederfinden. Behalten Sie immer im Blick, dass das Board ausreichend Informationen zum Fortschritt der Arbeit bieten soll: Wie ist der Stand der Bearbeitung? Wo genau verlieren wir Zeit im Arbeitsfluss?

Außenstehende sind manchmal erschlagen oder überfordert, wenn sie solche Boards betrachten, doch dies ist nicht unbedingt der Maßstab. Eventuell haben Sie schon sehr beeindruckende Beispiele gesehen.[2] Auch diese sind nicht über Nacht entstanden, sondern über Monate und Jahre gewachsen. Was zählt, ist, dass das Board mit allem, was dazugehört, für die Beteiligten Sinn ergibt und diese effektiv dabei unterstützt, einen guten Job zu machen.

Es gibt Kriterien, an denen Sie erkennen können, ob das Kanban-System schon gut »passt«. Das System ...

1. bildet die tatsächliche Arbeit ab.
2. unterstützt bei der Einhaltung von Prozessen und (gesetzlichen) Richtlinien, falls vorhanden.
3. macht die Bewegung (den Fluss) der Arbeit sichtbar (und damit steuerbar).
4. ist flexibel und in Zukunft anpassbar, um mit den sich verändernden Arbeitsweisen »mitzuwachsen«.

Beim ersten Entwurf des Systems kann gerade Punkt 3 (den Fluss sichtbar zu machen) schwierig sein. Die einzelnen Elemente des Kanban-Systems müssen gut ausbalanciert sein, um die Bewegung von Karten sichtbar zu machen. Eine Daumenregel ist: Bei jedem Kanban-Meeting sollte Bewegung auf dem Board zu sehen sein, das heißt, zwischen zwei Kanban-Meetings bewegen sich Karten weiter.

Die Elemente, die hier gut aufeinander abgestimmt sein sollten, sind:

- die Kartengröße, also die Granularität der Arbeitsgegenstände,
- die Anzahl und der Detailgrad der Spalten, die gemeinsam die Verweildauer der Karten in den einzelnen Spalten und auf dem Board bestimmen,
- die Frequenz der Regelmeetings, also in welchen Abständen diese stattfinden.

In der Praxis gibt es für Kanban-Systeme an den beiden Enden des Spektrums die beiden problematischen Zustände *Gletscher* und *Turnschuhe*:

---

2 Das Format dieses Buchs lässt keine lesbare Wiedergabe von solchen Beispielen zu. Schauen Sie gern auf *http://kanban.university* vorbei, dort finden Sie Fallstudien.

- **Gletscher:** Die fehlende bzw. sehr langsame Bewegung von Karten über das Board.
- **Turnschuhe:** Die Karten bewegen sich zu oft oder zu schnell über das Board.

Beide Problemzustände schauen wir uns im nächsten Abschnitt näher an.

Gletscher und Turnschuhe

Beginnen wir mit dem Gletscherproblem. Stellen Sie sich vor, Sie stehen im Winter vor einem Gletscher. Einen Tag später kommen Sie wieder. Im Normalfall werden Sie keinen Unterschied am Gletscher feststellen können. Wenn Sie das täglich wiederholen, wird es schnell langweilig. Schauen Sie jedoch einmal im Monat vorbei, werden Sie wahrscheinlich eine Bewegung beobachten können.

In der Kanban-Welt zeigt sich das Gletscherproblem sehr deutlich in Kanban-Meetings, bei denen Leute auf Boards schauen, auf denen sich wieder keine einzige Karte bewegt hat. Die Ursachen sind entweder zu groß geschnittene Arbeitspakete, eine zu wenig differenzierte Modellierung des Arbeitsflusses (also zu wenige Spalten auf dem Board), eine zu enge Meeting-Taktung oder eine beliebige Kombination davon. In der Folge wird es schwierig sein, die Beteiligten zu den Kanban-Meetings zu motivieren, und Sie werden Schwierigkeiten haben, den Fluss zu steuern.

Ein paar mögliche Aktionen, um hier Abhilfe zu schaffen, möchte ich Ihnen beispielhaft nennen. Wenn Sie »große« Arbeitsgegenstände wie Initiativen, Studiengänge oder große Software-Releases haben, reduzieren Sie die Frequenz der Regelmeetings. Ein tägliches Kanban-Meeting wäre hier absolut unpassend, experimentieren Sie z.B. mit wöchentlichen, vierzehntätigen oder monatlichen Abständen.

Können Sie den Arbeitsfluss detaillierter, also in mehr Spalten aufgeteilt, darstellen? Probieren Sie ansonsten auch Spalten mit einer Skala von 0 bis 100 % aus. Ja, das ist nicht wirklich sexy, hilft aber. Würze können Sie reinbringen, wenn Sie bei 90 % eine Unterteilung machen, damit es ein wenig Schwung auf der Zielgeraden gibt.

Wenn Ihre Arbeitsgegenstände untergeordnete Karten in verknüpften Kanban-Systemen haben, nutzen Sie deren Fertigstellungsgrad zur Darstellung auf einer Skala von 0 bis 100 %. Sie können hier auch einen »Ladebalken« verwenden, also für jedes untergeordnete Element eine Box anlegen, die dann abgehakt wird, wenn dieses erledigt ist.

Sie sehen, es gibt hier einige Alternativen zum oftmals reflexhaften »Schneiden Sie die Arbeitspakete kleiner!«. Ein Ziel ist es ja, aus Sicht der Kunden relevante Arbeitsgegenstände zu bearbeiten und eine Sichtbarkeit auf dieser Ebene zu bewahren.

Lassen Sie uns nun die Turnschuhe anziehen, es geht in Richtung des anderen Problemfalls, nämlich dem »viel zu schnell«. Hier dauert z.B. das Schreiben der Karte länger als die Tätigkeit selbst. Oder Sie sind alle paar Minuten zum Board unterwegs, um Zettel weiterzubewegen. (Zugegeben, die Turnschuh-Metapher stammt aus der Zeit, als physische Boards dominiert haben. Ich denke, Sie können es sich vorstellen.)

Nachfolgend lesen Sie für den Turnschuh-Fall ein paar beispielhafte Überlegungen darüber, wie hier Abhilfe geschafft werden kann.

Stellen Sie sich als Erstes die Frage, ob diese Arbeiten überhaupt mit dem Kanban-System gesteuert werden müssen. Nutzen Sie das Board bitte nicht als Alle-sind-schrecklich-beschäftigt-Beweismaterial. Klären Sie daher die wichtige Frage: Was kommt *nicht* ans Board? Was ist etwa der »Sand«, der zwischen den ganzen Kieselsteinen auf dem Board nebenbei durchrutscht?

In der Praxis wurde dies z.B. gelöst durch Daumenregeln wie: »Alle Aufgaben, die länger als x Minuten dauern, kommen ans Board.« Hier ist Vorsicht geboten, denn Kleinvieh macht auch Mist. Eine Variante sind z.B. Strichlisten, zur Seite gelegte Büroklammern, Stickie-Schlangen an der Wand oder Mini-Stickies am Bildschirmrand oder der Wand (je Mini-Aufgabe wird ein Stickie angeklebt), um trotzdem ein Gefühl für das Mengengerüst zu bekommen.

Sehr schön fand ich auch folgende Kriterien, die sich ein Team einer Universität überlegt hat: All das, was gesteuert werden kann (d.h. nicht direkt erledigt wird), kommt ans Board. Zu Feierabend wird sichergestellt, dass alle offenen Aufgaben am Board oder im Arbeitsvorrat sind. Dies unterstützt effektiv die Zusammenarbeit im Team.

Hier eine kurze Erinnerung an den Zweck des Boards: Es ist *kein* Reporting-Tool, das heißt, es müssen nicht alle Beteiligten sämtliche Aktivitäten aus dem Kalender abbilden. Es geht um den Fortschritt der darauf erfassten Arbeiten. Die Frage wird häufig gestellt, und nein, Regelmeetings oder sonstige Termine kommen per se nicht ans Board. Sie erinnern sich, es geht nicht darum, minutiös zu erfassen, wie Sie Ihre Zeit verbringen, sondern darum, die Arbeit effektiv zu steuern. Eventuell haben Sie den Arbeitsfluss auch etwas zu genau modelliert, vielleicht können Sie mit dem Zusammenlegen von Spalten experimentieren? Gehören diese kleinen Arbeitspakete eventuell zu übergeordneten Elementen und könnten besser auf deren Ebene gesteuert werden?

Ich hoffe, diese Beispiele haben Ihnen geholfen, eine Idee von den Stellschrauben zu bekommen, die Sie drehen können. Nicht immer gelingt es im ersten Wurf. Auch hier gilt daher: Haben Sie den Mut, anzufangen und dann, falls nötig, nachzusteuern.

Elemente im ersten Systementwurf

Konzentrieren Sie sich zu diesem Startzeitpunkt auf die wesentlichen Vereinbarungen, die Sie benötigen, um am nächsten Tag Ihr Kanban-System in Betrieb zu nehmen:

Baustein A: Board und Karten entwerfen
: Entwurf des Kanban-Boards (d.h. Spalten, Zeilen, Arbeitstypen) und der Karten, gegebenenfalls für verschiedene Typen (Verwendung von Farben, bei elektronischem Tool gegebenenfalls Anpassung von Kartentypen, Layout, Feldern etc.)

Baustein B: Erste Vereinbarungen treffen
: Grundlegende Vereinbarungen wie WIP-Limits (Start zunächst auch ohne möglich), Pull-Kriterien, Verantwortlichkeiten, Spielregeln

Baustein C: Regelmeetings vereinbaren
: Regelmeetings für Nachschub, Kanban-Meeting, Retrospektive bzw. Flow Review

Diese Bauteine werden nachfolgend näher beschrieben. Bitte beachten Sie, dass der Entwurf dieser Systembestandteile nicht streng sequenziell durchgeführt werden sollte. Alle Teile bedingen einander.

Verankern Sie frühzeitig erste Feedback-Schleifen, damit Ihr System kontinuierlich wachsen und sich verändern kann.

Baustein A: Board und Karten entwerfen

Ein wichtiger Teil des Systementwurfs ist das gemeinsame Gestalten des ersten Boards. Hier wird sich nun die Vorarbeit der bisherigen Schritte im Kanban Design Workshop auszahlen.

Werfen Sie als Startpunkt am besten nochmals einen Blick auf die verschiedenen Gestaltungsmöglichkeiten für den Systemeingang (Abschnitt »Gestaltung des Kanban-Systemeingangs« auf Seite 123) und wählen Sie eine passende Variante.

Schauen Sie sich dann den modellierten Arbeitsfluss aus Schritt 3 an. Falls Sie mehrere Varianten des Arbeitsflusses für verschiedene Arbeitstypen haben, gehen Sie die nächsten Schritte je Arbeitstyp bzw. Gruppe von Arbeitstypen mit ähnlichem Arbeitsfluss durch.

Nun kommt eine spannende Frage: An welcher Stelle liegt Ihr Zusagepunkt? Eine erste Näherung: Das ist die erste Aktivität, die anzeigt, dass das Arbeitspaket auf jeden Fall geliefert werden soll und es im Normalfall keinen Abbruch oder kein Ablehnen mehr geben kann. Diese Aktivität wird dann die erste Spalte nach dem Eingangspuffer. Im Beispiel in Abbildung 10-5 wäre es die Aktivität *Entwicklung*.

Von diesem Punkt ausgehend, wandeln Sie nun die Aktivitäten unter Berücksichtigung der bisher im Buch beschriebenen Aspekte (Erkenntniserwerb statt Übergaben, Fluss sichtbar machen) in Spalten und ein Pull-System um.

Wie bereits erwähnt, werden nicht alle Schritte im Arbeitsfluss automatisch in eine eigene Spalte münden. Eine mögliche Umsetzung des Beispiels in Abbildung 10-5 könnte aussehen, wie in Abbildung 10-6 dargestellt. Grau hinterlegte Spalten verdeutlichen Arbeitspuffer, hier warten die Karten also darauf, im Prozess weiterbewegt zu werden.

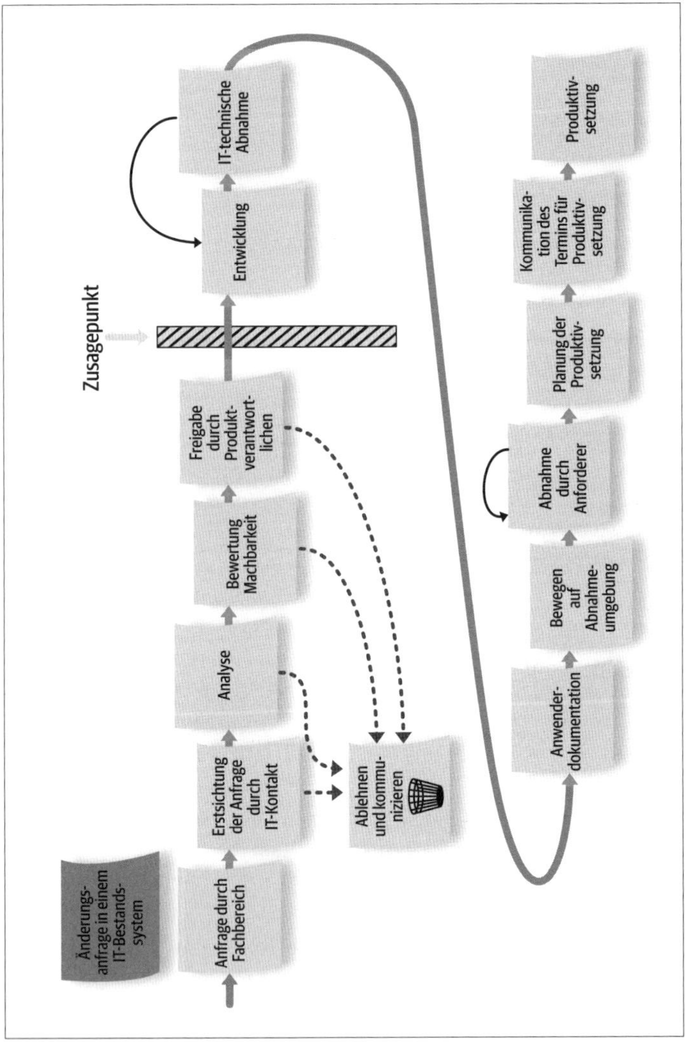

Abbildung 10-5: Arbeitsfluss mit markiertem Zusagepunkt

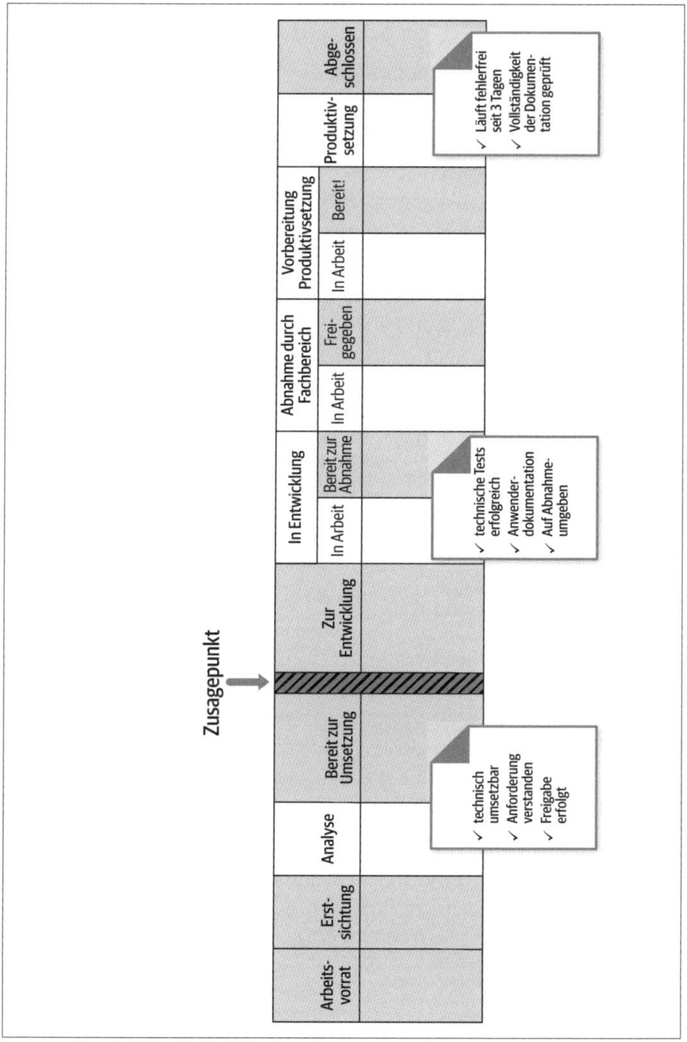

Abbildung 10-6: Mögliche Umsetzung des Arbeitsflusses in ein Kanban-Board

Sie sehen, dass einige Aktivitäten zu Spalten zusammengefasst und zur Definition der initialen Pull-Kriterien (die angedeuteten Haftnotizen mit den Checklisten unterhalb des Boards) verwendet wurden.

Außerdem gibt es einen Wechsel von *In Arbeit*-Spalten und Pufferspalten. Das ist eine wichtige Voraussetzung, um ein Pull-System zu etablieren. Diese Unterscheidung ist auch ohne WIP-Limits hilfreich und unterstützt dabei, Wartezeiten zu erkennen. Initiale WIP-Limits können im Workshop oder auch im Anschluss definiert werden.

Sie haben in diesem Beispiel bereits einige Gestaltungsmöglichkeiten für Kanban-Boards kennengelernt. Im nächsten Abschnitt bekommen Sie einen Überblick über gebräuchliche Muster.

Gestaltungsmuster für Kanban-Boards

Für das Kanban-Board gibt es viele Gestaltungsmöglichkeiten. Tabelle 10-2 listet Lösungsvarianten für häufige Anwendungsfälle und Fragestellungen auf.

Eine gute Inspirationsquelle sind auch andere Boards. Schauen Sie sich gern in Ihrer Organisation, aber auch bei anderen Firmen, in der Community, auf Konferenzen und in Fallstudien (z.B. auf der Website der Kanban University, *https://kanban.university/*) um.

Erinnern Sie sich – die passende Gestaltung des Systemeingangs ist essenziell für die Effektivität Ihres Kanban-Systems. Im Abschnitt »Gestaltung des Kanban-Systemeingangs« auf Seite 123 haben Sie bereits verschiedene Umsetzungsvarianten kennengelernt. Wählen Sie daraus eine Variante, die Ihnen in der aktuellen Kultur konsensfähig erscheint, und passen Sie diese an Ihre Terminologie und Ihre sonstigen Gegebenheiten an.

Achten Sie auch hier darauf, die Organisation nicht zu überfordern. Häufig führt schon das Trennen von Arbeitsvorrat und tatsächlich in Arbeit befindlichen Karten zu deutlichen Reibungspunkten.

Tabelle 10-2: Gestaltungsmuster für Kanban-Boards je nach Anwendungsfall

Anwendungsfall	Gestaltungsmuster
Kategorien von Arbeit unterscheiden, z. B. in verschiedene Arbeitstypen oder Serviceklassen oder nach zugehörigen Projekten oder Fachbereichen	• Nutzung verschiedener Farben für Karten und/oder Kartentypen in digitalen Kanban-Tools • Unterteilung in Zeilen (*Swimlanes*) oder • eine Kombination davon
Nicht sequentielle Arbeitsschritte abbilden, z. B. Prüfungen, die bis zu einem gewissen Zeitpunkt erfolgen müssen, oder Aktivitäten ohne feste Reihenfolge	• vertikale Unterteilung von Spalten oder • Darstellung über Checkboxen auf Karten oder • To-dos bzw. Sub Tasks auf Karten in digitalen Tools oder • Spalte generischer definieren und alle Schritte in den Pull-Kriterien explizit machen
Fälligkeitstermine darstellen	• Angabe in vereinbarter Art und Weise, z. B. in roter Schrift rechts oben auf der Karte • in Tools gegebenenfalls Karten mit Terminen durch Markierungen oder Farbe kennzeichnen und so deutlich machen
Darstellen, wer an welcher Karte arbeitet	• Avatare für Personen oder Teams auf den Karten anbringen • Einfärben
Blocker darstellen	Bei physischen Boards haben sich hierfür bewegliche Markierungen bewährt, z. B. diagonal angebrachte Haftnotizen in Signalfarben oder auch entsprechend gestaltete Magnete. Digitale Tools bringen oft Markierungen wie Stoppschilder etc. mit. Häufig können auch Markierungen oder Kartenfarben gesetzt werden.
Schnelllebige Aktivitäten abbilden, z. B. Freigaben oder Deployments	Diese Aktivitäten können »auf der Linie«, also beim Übergang zwischen zwei Pufferspalten erfolgen, das heißt ohne eine *In Arbeit*-Spalte. Hier können dann zwei Wartespalten (Puffer) aufeinanderfolgen. Machen Sie die entsprechende Aktivität sichtbar, z. B. durch eine Notiz oberhalb des Boards oder durch eine Beschreibung der Spalten.
Das Abbilden verschiedener Arbeitsflüsse	• Darstellung in separaten Zeilen mit jeweils verschiedenen Spaltenköpfen, die den Arbeitsfluss abbilden; dies wird von vielen, jedoch nicht allen digitalen Tools unterstützt

Tabelle 10-2: Gestaltungsmuster für Kanban-Boards je nach Anwendungsfall (Fortsetzung)

Anwendungsfall	Gestaltungsmuster
Das Abbilden von Hierarchien oder Abhängigkeiten von Karten untereinander	Karten können auf einem Board in Unterkarten gesplittet werden. Verwenden Sie hier verschiedene physische Formate (z. B. kleine und große Zettel) zur klaren Unterscheidung. Digitale Tools bieten hier oft vielfältige Möglichkeiten der Verknüpfung und Darstellung bis hin zur automatischen Synchronisierung von Karten.

Sie werden feststellen, dass es für die Board-Gestaltung einen großen Spielraum und vielfältige Gestaltungsmöglichkeiten gibt. Beherzigen Sie die im Kasten auf Seite 233 beschriebenen wichtigen Leitsätze für die Moderation: Es gibt kein richtig oder falsch. Entscheiden Sie sich für eine leicht umsetzbare Variante. Bei mehreren Optionen wählen Sie im Zweifel zu Beginn die einfachste mögliche Variante.

Gestaltung der Karten

Zur Gestaltung der Karten orientieren Sie sich an den entsprechenden Arbeitstypen und gegebenenfalls spezifischen Informationen dazu. Eine Karte muss die nötigen Informationen enthalten, um die Beteiligten bei den häufig anstehenden Entscheidungen zur Auswahl und Bearbeitungsreihenfolge zu unterstützen.

Vereinbaren Sie am besten gemeinsam eine Vorlage für die Karten. Diese regelt pragmatisch, an welcher Stelle welche Informationen wie dargestellt werden. Das wird Ihnen helfen, ein konsistent genutztes und gut überschaubares Board zu erhalten. Bei der Verwendung von digitalen Tools sollte das Administrationsteam hier Standards und die Anpassung z. B. von spezifischen Feldern dokumentieren.

Baustein B: Erste Vereinbarungen treffen

Im Laufe des Workshops werden Sie jede Menge Themen diskutieren und erste Vereinbarungen treffen. Halten Sie daher während der gesamten Dauer die Augen und Ohren offen und sammeln Sie diese Vereinbarungen an einer Stelle, z. B. einem Flipchart. Eine gute Variante ist auch, eine Person im Raum damit zu beauftragen, alles Besprochene zu protokollieren.

Die Vereinbarungen sollten Sie am Ende zusammenfassen und als Startaufstellung beschließen. Vergessen Sie nicht, zu klären, wie und wo diese Vereinbarungen dokumentiert werden und wie Sie hierzu Feedback-Schleifen schaffen können.

Folgende Vereinbarungen gehören typischerweise zu den Resultaten eines Kanban Design Workshop:

- Name für das Kanban-System.
- Namen und Kurzbeschreibungen der verwendeten Arbeitstypen.
- Initiale Serviceklassen. Auch hier heißt es: Entdecken, nicht entwerfen! Bilden Sie möglichst nur Vorhandenes ab.
- WIP-Limits.
- Welche Arbeit wird über das Kanban-Board gesteuert, welche nicht?

Im Laufe des Workshops kommt es häufig vor, dass bereits Punkte oder auch mögliche Ansätze für Verbesserungen identifiziert werden. Es ist großartig, wenn die Ideen für Veränderungen sprudeln. Erinnern Sie sich und die anderen Teilnehmenden jedoch immer wieder daran, dass Sie mit dem ersten Systementwurf im Hier und Jetzt bleiben sollten. Sichern Sie all diese Ideen für eine spätere Wiederaufnahme, zum Beispiel in einem Ideenspeicher für den Veränderungsprozess, in den Sie gemeinsam starten.

Baustein C: Regelmeetings vereinbaren

Ich empfehle Ihnen, direkt im Workshop das Survival-Kit an Feedback-Schleifen für den Start zu vereinbaren. Dazu gehören:

- Kanban-Meeting
- Nachschubmeeting (eventuell kombiniert mit Kanban-Meeting)
- Retrospektive und/oder Flow Review

Sie erinnern sich: Bitte erzeugen Sie nicht einfach drei neue Serientermine in Outlook! Nutzen Sie gern den Abschnitt »Steckbriefe der Kadenzen« auf Seite 176 und durchforsten Sie gemeinsam Ihre Kalender auf der Suche nach Meetings, die diese Ziele bereits erfüllen oder entsprechend angepasst werden könnten. Vereinbaren Sie dann zu jedem (geänderten oder neu etablierten) Regeltermin:

- Dauer und Häufigkeit,
- den ersten Termin,
- die Teilnehmenden (minimal und optional) sowie
- einen Verantwortlichen für die Organisation des Termins.

Mit diesen Vereinbarungen steht nun der Entwurf Ihres Kanban-Systems – hervorragend! Jetzt geht es an den Abschluss des Workshops.

Schritt 5: Abschluss

Ehe Sie alle wieder im Alltag verschwinden, nehmen Sie sich unbedingt ein paar letzte Minuten Zeit für einen gemeinsamen Abschluss. Betrachten Sie zunächst die erarbeiten Ergebnisse. Stimmen alle zu, gibt es letzte Anmerkungen?

Wenn Sie mögen, holen Sie an dieser Stelle eine explizite Zustimmung der Beteiligten ab: »Seid ihr einverstanden, mit diesem Board und den Vereinbarungen zu starten?« Sie müssen die Beteiligten nicht unbedingt mit dem eigenen Blut unterschreiben lassen, schauen Sie aber gern einmal in die Runde und holen Sie sich ein Nicken oder einen Daumen nach oben ab.

Stimmen Sie anschließend die nächsten Schritte ab. Dazu klären Sie folgende Fragen:

- Welche Personen übernehmen das Aufsetzen des Boards (an der Wand oder digital)?
- Welche sonstigen Folgeaktivitäten sind nötig?
- Wann soll die erste Überprüfung des Systems erfolgen? Vereinbaren Sie dazu direkt einen gemeinsamen Folgetermin in etwa zwei bis vier Wochen, eventuell im Rahmen einer ersten Retrospektive.
- Und vor allem: Wann gehen Sie »live« mit dem Kanban-System?

Reflektieren Sie außerdem am Ende kurz den Workshop selbst: Was hat gut funktioniert, was gab es für Erkenntnisse?

Es ist wichtig, dass Sie den Start gut begleiten. Sie können sich vorher noch so viele Gedanken gemacht haben, sobald Sie Ihr Board betanken und loslegen, werden neue Fragen auftauchen. Hier sollten Sie schnell reaktionsfähig sein, um das Momentum nicht zu verlieren.

Falls Sie ein neues digitales Tool einführen bzw. dieses für Ihre Gruppe neu ist, sorgen Sie unbedingt für einen heißen Draht zum Admin-Team und stellen sicher, dass Sie einen Kommunikationspfad zum technischen Support des Herstellers haben.

Nachdem Sie ein paar Wochen mit der Methode und dem digitalen Tool gearbeitet haben, starten Sie in die Verbesserungszyklen. Anfänglich werden hier auch Punkte zur Datenqualität hochkommen. Das ist eine wichtige Rückkopplung: »Ah! So nutzen wir die Daten, so sieht das dann aus. Dann verstehe ich jetzt auch, wieso es wichtig ist, aktiv mit dem Board zu arbeiten und Karten aktuell zu halten.«

Sind wir nun fertig?

Abschließend gebe ich Ihnen noch mit auf den Weg: Ein lebendiges Kanban-System ist nie »fertig«. Es wird sich zusammen mit den sich verändernden Abläufen, Vereinbarungen etc. in Ihrer Organisation wandeln. Besprechen Sie dies unbedingt. Alle Beteiligten sollten sich dessen bewusst sein.

Es ist gute Praxis, das Board-Layout in größeren Abständen, z.B. zweimal im Jahr, zu überprüfen: Spiegelt das Board noch die tatsächliche Arbeitsweise wider, oder haben sich die Realität und das Modell etwas auseinanderentwickelt? Dazu können Sie die Schritte des Kanban Design Workshop rückwärts durchlaufen. Diese Vorgehensweise geht auf Mike Burrows zurück, der den Begriff *Reverse STATIK* dafür etablierte [Burrows 2015].

KAPITEL 11

Es geht los! – Erste Schritte mit dem neuen Kanban-System

Nachdem Sie gemeinsam Ihr Startsystem entworfen haben, können Sie es nun umsetzen (mit einem digitalen Tool oder analog an der Wand) und dann direkt am nächsten Tag Ihre gewohnte Arbeit mit Unterstützung von Kanban weiterführen. Prinzipiell sind Ihrer Kreativität hier kaum Grenzen gesetzt. Ein Board ist immer auch ein Ausdruck der Kultur und Identität derjenigen, die damit arbeiten.

Erinnern Sie sich an dieser Stelle kurz, dass Sie ja nicht einfach ein perfektes, wunderschönes, auf Jahre stabiles Board entwerfen möchten, sondern ein Arbeitsmittel, das Ihnen wertvolle Impulse liefert und mit Ihnen wächst. Ganz besonders wichtig ist, dass alle gemeinsam das Gefühl haben, dass es ihr Board ist. Dies schafft eine gute Grundlage, damit später alle Beteiligten Initiative ergreifen und aktiv an der Systementwicklung mitwirken.

Hier dafür ein paar einfache, aber wirksame Tricks:

- Machen Sie Ihr Board anfangs nicht zu hübsch, sonst traut sich keiner mehr ran, um Dinge zu ändern. Erfahrungsgemäß ruckelt es sich in den ersten Tagen und Wochen zurecht: Spalten werden doch nicht genutzt, und neue oder umbenannte Spalten kommen hinzu. Weitere Beschriftungen werden nötig etc.
- Egal wie Sie Ihr Board umsetzen, es sollte immer möglichst leicht änderbar sein. Dinge, die dies massiv behindern (aber leider oft genug vorkommen), sind beispielsweise: Sie benötigen die Unterstützung eines Superadministrators, um Ihren Workflow, die Spaltennamen etc. anzupassen. Oder Ihr Board wurde auf die Tapete geklebt, und Sie können die Spaltentrenner-Klebestreifen nicht ohne Schaden entfernen. Hier bieten sich z.B. Klebezettel für Spaltentitel an.

- Gerade wenn Sie Führungskraft oder Coach sind, nehmen Sie die Umsetzung des Boards in die Praxis (d.h. den Entwurf an die Wand übertragen oder in einem Kanban-Tool konfigurieren) nicht selbst in die Hand. Es besteht die Gefahr, dass es sonst immer »Ihr« Board bleibt! Gerade bei einem physischen Board ist es doch toll, wenn alle gemeinsam Linien ziehen und Stickies kleben. Auch ein elektronisches Board können Sie zumindest in Teilen in einer Teamsession konfigurieren. Das Gefühl, dass das Board allen »gehört«, startet hier.

Das neue Board initial befüllen: U-Boote tauchen auf

Noch hängt Ihr Board leer an der Wand oder im Cyberspace. Dies wird sich nun ändern! Alle sind aufgefordert, sämtliche aktuell in Arbeit befindlichen Arbeitspakete (d.h. Anfragen, Anforderungen, Projekte, Initiativen, was auch immer über Ihr Board geht) auf dem Board sichtbar zu machen. Bei einem physischen Board an der Wand sollten Sie dazu die vereinbarte Vorlage für Karten sowie Standards für z.B. Format und Farbe der Zettel kommunizieren.

Zur konkreten Gestaltung der Inbetriebnahme gibt es verschiedene Möglichkeiten. Bei einem kompletten Neustart ist es recht einfach: An einem Tag X oder auch sukzessive z.B. im Laufe einer Woche notieren alle die ihnen bekannten Arbeitspakete auf Karten und bringen diese ans Board. Falls Sie ein größeres System haben und es um viele Karten oder viele Beteiligte geht, können Sie auch schrittweise beginnen, z.B. pro Kategorie von Arbeit, Zeile oder Team. »Wir fangen diese Woche mit den Change Requests an.«

Beim Wechsel von einem vorhandenen auf ein neues digitales Tool hat sich das Umschalten zu einem bestimmten Stichtag bewährt. Zu diesem Tag werden alle im Arbeitsvorrat und in Arbeit befindlichen Karten in das neue System übertragen, und ab diesem Tag werden alle Karten im neuen System angelegt.

Am besten vereinbaren Sie einen gemeinsamen Termin, an dem Sie die ersten Zettel auf das Board hängen. Neben dem Sichtbarmachen des Arbeitspakets an sich ist hier auch die Frage, wo sich dieses denn im Prozess genau befindet, spannend: Wohin kommt der Zettel auf dem Board? Und: Ist das Paket gerade blockiert? Planen Sie ausreichend Zeit für diesen Abgleich ein, eventuell benötigen Sie mehrere Durchläufe. Allein diese Übung erzeugt in vielen Fällen neue Einsichten, zum Beispiel ein kollektives erstauntes »Oh, so viele Sachen haben wir auf dem Zettel!«.

Schaffen Sie einen sicheren Raum (»Wir möchten klar Schiff machen und mit dem tatsächlichen, ungeschönten Zustand am Board starten.«). Schauen Sie dann den U-Booten beim Auftauchen zu! Damit meine ich die vielen ungesehenen Aufgaben, an denen gearbeitet wird, ohne dass dies sichtbar ist. Oftmals sind es sehr wertvolle Dinge, die aus Eigeninitiative gestartet werden. Sie werden jedoch auch vermeintlich abgeschlossene Pakete finden, die lediglich versandet waren, jedoch nie offiziell abgebrochen oder beendet wurden (»Was, das lebt noch?«).

Achten Sie auf Signale von Überforderung oder Verhalten, das Sie als Widerstand empfinden, und schalten Sie in diesem Fall einen Gang zurück. Nachhaltiges Tempo, langfristige Ergebnisse!

Vorsicht vor Überforderung

An dieser Stelle daher der Appell: Seien Sie, bei aller Motivation und Begeisterung, stets geduldig und hängen Sie die anderen Beteiligten nicht ab. Ein gutes Mantra über der Tür, das Sie ja schon kennengelernt haben, ist: »Start where you are.«

In vielen Fällen rücken WIP-Limits beispielsweise zunächst in weite Ferne, weil der Status quo erst einmal genauer betrachtet werden muss. Ein erstes Ziel in Form eines »weichen« WIP-Limits kann sein: »Alle Karten sollen ohne Überlappung am Board hängen können.«

Eventuell haben Sie bereits ein Gefühl dafür entwickelt, dass Kanban erst durch intrinsische Motivation richtig viel bringt (die Menschen wollen gemeinsam am Arbeitssystem und dem Service arbeiten und besser werden).

Vermeiden Sie daher Überforderung, beispielsweise durch zu viele Änderungen auf einmal oder ein überkomplexes Board oder Regelwerk. Lassen Sie es wachsen. Wenden Sie fortgeschrittene Kanban-Praktiken anfangs nicht an. Bleiben Sie immer im Ist-Zustand und vermeiden Sie verfrühte Prozessänderungen. Geben Sie den Beteiligten Zeit, Dinge selbst zu erkennen, dann werden sie deutlich besser mitziehen bei den ersten Veränderungsschritten. Und womöglich haben andere Personen ja (noch) bessere Ideen für Änderungen und Anpassungen als Sie selbst!

Behalten Sie auch und vor allem in dieser frühen Nutzungsphase die Kanban-Veränderungsprinzipien im Hinterkopf. Sie haben es mit Menschen zu tun. Nutzen Sie deren Stärken und nehmen Sie sie mit, ohne zu überfordern oder Widerstände beispielsweise durch die Angst vor Verlusten zu erzeugen. Setzen Sie auch Vertrauen in die Wirkungsweise der Kanban-Praktiken. Diese sind zum Großteil recht gradlinig und einfach anzuwenden und haben doch signifikante Effekte auch auf sozialer Ebene.

Das Starter-Kit an Kanban-Praktiken

Sie haben in Teil II bereits sämtliche Kanban-Praktiken kennengelernt und fragen sich jetzt vielleicht, wo Sie beginnen sollen. Schauen Sie sich an dieser Stelle gern nochmals Abbildung 8-1 auf Seite 199 an: Die Grundlage bilden eine gute Visualisierung und initiale Vereinbarungen. Dazu kommen erste Feedback-Schleifen, damit Sie einen Startpunkt für die kontinuierliche Arbeit mit und am System haben.

Hier zu Ihrer Orientierung ein minimales Starter-Kit – es enthält einen Kern an sich verstärkenden und ergänzenden Praktiken, die Sie gut in die Spur bringen sollten:

- Kanban-Board, möglichst am Arbeitsfluss orientiert.
- Zugehörige Vereinbarungen: Nutzung von Kartenfarben bzw. Kartentypen, Nachschub etc.
- Kanban-Meeting, Nachschubmeeting, Retrospektive/Flow Review (vereinbaren Sie hier jeweils initiale Frequenz, Dauer und Teilnehmerkreis).

- Gegebenenfalls eine erste WIP-Limitierung (z.B. für das Board insgesamt).
- Werkzeuge/Verfahren (gegebenenfalls manuell), um Daten zu erfassen.

Natürlich geht immer mehr, aber mit dieser Liste sollten Sie eine gute Ausgangsbasis haben. Das erste Ziel sollte sein, die Arbeit überhaupt in geeigneter Form sichtbar zu machen! Vermeiden Sie unbedingt die Perfektionsfalle. Es ist unmöglich, im ersten Anlauf ein »perfektes« System zu entwerfen. Kommen Sie schnell ins Arbeiten mit dem Kanban-System und entwickeln Sie es schrittweise weiter.

Der Alltag mit dem neuen System

Mit diesem Starterkit können Sie nun direkt in die Arbeit mit Ihrem Kanban-System einsteigen. Im Prinzip arbeiten Sie wie gehabt weiter. Sie nutzen lediglich die neuen Hilfsmittel, die Sie nun verfügbar haben, zur Kommunikation und Steuerung. Den Kern bilden dafür zunächst das Kanban-Board und das Kanban-Meeting.

Stellen Sie als Erstes sicher, dass alle Karten einer oder mehreren verantwortlichen Personen oder auch Teams zugewiesen sind. Diese sorgen dafür, dass die Informationen auf ihren Karten aktuell sind und dass die Karten an den richtigen Stellen auf dem Board hängen, sodass der Fortschritt der Aufgaben stets sichtbar ist. Das bedeutet, dass sichtbar gemacht wird, wer an den Karten arbeitet, und außerdem müssen Karten weitergezogen werden, wenn die nötigen Aktivitäten der entsprechenden Spalte abgeschlossen sind.

Führen Sie die Kanban-Meetings wie vereinbart und regelmäßig durch. Achten Sie darauf, dass das Board bereits zu Beginn des Kanban-Meetings aktuell ist. Es gehört ein klein wenig Gewöhnung dazu, aber das werden Sie schnell meistern.

Neue Karten sollten nur unter Einhaltung der getroffenen Vereinbarungen auf das Board gelangen. Typischerweise wird dies in einem Nachschubmeeting geschehen.

Gerade zu Beginn hat es sich bewährt, regelmäßige kurze Reflexionen z. B. im Rahmen einer Retrospektive oder eines Systemchecks durchzuführen: Wie funktioniert die Arbeit mit dem Board, sind die Karten gut geschnitten, unterstützt uns das Board bei der Arbeit, sehen wir unsere Arbeit im Fluss? Sind die angepassten und/oder neuen Regelmeetings effektiv und effizient?

Nachdem sich das Kanban-System und die aktive Arbeit damit eingespielt haben, können Sie in den normalen Turnus der Feedback-Schleifen (z. B. Retrospektive oder Flow Review) übergehen.

Abschließend folgt noch eine Zusammenstellung häufiger Fehler beim Start mit Kanban.

Typische Fehler bei der Einführung von Kanban

In diesem Abschnitt werden beispielhaft typische Fehler beschrieben, die beim Start mit Kanban vorkommen. Eventuell hilft Ihnen diese Aufstellung dabei, den einen oder anderen davon zu vermeiden und somit schneller in die Gewinnzone mit Kanban zu kommen. Tabelle 11-1 listet Fallstricke auf, die mir häufig begegnet sind, jeweils mit einer Begründung, warum die Vorgehensweise meist nicht optimal ist, und einem Vorschlag für eine mögliche Alternative.

Tabelle 11-1: Typische Fallstricke und Fehler beim Start mit Kanban

Fehler	Warum meist keine gute Idee?	Mögliche Alternative
Ein Board »als Vorlage« entwickeln und es quasi per Copy-and-paste an mehrere Teams ausrollen	Jedes Team und jeder Service ist anders, z. B. in Bezug auf gelebte Vorgehensweisen, Personen und Kenntnisse.	Jedes Board mittels Kanban Design Workshop entwickeln oder generisch anfangen und schrittweise den tatsächlichen Gegebenheiten anpassen. Dadurch vermeiden Sie das Gefühl des »Überstülpens« bei den Beteiligten.

Tabelle 11-1: Typische Fallstricke und Fehler beim Start mit Kanban (Fortsetzung)

Fehler	Warum meist keine gute Idee?	Mögliche Alternative
Zu viele Änderungen an Prozessen direkt am Anfang, ein Umsetzen aller spannenden Kanban-Praktiken auf einmal	Überforderung der Beteiligten und der Organisation. Wird Widerstände erzeugen, und die Implementierung wird langfristig weniger lebensfähig sein.	»Start where you are!« Reifegrad beachten, Schritt für Schritt vorgehen.
Beim Board-Entwurf »gleich ein paar überfällige Prozessänderungen« mit einführen	Kein Wunschdenken! Kann Beteiligte überfordern. Sie vergeben sich damit die Chance auf wirklich fundierte und gemeinsam getragene Änderungen.	Im Ist-Prozess bleiben. Geduld. Dann basierend auf den gewonnenen Erfahrungen, Daten und Beobachtungen gemeinsam Änderungen entwerfen, beschließen, ausprobieren, reflektieren.
»Wir brauchen keine Daten, wir sind an Menschen interessiert« (... und die müssen sich ändern)	Nimmt viele Chancen. Die gemeinsame Besprechung von Daten erzeugt neue Einsichten. Und: Auch »harte Fakten« können »weiche Änderungen« initiieren.	Am System orientierte Kennzahlen sammeln und beobachten, was geschieht!
To-do-/Doing-/Done-Spalten	Tatsächliche Problemfelder werden hier nicht sichtbar, der tatsächliche »Fluss« der Arbeit bleibt verborgen. Wesentliche Lerneffekte bleiben aus.	Den Fluss der Arbeit (Prozessstufen) abbilden.
Versuch, Karten gleich groß zu schneiden	Ganz deutlich: Es ist nicht nötig, Arbeitsgegenstände (also Karten) »gleich groß« zu schneiden, also z. B. nach gleichem Aufwand.	Mit den Arbeitspaketen starten, wie sie derzeit sind. Laufzeiten beobachten und gegebenenfalls schrittweise kategorisieren, um zu starke Schwankungen zu vermeiden.
Eine Person (z. B. der Projektleiter oder Teamleiter) übernimmt das Bewegen der Zettel.	Sendet falsche Signale. Gewünscht ist die Unterstützung der Selbstorganisation sowie aktives Handeln der einzelnen Beteiligten. Das ist nicht das System der Leitung, sondern aller Beteilgten.	Jeder bewegt die Karten selbst. Vereinbarungen treffen wie: »Spätestens am Ende des Arbeitstags ist das Board aktuell.«

KAPITEL 12

Beispiele aus der Praxis

Zu Beginn des Buchs haben Sie bereits eine fiktive »Woche mit Kanban« erlebt. Dieses Kapitel stellt Ihnen nun drei Anwendungsbeispiele vor. Diese sind als Interviews aufgezeichnet worden und werden hier leicht zusammengefasst wiedergegeben. Ich hoffe, diese Anwendungsfälle helfen Ihnen, ein Bild davon zu entwickeln, wie die praktische Anwendung von Kanban aussehen kann. Eventuell bekommen Sie auch erste Ideen zur Umsetzung von Kanban in Ihrer eigenen Organisation.

Interview 1: Kanban bei einem Hersteller von elektronischen Bauteilen

Ich habe mich dazu mit dem Leiter Project Management eines international operierenden Herstellers von elektronischen Bauteilen mit Sitz unter anderem in Deutschland unterhalten.

Frage: Wie habt ihr von Kanban erfahren?

Wir haben nach neuen Wegen und Lösungen gesucht, um unsere Effizienz, unsere Time-to-Market und unsere Produktentwicklung zu verbessern. Dazu haben wir mit externer Unterstützung ein Assessment zu möglichen Ansätzen hin zu mehr Agilität durchgeführt und in diesem Rahmen Kanban kennengelernt. Wir hatten uns vorher schon darüber informiert, was für Möglichkeiten es grundsätzlich gibt, aber die finale Entscheidung wurde als Ergebnis des Assessments gemeinsam mit dem Projektteam getroffen.

Frage: Wieso habt ihr euch für Kanban entschieden, und welche anderen Optionen habt ihr gegebenenfalls berücksichtigt?

Uns war relativ früh bewusst, dass wir eine hybride Lösung (also eine Mischung klassischer und agiler Ansätze) in unserem reinen Hardwareumfeld brauchen. Alles, was wir an Produktentwicklung machen, ist dominiert von Durchläufen in unseren Produktionslinien. Die Frage war tatsächlich: Scrum oder Kanban?

Scrum passte nicht, weil es uns, anders als Kanban, dazu gezwungen hätte, auch noch eine Reorganisation z.B. in multifunktionale Teams vorzunehmen oder neue Rollen einzuführen. Das ist aus heutiger Sicht weiterhin ein großer Faktor. Außerdem wären die festen Iterationen (Sprints) mit Scrum ein Problem gewesen. Mit starren Zwei-Wochen-Sprints würden wir nicht gut auskommen: Wenn die Produkte gerade in der Fertigungslinie mit mehrwöchigen Durchlaufzeiten sind oder in den Zuverlässigkeitsuntersuchungen, die mehrere Monate dauern können, ergibt so ein Zwei-Wochen-Sprint einfach keinen Sinn. Was soll man da im Sprint machen?

Wir haben im Gesamtprozess Abhängigkeiten von den Produktionsdurchläufen und Laboruntersuchungen und damit verbundene Wartezeiten. Damit kann Kanban viel besser und natürlicher umgehen.

Wie war eure Ausgangssituation?

Wir sind ja ein reiner Hardwarehersteller, was eine ziemliche Besonderheit ist, da viele andere Hersteller Systeme bestehend aus Hardware und Software entwickeln.

Wir haben aus einer komfortablen Ausgangssituation heraus begonnen. Wir hatten das klassische Projektmanagementmodell maximal ausgereizt und ausoptimiert und waren hier an Grenzen gestoßen. Für einen größeren Verbesserungsschritt in Richtung Effizienz und Time-to-Market waren wir gezwungen, andere Wege zu gehen. Die haben wir gemeinsam einzuschlagen versucht – mit einem kleinen Projektteam mit externer methodischer Unterstützung.

Es gab ja bereits gut etablierte Teams und Arbeitsweisen.

Es ist nicht so, dass wir zu diesem Zeitpunkt zum Umbau oder zu organisatorischen Maßnahmen gezwungen waren. Das erzähle ich immer wieder: Bei allen Aktivitäten, auch denen, die wir aktuell vorantreiben, sind wir immer noch »vor der Welle«. Wir stehen nicht unter Zugzwang, weil Sachen schlecht laufen, sondern wir wollen den nächsten Schritt gehen. Dieser ist getrieben durch das Wachstum, das wir in der Firma haben und das wir mit weiteren Verbesserungen in Richtung Time-to-Market und Effizienz unter einen Hut bekommen müssen. Diese kriegt man mit einem ausgereizten System nicht weiter verbessert, wenn man nicht einen neuen Weg einschlägt.

Frage: Wie seid ihr zu eurem Kanban-System gekommen, und wie sah euer anfängliches System aus?

Wir haben eine Analyse unseres Arbeitsflusses gemacht, ganz klassisch mit einem Kanban Design Workshop.

(Anmerkung Susanne: Spannend war hier auch die Suche nach den Arbeitsgegenständen. Das war der Knackpunkt, weg von der Sichtweise der Arbeitsgegenstände als Aufgaben. Es hat sich gezeigt, dass es um Produkte und Projekte geht.)

Den Fluss der identifizierten Arbeitsgegenstände haben wir direkt im ersten Kanban-Board abgebildet. Im ersten Schritt haben wir unsere seriellen Abläufe ziemlich eins zu eins übertragen – ohne Schnörkel, ohne WIP-Limits. Also visualisiert und dann angefangen, Karten zu schieben.

Unser System hatte von Anfang an mehrere Zeilen: für Projekte, Produkte und Abläufe, den Design-Flow im Projekt.

Frage: Wie verlief die Einführung, und wie viel Zeit musstet ihr investieren?

Das ist eine spannende Frage, Dauer oder Aufwand? Was wir gelernt haben auf dem Weg, ist, dass so eine Implementierung einhergeht mit Organisationsentwicklung. Das ist ein signifikanter Change-Prozess. Wenn man in einer Firma, die 50 Jahre lang klassisches Projektmanagement betreibt, agile Methoden einführt, merkt man, dass man durchaus nicht nur in der Arbeitsweise, sondern auch im Denken eine 180-Grad-Wende machen muss. Das hat uns schon insgesamt ein halbes Jahr beschäftigt, bis es lief. Im März 2022 haben wir gesagt: »Ja, wir wollen es implementieren«, und nach den Sommerferien lief das dann eigentlich ganz gut. Den Piloten haben wir in einer kleinen Gruppe mit eher kleineren Projekten implementiert.

Natürlich war die Zeit nicht frei von Diskussionen und Konflikten. Jeder größere Change-Prozess ist wohl konfliktbehaftet, und die Frage ist, ob man zum Schluss mit einer Win-win-Lösung herausgeht. Ich glaube, wir haben nach dem halben Jahr schon geschafft, mit einer Win-win-Situation für alle Beteiligten rauszukommen. Durch diese Lernkurve muss man durch, und in dieser ersten Phase ging bei uns die Stimmung stellenweise in den Keller.

Bezüglich der Zeit im Sinne von Aufwand, die wir investiert haben, hatten wir eine Hauptverantwortliche, die ca. 80 % ihrer Zeit diesem Projekt gewidmet hat, plus weitere Personen, die mit etwa 20 % ihrer Arbeitszeit involviert waren. Zusammengenommen belief sich dies auf ca. zwei FTEs (Full Time Equivalents, Vollzeitkräfte) plus 0,5 FTE Tool Support, insgesamt also 2,5 FTEs.

Das Tool hat hier sehr viel Zeit gezogen und auch Konflikte befeuert.

Rückblickend, was würde ich anders machen, wenn ich noch mal von vorn anfangen könnte? Ich würde viel mehr über die Methode reden und deutlich weniger über das Tool. Das ist natürlich auch so ein bisschen unsere Firmenkultur, dass die Ingenieure mit großer Begeisterung oder auch Nichtbegeisterung aufs Tool gucken und sich weniger mit der Methode auseinandersetzen. Am Anfang hätten wir etwas mehr Zeit und Energie in Methodenkompetenz stecken müssen, um dann zu sagen: »Okay, welches Tool hilft uns jetzt?« Wir sind relativ schnell, ohne die gesamte Tragweite von Kanban verstanden zu haben, in die Tooldiskussion gegangen. Das hat uns nicht geholfen, denn ein Tool ist immer eine Konsequenz einer Methode. Wenn man mal ins klassische Projektmanagement reinschaut, stellt man fest, dass die meisten Microsoft Project benutzen. Trotzdem hat MS Project auch seine Eigenheiten, daran hat man sich also gewöhnt. Es war auch ein Prozess, von Excel-Plänen auf MS Project zu gehen. Am Ende kann ich in jedem Tool einen guten oder schlechten Projektplan machen, deshalb fokussiere ich immer auf die Methodenkompetenz.

Mit dem Kanban-Tool ist es genauso: Ist es optimal? Wenn man zehn Leute fragt, bekommt man oft elf Meinungen. Es ist am Ende auch Teil eines Change-Prozesses, sich auf ein neues Tool einzulassen. Dadurch, dass uns am Anfang die Methodenkompetenz gefehlt hat, waren immer Fragen im Raum: Was bringt uns das, warum muss es dieses Tool sein? Warum kann man nicht ein anderes Tool nehmen, warum muss das mehrere Zeilen unterstützen, warum soll das Tool Kennzahlen liefern, warum müssen WIP-Limits abgebildet werden usw. Dieses Verständnis hat uns gefehlt. Wenn wir am Anfang mit dem Team erst einmal klassisch so einen Kanban-System-Designkurs durchgezogen hätten, wäre das, glaube ich, einfacher gewesen. Mir hätte das argumentativ massiv geholfen, auch mit mehr Überzeugung in die Diskussion zu gehen.

Wir haben übrigens aktuell überhaupt keine Tooldiskussionen mehr.

Frage: Wie lange arbeitet ihr jetzt mit Kanban?

Im April 2023 wird es ein Jahr sein, wir feiern also bald ersten Geburtstag! Wir haben tatsächlich jetzt Jahrestag.

Einwurf Susanne: Es dauert ein wenig, aber dann trägt es sich gut von selbst, oder?

Du brauchst Menschen, die dafür brennen und aus eigenem Antrieb heraus die Veränderung aktiv unterstützen. In einer Gruppe von zehn Personen braucht es zwei bis drei Leute, die das Ganze als Ankerpunkte wollen und verteidigen. Du brauchst diese »Ambassadors«, die immer wieder auch vorantreiben, die z.B. die Analysen durchführen, Meetings abhalten, andere Leute ermuntern, auch mal ein Meeting zu moderieren. Bei uns ist das eine Person, die hier die Hauptlast trägt. Das ist auch ein Punkt für die weitere Entwicklung, den ich auf dem Schirm habe. Wir wollen schauen, wie wir das nun auf eine breitere Basis gestellt bekommen.

Frage: Wie hat sich eure Arbeitsweise verändert?

Das große Wort »Empowerment«, das häufig nur eine Worthülse ist, haben wir konkret umsetzen können. Empowerment hat für die Menschen eine neue Bedeutung gewonnen. Da sind wir einen großen Schritt vorangekommen, auch mit der ganzen Diskussion über »Was bedeutet Pull für uns?«. Es war ein Durchbruch, das zu verstehen.

(Anmerkung Susanne: Neben dem auch in diesem Buch klar definierten »Pull« im Kanban-Sinne war hier ebenfalls gemeint, dass Mitarbeitende sich selbstständig Arbeit »nehmen« und diese verantworten. Das war ein großer Wandel im Vergleich zur Ausgangssituation, in der Projektmanager Aufgaben zugewiesen hatten. Ein weiteres Problem war, dass auch nur die Projektmanagerinnen den Überblick über den aktuellen Stand im Projekt hatten).

Dazu gibt es zwei Elemente: Teams brauchen ein agiles Arbeitsumfeld in der Organisation und Vertrauen und Unterstützung aus dem Management. Außerdem die Frage, wie selbstbestimmt und eigenverantwortlich wir arbeiten wollen. Der größte Erfolg aus meiner Sicht ist immer noch, dass wir diese Projekt-Tracking-Meetings abgeschafft haben. Diese wurden komplett ersetzt durch die Kanban-Regelmeetings, die wir eingeführt haben. Die detaillierten Projektpläne für kleine Projekte sind abgeschafft. Für komplexere, größere Projekte gibt es weiterhin High-Level-Projektplanungen, die unter anderem den Business Case stützen. Der Rest ergibt sich dann aus den historischen Karten vergangener Projekte, und wir brauchen natürlich nach wie vor ein sehr gutes Verständnis von den Arbeitsabläufen.

Für mich als Führungskraft besteht der fundamentale Unterschied darin, dass das Team eigenständig an Verbesserungen arbeitet, das muss ich nicht mehr machen. Dadurch, dass sie die Metriken analysieren und angucken, kommen sie eigenständig zu einer kontinuierlichen Verbesserung.

Außerdem ist Transparenz unterm Strich für alle Beteiligten, auch die Teams, ein Riesenvorteil. Wenn man kein Projektmeeting mehr braucht, heißt das, dass alle Bescheid wissen und den Status kennen. Das geht in alle Richtungen. Transparenz ist sowohl für die Ebene der Führungskräfte als auch die der Mitarbeitenden der Game-Changer. Das ist das, was wir wirklich geändert haben, und es ist für alle nun folgenden Schritte das Hauptargument. Mehr Transparenz hilft, die Fehlerquote zu senken, und Fehler sind das, was uns Zeit und Geld kostet. Ich glaube, Wartezeiten zu adressieren und den Fluss weiter zu optimieren, wird uns mittel- und langfristig helfen, die Effizienz zu verbessern. Unsere Prozesse sind hoch dynamisch. Transparenz zu haben, wo es gerade klemmt, also mehr oder weniger in Echtzeit, ist schon ein Riesenvorteil gegenüber früher. Sonst mussten wir erst mal raten und händisch Daten analysieren, die über mehrere Tools verstreut verfügbar waren. Das ging also nicht so bequem und schnell wie heute mit den toolbasierten Kennzahlen.

Transparenz, kontinuierliche Analyse und Verbesserungen sind also die Hauptpunkte aus meiner Sicht.

Frage: Spüren eure Kunden Unterschiede?

Unsere Kunden sind intern das Produktmanagement. Als Hauptvorteil ist auch für diese nun die Transparenz hoch. Man sieht die Projekte, die keine Priorität (mehr) haben, weil sich Marktbedingungen und Produktanforderungen häufig sehr schnell verändern. Diese Projekte können jetzt konsequent gestoppt werden. Das ist ein großer Lernpunkt, bei dem wir in letzter Zeit viel aufgeräumt haben. Die Transparenz hilft. Auch eine Blocker-Analyse, die z.B. aufzeigt, dass sich ein Projekt drei Monate nicht mehr bewegt hat, legt hier den Finger in die Wunde.

Die Effekte in Richtung Time-to-Market und Effizienz werden wir erst mittelfristig sehen, das ist bedingt durch die langen Laufzeiten unserer Projekte. In einem der ersten abgeschlossenen Projekte konnten wir durch Transparenz und frühes Erkennen von Wartezeiten immerhin zwei Wochen Laufzeit herausholen, das hat unsere Analyse ergeben. Um nun zu belegen, ob sich das verstetigt, braucht es ein paar mehr Daten. Wir werden Mitte des Jahres noch mal eine Analyse durchführen, um hier Evidenz zu schaffen.

Ich bin hundertprozentig davon überzeugt, dass uns das langfristig helfen wird. Einfache Transparenz wird die Fehlerquote minimieren und uns helfen, die Wartezeiten noch stärker zu verringern. Wir werden nicht die Produktionsdurchläufe oder Laborzeiten beschleunigen, wir werden auch die Designs nicht schneller machen. Aber wir verlieren Zeit und haben Verbesserungspotenzial bei den Schnittstellen. Dinge hin- und herschicken zwischen verschiedenen Produktionsstandorten, oder wie lange brauchen wir, Muster nach Erhalt zu charakterisieren – das sind die Themen, an denen wir arbeiten. Im Gesamtdurchlauf sind es in dieser Kategorie Projekte ohnehin nur 25 %, bei denen wir Möglichkeiten haben, etwas zu optimieren. Es wird noch ein wenig dauern, bis wir eine bessere Effizienz und eine erhöhte Geschwindigkeit in den Zahlen sehen. Das Potenzial beträgt hier in der Laufzeit noch etwa 5 bis 10 %.

Frage: Was hat sich sonst konkret verbessert, gab es auch Probleme?

Wie schon beschrieben, hat sich die Transparenz verbessert mit den verbesserten Möglichkeiten, auf Störungen im Arbeitsfluss zu reagieren.

Am Anfang hatten wir einiges an Problemen. Wie stellt man sicher, dass die Teams dabeibleiben, und wie kann man das neue System möglichst effizient weiterentwickeln und weiter in der Organisation ausrollen? Das ist ein Thema, in das wir nach wie vor Zeit und Energie investieren müssen. Nur weil man ein Kanban-System an einer Stelle erfolgreich implementiert hat, kann und muss man es den anderen nicht einfach überstülpen, das wird nicht funktionieren.

Frage: Wie sieht euer Kanban-System heute aus? Wie viele Menschen arbeiten damit?

Aktuell arbeiten mehr als zehn Personen mit dem System. Unser Board hat sich in der Grundstruktur nicht verändert, wir haben immer noch das mehrstufige Board mit mehreren Swimlanes, aber wir haben eine Menge Verbesserungen durchgeführt. So haben wir z.B. Pufferspalten für echtes »Pull« und Wartespalten eingeführt, wir haben WIP-Limits, und seit Sommer 2022 arbeiten wir mit den

Kennzahlen. Außerdem haben wir am Kartendesign viel verbessert. Welche Informationen brauchen wir auf den Karten, auch um die Kennzahlen verständlicher und klarer zu machen. Gerade im Bereich Wartezeiten. Hier haben wir anfangs viel mit Blockern gearbeitet, das ist nicht immer hilfreich. Karten-Aging (also das Anzeigen der bisherigen Laufzeit einer Karte) war ein großer Sprung. Wir haben jetzt einen Ampelbalken drin und nutzen das als Steuerungselement.

Aktuell haben wir auf dem Board statt drei immer etwa sieben bis acht Projekte gleichzeitig, nutzen es also für alle Projekte.

Frage: Hattet oder habt ihr Tools im Einsatz? Welche sind das, und wie sind eure Erfahrungen damit?

Wir haben Digité Swift im Einsatz. Wie schon vorhin erzählt, war die Einführung aus verschiedenen Gründen schwierig. Der Knackpunkt war einerseits, dass es viele Fragen und Unklarheiten gab, die immer auf Unzulänglichkeiten im Tool projiziert wurden. Der Lösungsansatz war, dass wir ein Teammitglied als Tool-Supporter benannt und einen regelmäßigen Applikationssupport mit Digité aufgesetzt haben, denn da konnten wir die ganzen Fragen zügig klären. Es gab plötzlich Antworten und die Erkenntnis, dass es doch geht. Aus meiner Erfahrung geht es nicht ohne Tool-Support, das ist ein ganz klares Learning.

Natürlich wäre ein Einstig mit einem haptischen Board einfacher gewesen, war aber aufgrund der Rahmenbedingungen nicht möglich. Toolimplementierungen brauchen Zeit, aber setzen sich dann schrittweise durch.

(Anmerkung Susanne: Der Umgang mit Kanban-Tools während und nach der COVID19-Pandemie war auch für uns Kanban-Coaches ein Lernprozess. Dieser Fall hier ist recht typisch. Aufgrund der Gegebenheiten (mehrere Arbeitsflüsse, Abhängigkeiten etc.) war ein fortgeschrittenes Kanban-Tool nötig. Dieses hat anfangs viel Aufmerksamkeit und Aufwände »gezogen« und auch von der Methode abgelenkt. Gerade dann, wenn es noch recht wenig Wissen in der Organisation gibt, wird oft das Tool mit der Methode gleichgesetzt. In diesem Fall haben sich die (noch) fehlende Methodenkompetenz und ein eher kompliziertes Tool gegenseitig verstärkt. Also auch aus dieser Erfahrung heraus: zu Beginn viel Wert auf die Methode legen und von Anfang an die Toolimplementierung gut planen (Betreuung und Administration) und begleiten. Alle derzeit auf dem Markt befindlichen Tools haben ihre eigenen Stärken, aber auch Grenzen und Besonderheiten. Diese sollten bei der Auswahl berücksichtigt werden, und das Tool sollte dann für den jeweiligen Einsatzzweck angepasst werden. Nutzen Sie hier die Unterstützung der Hersteller mit Kanban-Kompetenz!

Ein anderer Ansatz, der sich hier entwickelt hat, ist ein hybrider. Hier wird ein digitales, aber unstrukturiertes Tool wie z.B. miro eingesetzt, in dem zunächst »soft« ein Board modelliert und mit größeren Freiheitsgraden genutzt werden kann, bis es sich stabilisiert hat. Also das digitale Pendant zu einem am Whiteboard modellierten Kanban-Board. Im Anschluss kann dann der Wechsel auf ein strukturiertes Kanban-Tool wie z.B. Kanbanize oder Digité Swift erfolgen.)

Frage: Möchtest du sonst noch etwas berichten?

Was mich derzeit beschäftigt, ist: Was muss ich tun, um Kanban weiter in der Organisation auszurollen, ohne in die gleiche Falle zu laufen, die wir Anfang letzten Jahres erlebt haben? Für mich ist »Time to learn« immer noch der Knackpunkt, dafür habe ich noch keine Lösung. Ich drücke daher bei allen, die übermotiviert sagen, dass wir das ja jetzt überall machen können, ein wenig auf die Bremse. Dazu ist Veränderungsgeschwindigkeit innerhalb unserer Organisation einfach nicht schnell genug. Wir können natürlich auf unserem jetzigen Wissen und den Erfahrungen aufbauen, müssen aber am Verständnis gerade in Bereichen außerhalb von R&D (Research & Development) weiterarbeiten. Einige Gruppen sind hier immer noch hoch skeptisch, bei denen werde ich jetzt die Erfahrungen nochmals teilen. Unsere Personalabteilung kam letztens auf uns zu und hat interessiert gefragt, was wir denn so Spannendes machen im Bereich Agilität. Das kontinuierliche Weitertreiben auf der Organisationsebene, die Organisationsentwicklung, das ist eine Herausforderung für die Zukunft.

Einwurf Susanne: Das wäre ja jetzt der nächste logische Entwicklungsschritt.

Ja. Man kann natürlich immer sagen: »Es läuft doch jetzt, wir müssen nichts mehr tun, es läuft jetzt von allein.« Das ist nicht so, man muss dranbleiben. Das kostet kontinuierlich Fokus und Energie, aber nur so bekommt man einen nachhaltigen Change-Prozess hin.

Interview 2: Kanban an einer Universität

Für dieses zweite Praxisbeispiel habe ich ein Interview mit einer Vertreterin einer Verwaltungseinheit einer norddeutschen Universität geführt.

Frage: Wie habt ihr von Kanban erfahren?

Im Rahmen eines vom Bundesministerium für Bildung und Forschung geförderten Projekts, das den Auftrag hat, innovative Methoden an der Universität bekannt zu machen und deren Einsatz zu unterstützen, bin ich auf Agilität und in diesem Kontext auf Scrum sowie Kanban als einige typische Vertreter gestoßen. In meinem Bereich gab es dann Schulungen und Workshops sowohl zu Scrum als auch zu Kanban.

Frage: Wie war eure Ausgangssituation?

Mein Team und ich als Teamleitung gerieten in die Überlast. Es gab einen zunehmenden Anteil an komplexen Aufgaben, für die unsere bisherigen Steuerungsmechanismen nicht mehr funktionierten. Rückblickend wurde mir außerdem klar, dass wir kein Team, sondern eine Gruppe von Expertinnen und Experten waren. Es gab sowohl Konflikte in der Gruppe als auch ein ausgeprägtes Silodenken und Konkurrenz.

Gegenüber meiner Leitung konnte ich keine verlässlichen Aussagen zu Zielen und Projekten mehr treffen. Keine herkömmliche Art der Visualisierung und Dokumentation half uns dabei, Vorhaben angemessen zu priorisieren, sie abzuschichten und Schritt für Schritt umzusetzen. Die Liste an Aufgaben und Projekten wurde immer länger, und wir erstarrten manchmal förmlich vor der Vielzahl an Dingen, die zu durchdenken und zu tun waren.

Frage: Wieso habt ihr euch für Kanban entschieden, und welche anderen Optionen habt ihr gegebenenfalls berücksichtigt?

Kanban schien als Einstieg in die agile Arbeitsweise und vor allem für eine bessere Zusammenarbeit gut geeignet. Für agil haben wir uns entschieden, weil ein Teil unserer Aufgaben mittlerweile komplexer Natur sind und diese mit den herkömmlichen Projektmanagementmethoden nicht mehr zu bewältigen waren. Der Auslöser war unter anderem die Einführung internationaler Studiengänge (während Corona kam die Organisation und Umsetzung von präsentischen und digitalen Prüfungsformaten hinzu), die weit ab vom Standard verlaufen und bei denen etablierte Projektstrukturen hier nicht mehr erfolgreich waren. Weder gab es Eins-zu-eins-Zuordnungen (Person zu Aufgabe) noch klare Vorgehensweisen oder Kommunikationsstrukturen für eine Zusammenarbeit.

Frage: Wie seid ihr zu eurem Kanban-System gekommen, und wie sah euer anfängliches System aus?

Im November 2019 haben wir einen Workshop mit einem Team von ca. zwölf Personen zur Vermittlung von Kanban-Grundwissen und für eine Bestandsaufnahme unserer Arbeit durchgeführt. Meine Leitung (die Verwaltungsleiterin und der Prodekan für Studium und Lehre) hat ebenfalls an dem Workshop teilgenommen.

Anfang 2020 haben wir im Team das physische Board am Start gehabt. Zeitgleich hatten wir eine Psychologiestudentin zur Unterstützung eingestellt, die den Prozess moderiert hat. Sie hatte eine Funktion ähnlich einer Art Scrum Maestra. Diese für uns »externe« Person hat uns bereits beim Start immens geholfen, da wir aus unseren herkömmlichen Rollen heraustreten und etwas anderes ausprobieren konnten. Sie durfte unser Vorgehen immer wieder hinterfragen und uns an die Kanban-Regeln erinnern.

Zu Beginn der Kanban-Meetings haben meine Teammitglieder gewartet, dass ich in meiner Leitungsfunktion moderiere und etwas sage. Sie fühlten sich unsicher, vielleicht auch bedrängt und beobachtet. Die Treffen in unserem Flur vor unserem Kanban-Board waren daher zum Teil etwas zäh. Wir trafen uns ein- bis zweimal pro Woche davor. Einige haben sich früh getraut, außerhalb dieser Treffen etwas mit dem Board zu machen, andere haben eher abgewartet. Manche haben davorgesessen, andere gestanden, mit unterschiedlicher Distanz zum Thema und zur Methode. Ich bekam anfangs auch einige Zornes- und Verzweiflungsrückmeldungen: »Das will ich nicht, du kannst uns kontrollieren!« oder »Das ist moderne Sklaverei, und du willst nur schauen, wie viel wir arbeiten, und uns damit unter Druck setzen!« Da kamen viele Befürchtungen und Konflikte hoch. In dieser Zeit war das, was vor dem Board passierte und zu beobachten war, viel spannender als das, was direkt am Board umgesetzt wurde.

Mit den physischen Boards sind wir gestartet und mussten dann in der Corona-Lockdown-Phase schnell auf Trello umwechseln. Das funktionierte recht gut.

Unsere Struktur war gleich zu Beginn so, dass wir auf Teamebene das Team-Kanban-Board hatten und daneben das sogenannte Trichter-Board, das vom Leitungsteam genutzt wird und deutlich komplexer ist. Beide haben schon einige Entwicklungsstufen durchgemacht.

Auf Teamebene haben wir uns längere Zeit dienstags und donnerstags jeweils 15 Minuten zu Kanban-Meetings getroffen. Mittwochs haben wir uns immer 45 Minuten Zeit für ein Planungs- und Nachschubmeeting genommen. Einmal monatlich fand eine Retrospektive statt, die von unserer Psychologiestudentin organisiert und moderiert wurde. Im Augenblick treffen wir uns nur noch einmal wöchentlich länger plus Retrospektive.

Auf Leitungsebene treffen wir uns regelmäßig einmal in der Woche an unserem Trichter-Board. Auch hier haben wir sehr kontinuierlich die Begleitung durch unsere Psychologiestudentin in Anspruch genommen, die unser Vorgehen immer wieder hinterfragt und uns ermuntert hat, Veränderungen vorzunehmen.

Frage: Wie verlief die Einführung, und wie viel Zeit musstet ihr investieren?

Der Start mit einem Board war schnell gemacht, als das physische Board, Stifte und ausreichend Sticky Notes vorhanden waren. Zunächst wurde die Board-Architektur oft verändert und wieder neu ersonnen, aber das gehörte zum Prozess. Gefühlt läuft die Einführung immer noch, die Boards, deren Anzahl und Regelungen ändern sich stetig, doch das macht die Lebendigkeit dieses Systems aus. Von einigen wird das als große Unruhe erlebt, für andere ist es als Vorgehensweise viel passender (vor allem für die jüngeren Kolleginnen und Kollegen).

Ich habe in Einzelgesprächen nach einem Jahr die Einschätzung des Nutzens von Kanban in meinem Team abgefragt. Interessanterweise haben die größten Kritikerinnen und Kritiker hohe Bewertungen abgegeben, also großen Nutzen festgestellt. Der Nutzen wird also gesehen, auch wenn die Vorgehensweise nicht uneingeschränkt begrüßt wird. Insgesamt ergab sich ein Wert von ca. 9 auf einer Skala von 1 bis 10 – das hat mich (positiv) überrascht.

Frage: Wie lange arbeitet ihr nun mit Kanban?

Gestartet sind wir kurz vor der Coronapandemie im Frühjahr 2020. Seitdem arbeiten wir aktiv mit unseren Systemen.

Frage: Wie hat sich eure Arbeitsweise verändert?

Ich hatte eingangs gesagt, wie wichtig für mich die Teamentwicklung war. Wir hatten im Kanban-Maturity-Modell gesehen, dass wir ziemlich am Anfang standen. Wir haben 2019 begonnen, jetzt ist es 2021, das ist ein langer Weg. Die Art der Zusammenarbeit hat sich seitdem gewandelt, und wir arbeiten zunehmend mehr wie ein Team.

Ich persönlich versuche mich stärker aus meiner Führungsrolle heraus hin eher zu einer Art Product Ownerin zu entwickeln.

Das Team ist über entdeckte Freiräume erstaunt und nutzt diese dann auch.

»Klassische« und agile Arbeitsweisen verschwimmen immer mehr.

Frage: Spüren eure Kunden Unterschiede?

(Anmerkung Susanne: Die »Kunden« im Kanban-Sinne hier sind die Studierenden und Lehrenden sowie das Dekanat.)

Meine Leitung und ich möchten unser Trichter-Board nicht mehr missen. Es hängt alles sichtbar jede Woche da, wir haben das Gefühl, nichts mehr zu vergessen, und können alles gemeinsam besprechen. Das ist ein großer Vorteil und vor allem ein hoher Grad an Transparenz für alle.

Die Lehrenden und Studierenden haben bestimmt gemerkt, dass wir vor allem in der Coronazeit sehr schlagkräftig und umsetzungsstark waren.

Frage: Was hat sich sonst konkret verbessert, gab es auch Probleme?

Es gab von Anfang an Bedenken von Teammitgliedern, dass die neue Transparenz durch die Leitung zur Kontrolle und zum Aufbauen von noch mehr Druck missbraucht werden könnte. Diese Bedenken haben sich im Laufe der Zeit abgeschwächt.

Meine wöchentlichen Leitungstreffen am Trichter-Board laufen strukturiert und effizient. Wir haben nicht mehr das Gefühl, dass etwas vergessen wird. Persönlich würde ich mir wünschen, dass meine Leitung sich aktiver am Board einbringt.

Beim Team ist es so, dass sich die Art der Zusammenarbeit als Team verändert. Wir reifen zu einem Team. Man lernt sich einfach noch mal anders kennen. Zwischendurch hatten wir ganz schöne Durststrecken, in denen wir uns erheblich auf den Keks gegangen sind, weil wir viel über Dinge wie z.B. die Zusammenarbeit (also auf der Meta-Ebene) gesprochen haben.

Alles in allem ist ein Gefühl da, dass man einen besseren Überblick haben kann, wenn man häufiger zusammenkommt. Die Studentin, die uns moderiert hat und als neutral empfunden wurde, musste uns leider verlassen. Ein professioneller Coach hat im Anschluss mit dem Team weitergearbeitet. Sie war erstaunt, dass immer alle zu allen Meetings da waren. Ein Feedback war außerdem, dass sich immer alle an die Regeln halten und schauen, was sie der Vorgehensweise für sich abgewinnen können.

Als Herausforderungen sind die Einhaltung von WIP-Limits geblieben, die inhaltliche Größe der Tasks auf den Karten und das Pullen von Tasks.

Frage: Wie sieht euer Kanban-System heute aus? Wie viele Leute arbeiten damit?

Wir haben ein dreiteiliges System (siehe Abbildung 12-1): Zunächst unser sogenanntes »Trichter-Board«, das den Upstream-Prozess und Initiativen auf höherer Ebene steuert. Dieses Board wird vor allem auf Leitungsebene zur Planung und Steuerung benutzt. Das gesamte Team arbeitet mit unserem Team-Board, auf dem wir alle aktuellen Tätigkeiten abbilden. Das Team-Board wird ergänzt durch eine Anzahl von Projekte-Boards, die Details abbilden und jeweils von einer Teilmenge des Teams genutzt werden.

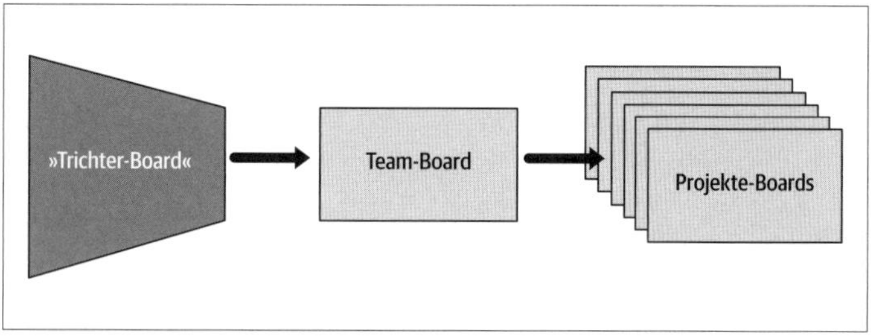

Abbildung 12-1: Kanban-Systemstruktur

Frage: Hattet oder habt ihr Tools im Einsatz? Welche sind das, und wie sind eure Erfahrungen damit?

Als das gesamte Team ins Homeoffice umgezogen ist, wurden die Boards nach Trello übertragen. Seitdem arbeiten wir mit den Boards in diesem Tool, was gut funktioniert, auch weil es Verknüpfungen zwischen den Boards erlaubt und die Technik einfach zu handhaben ist.

Mittlerweile nutzen wir ergänzend andere Tools, z.B. das Concept Board und das Retro-Tool oder ein Tool zum systemischen Konsensieren.

Frage: Möchtest du sonst noch etwas berichten?

Bedingt durch Corona und die pandemischen Einschränkungen waren wir gezwungen, uns im Bereich Studium und Lehre viel mehr in Richtung Digitalisierung zu entwickeln. Die Fakultät hat im Regelfall Veranstaltungen mit mehreren Hundert Studierenden. Mit den Abstandsregelungen passten plötzlich statt 400 Personen nur noch 50 in einen Veranstaltungsraum. Prüfungen konnten nicht mehr wie bisher organisiert werden. Daher haben wir uns kurzerhand für digitale Prüfungsformate entschieden. Für das ganze Projekt hatten sich neun Kolleginnen und Kollegen als crossfunktionales Team zusammengetan. Wir trafen uns jeden Morgen um 7:45 Uhr für 15 Minuten vor dem Board und schrieben alles auf, was zu tun und zu entwickeln war. Alles war neu. Einerseits waren alle genervt von den 7:45-Uhr-Meetings, andererseits waren wir gehypt, weil wir unserem Ziel immer näherkamen. Jeden Tag konnten wir sehen, dass es einen kleinen Fortschritt gab. Wir haben gemeinsam die Verantwortung getragen, was Mut gegeben hat, Entscheidungen zu treffen. Jede und jeder hat unterstützt, wo es ging, auch wenn Aufgaben nicht in den eigenen Bereich fielen. Dieses Board für die Prüfungen im digitalen Format ist ein großes Erfolgserlebnis. Es lief vollkommen geräuschlos ab mit allem, was dazugehört, auch für die Vorbereitung und Unterstützung der Studierenden.

Diese Vorgehensweise haben wir in den Pandemiesemestern fortgesetzt. So etwas über einen klassischen Projektplan zu steuern, hätte nicht funktioniert. Wir haben davon auch anderen berichtet, und wir zehren davon in schlechten Momenten.

Im Rückblick haben wir es gerade rechtzeitig vor der Coronakrise geschafft, in unserer Arbeitsweise agiler zu werden. Das hat uns massiv geholfen.

Wir haben schon in einigen Foren mit einem Praxisbericht über unsere Kanban-Implementierung berichtet und hatten dazu stets sehr gute Resonanz. Und es ermutigt uns, mit der Methode weitere Schritte zu gehen.

Interview 3: Kanban in der Softwareentwicklung im Konzern

Dieses Interview habe ich mit dem Produktgruppenleiter IT geführt.

Frage: Wie habt ihr von Kanban erfahren?

Ich habe über Kanban durch dich (Susanne Bartel) erfahren. Du warst damals (circa 2016) in einem benachbarten Bereich aktiv.

Frage: Wie war eure Ausgangssituation?

Wir haben eigentlich Scrum gemacht, hatten aber erhebliche Probleme bei der Vorbereitung der Sprintplanung, das haben wir nie so richtig auf die Reihe gekriegt. Dann wurdest du von uns dazugeholt und hast den Gedanken von Kanban reingebracht: Vielleicht kann man das in dieser Form ja weglassen und eher kontinuierlich arbeiten. Wenn diese Zeremonien aus Scrum eh nicht richtig passen, ist Kanban vielleicht der richtige Ansatz.

Frage: Wieso habt ihr euch für Kanban entschieden, und welche anderen Optionen habt ihr gegebenenfalls berücksichtigt?

Wie gesagt, wir hatten Scrum tatsächlich im Einsatz. Wir hatten das Problem, dass wir mit Scrum nicht klargekommen sind. Wir hatten quasi ein Scrum-but[1], der Reifegrad war einfach nicht da. Den Product Ownern ist es schwergefallen, vernünftig das Backlog und die Stories vorzubereiten. Wir haben es nicht geschafft, einen schützenden Sprintraum zu schaffen, sodass es dann im Sprint doch oftmals Veränderungen gab. Aber es gab auch viele andere Probleme, die man natürlich auch mit Kanban hätte, die bei uns aber dafür gesorgt hatten, dass Scrum nicht funktioniert hat und wir sehr unzufrieden darüber waren. Dann haben wir uns auf unsere Beraterin eingelassen und mit Kanban angefangen.

---

1 Anmerkung der Autorin: Eine entsprechend vom Scrum Guide abweichende »unvollständige« Scrum-Implementierung. Abgeleitet von »We use Scrum, but ...«, auf Deutsch: »Wir nutzen Scrum, aber ...«

Frage: Wie seid ihr zu eurem Kanban-System gekommen, und wie sah euer anfängliches System aus?

Unser erstes System agierte auf Teamebene. Wir hatten damals maximal zwei Teams. Wir hatten noch nicht das Skalierungsproblem und die vielen Abhängigkeiten. Es war ein Proto-Kanban[2]. Wir hatten auch noch keine WIP-Limitierung. Wir waren sehr am Anfang unserer Reise. Von den festen Iterationen in den kontinuierlichen Fluss war es ein wichtiger Schritt.

Frage: Wie verlief die Einführung, und wie viel Zeit musstet ihr investieren?

Wir haben mit ersten Simulationen und Spielen mit dir gemeinsam begonnen. Wir haben viel gespielt (LegoFlow, Würfel). Wir haben über die Zeit viel mit euch ausprobiert (später auch verschiedene Simulationen von Okaloa Flowlab etc.) und sind mit euch gewachsen. Wir hatten auch erhebliche Probleme, das zum Laufen zu kriegen. Es war nicht einfach. Es hat lange gedauert, bis wir über Organisationsgrenzen (Business und IT) hinweg ein Verständnis aufgebaut hatten, wie wir arbeiten wollten. Und dann kamen projektspezifische Probleme dazu, die das Ganze nicht einfacher machten: stringent im Prozess bleiben, wenn viele Kräfte von außen an dem Produkt zerren. Es gab handwerkliche Fehler, auch z.B. im Erwartungsmanagement, und in solch einem schwierigen Kontext ist natürlich auch die Einführung einer Methode nicht einfach.

Zum Teil waren wir rückblickend auch etwas überfordert, z.B. mit wahrscheinlichkeitsbasierten Prognosen am Anfang. Wir hatten uns da zu viel vorgenommen, was wir erreichen wollten. Eventuell waren wir ein bisschen theoriegetrieben. Ich glaube, wichtig ist, bei der Einführung praktisch loszulegen. Also nicht so sehr über die Methode zu reden, sondern es einfach zu machen! Und dann ist es, glaube ich, ganz gut. Das ist so mein Learning. Wenn man etwas nach einer Methode machen will, einfach tun, und welche Hintergründe es dafür gibt, muss man als Ausführender vielleicht gar

2 Begriff für ein frühes, eher einfach gehaltenes Kanban-System.

nicht so genau wissen. Wenn der Coach und die Führungskraft das wissen, reicht es völlig aus, Hauptsache, man macht das Richtige.

Einwurf Susanne: Fight Club Kanban! Ja, genau. Also, das ist so bei einer Kanban-Einführung: Es ist wichtig, jemanden zu haben, der weiß, was er tut, der auch die Theorie verstanden hat. Aber es muss nicht jeder im Team alles in der Tiefe verstanden haben, um dem zu folgen. Es sind einfach Regelungen, die gelten, die werden halt befolgt, dann wird's gemacht. Dann kann man sich dahin entwickeln und immer mehr verstehen und hinterfragen und auch zum Experten werden, dagegen spricht nichts. Aber man muss kein Experte sein, um mit Kanban anzufangen.

Frage: Wie lange arbeitet ihr nun mit Kanban?

Der Start für das Produkt war Anfang 2016, und Mitte 2016 wurde es dann bei uns im IT-Bereich konkret.

Anfangs war unser Ansatz stark Scrum-orientiert mit wenigen Teams. Relativ bald, schon im Jahr 2017, gingen die ersten Schritte mit Kanban los mit der Motivation, Überblick über die Teams zu bekommen. Dann kam das erste teamübergreifende Epics[3]-Board physisch an die Wand. Das war in der Situation, als wir das erste Mal so richtig Druck hatten: »Was schaffen wir denn eigentlich?« Als auf einmal die Frage aufkam: »Was sind eure Capabilities (Leistungsfähigkeit)«, als wir uns eingestehen mussten, dass wir dazu außerhalb der Scrum-Metriken der einzelnen Teams für das Gesamtprojekt keine quantitative Antwort hatten.

Das war dann der Anlass, auf teamübergreifender Ebene deutlich mehr Struktur einzuführen, gemeinsame Board-Meetings zu haben. Wir hatten aber auch nicht die richtigen Tools[4]. Und so wirklich los ging es dann, als wir erfolgreich wurden mit dem Multi-Level (ein mehrstufiges Kanban-System), als wir ein digitales Tool in Tableau hatten. Damit ging es erst richtig gut[5]. Wobei, man kann es so auch

3 In diesem Fall wurden *Epics* zur Beschreibung größerer fachlicher Anforderungen und Funktionalitäten genutzt in Ergänzung zu den kleinteiligeren *User Stories*, die in den Teams umgesetzt wurden.

4 In den Teams sowie für das übergreifende Epics-Board war Jira im Einsatz.

nicht sagen, auch das andere Board war schon nicht schlecht. Den richtigen Schwung nach vorne hatten wir, als wir unsere eigene digitale Kanban-Board-Sicht in Tableau gebaut hatten. Und da zehren wir heute noch von, das Tableau-Board ist immer noch im Einsatz.

Einwurf Susanne: Das ist echt cool, was ihr da gebaut habt, darüber solltet ihr mal auf einer Konferenz berichten. Und das führt uns auch zur nächsten Frage.

Frage: Habt oder hattet ihr Tools im Einsatz, und wie sind eure Erfahrungen damit?

Wir haben Atlassian Jira im Einsatz, dann haben wir für Jira die Erweiterung Actionable Agile, die wir zurzeit aber kaum nutzen. Einzelne haben den Jira Flow Companion im Einsatz. Und im Hintergrund das weitere Atlassian-Ökosystem mit Confluence und so weiter.

Erfahrungen damit: Jira ist ein Ticketing-System, es ist halt kein Kanban-System. Man kann rudimentäre Kanban-Boards aufbauen, und auf Teamebene reichen sie normalerweise auch aus. Wenn sich die Beteiligten über die Policies (Vereinbarungen) einig sind, geht das. Ist natürlich eingeschränkt, wenn man tatsächlich ein serviceorientiertes Board (entworfen in einem Kanban Design Workshop) mit verschiedenen Arbeitstypen, Serviceklassen, auch mal ein bisschen kreativeres Design z.B. von Workflows umsetzen möchte, so wie man das z.B. an einem Whiteboard machen würde. Für Teams ganz okay, Multi-Level geht gar nicht, weil man für die skalierte Arbeit in der Darstellung keinen geeigneten Überblick bekommt. Du kannst ein digitales Board einfach nicht mehr erfassen. Dazu fehlen die ganzen Kennzahlen, die man eigentlich braucht. Das kann man sich zum Teil über Erweiterungen einkaufen, die nicht leicht zu nutzen sind. Hinzu kommt wie auch bei moderneren Tools: Sobald sich Karten nicht nur nach rechts, sondern auch mal zurückbewe-

5 Tableau wurde genutzt, um aus Jira exportierte Daten so darzustellen, dass der Gesamtfortschritt der Epics sowie die Kapazitäten der Teams sichtbar wurden. Hier wurden auch Capacity-Tokens für Teams dargestellt.

gen, verliert man sinnvolle Laufzeitmesswerte. Damit haben auch andere Tools wie Kanbanize Probleme.

Frage: Wie hat sich eure Arbeitsweise verändert?

Unsere Arbeitsweise hat sich schleichend verändert. Wir haben Fluss, wir liefern kontinuierlich Mehrwert. Wir haben regelmäßige Releases, können auch Aussagen treffen, was in den Releases drin sein wird. Wir sind also aussagefähig, was zu Beginn des Projekts nicht der Fall war.

Der eigentliche Entwicklungsprozess läuft richtig gut, da ist nicht mehr viel vom organisatorischen Aspekt her zu optimieren: Abstimmung über Teamgrenzen hinweg, Sichtbarkeit, Fluss, Qualitätssicherung und so weiter. Ich glaube, der Prozess als solcher ist gut, da gibt es aktuell wenig Änderungen und wenig Diskussionen. Die Zusammenarbeit in den Teams und teamübergreifend ist wirklich gut. Wir sind im Fluss und kennen unsere Leistungsfähigkeit. Natürlich ist es so, dass man immer noch verbessern kann, z.B. Service Reviews, aber wir haben eben auch die Servicelieferverantwortung ganz gut definiert, das war ganz wichtig: Wir haben die Rolle eines Service Delivery Manager (wir nennen sie *Delivery Leads*) eingeführt. Wir hatten vorher den hehren Ansatz der selbstorganisierten Teams, alle sind gleich ohne Hierarchie. Das hat nicht funktioniert. Man muss einen Rahmen geben, und es braucht Leadership, und dazu haben wir die Delivery Leads, die in den einzelnen Teams für die Services die Verantwortung haben.

Rückblickend war das ein ziemlicher Knackpunkt und hat erst so richtig dafür gesorgt, dass wir vorangekommen sind. Mit den Delivery Leads in den Teams, die bei den teamübergreifenden Abstimmungen dabei sind, haben wir ganz viele Probleme gelöst. Die Rolle haben wir etwa 2019 etabliert, das war eine ganz gute und wichtige Entscheidung. Man muss dabei auch sehen, dass wir uns kontinuierlich von einer Handvoll Menschen, die einen Proof of Concept gebaut haben, hin zu einem Projektteam von ca. 100 Mitarbeitenden entwickelt haben.

Frage: Wie sieht euer Kanban-System heute aus, und wie viele Leute arbeiten damit?

Heute arbeiten ca. 100 Menschen mit dem mehrstufigen System.

Was wir feststellen, ist, dass die Frage nach dem produktübergreifenden Alignment (der gemeinsamen Ausrichtung) wichtiger wird. Wir haben es geschafft, eine Produktentwicklung hochzuskalieren. Aber bei den Integrationsthemen mit Nachbarprodukten haben wir aktuell weitere Fragen zu der Integration über Produktgrenzen hinweg, etwa die Frage, wie wir das Portfolio organisieren wollen. Und es sieht so aus, als ob wir dafür auch Kanban verwenden werden.

Da geht's dann auch los, dass man als Erstes einmal den Prozess aufschreibt. Über die WIP-Limitierung rede ich noch gar nicht mit den Leuten, mit meinen Peers. Das kommt dann nach und nach. Man muss sie auch da abholen, wo sie sind. Und Kanban ist eben nicht nur »Wie organisieren wir unsere Arbeit«, sondern es ist letztendlich ein Change Framework. Ich glaube, diesen Aspekt darf man anfänglich vernachlässigen, aber die Prinzipien und Werte daraus sind bei meinem Managementteam fast immer präsent, und das ist eine große Hilfe. Starten, wo man gerade steht, »Leadership on all Levels«, das sind Dinge, die uns durch den Tag tragen und uns helfen.

Einwurf Susanne: Was an dieser Stelle vielleicht für andere interessant ist: Du und weitere Führungskräfte, ihr habt ja relativ früh ein Kanban-Training (Kanban Management Professional, KMP) besucht. Das war wichtig, oder?

Ja, auf jeden Fall. Für bestimmte Führungskräfte ab Teamleiterebene ist die KMP-Ausbildung jetzt Pflicht. Es ist die Basis unseres Arbeitens. Für die meisten Teammitglieder reicht eine Anwenderschulung (Team Kanban Practitioner) völlig aus. Das sollten sie aber alle haben, um zu verstehen, über was wir hier reden.

Das Ganze braucht einfach Zeit. Und was du auch brauchst, ist ein klares »Ich will« aus der Führungsebene. Also ein »Kanban ist hier gesetzt«. Über Scrum oder Ähnliches brauchen wir hier gar nicht zu diskutieren. Das ist die Art und Weise, wie wir unsere Arbeit organisieren wollen. So ist das. Da muss man sich auch Gedanken über den Delegation Level machen. Man kann als Führungskraft nicht alles ins Team geben, sondern man muss auch manchmal sagen: »Nein, das ist so gesetzt, und wir glauben, das ist das Richtige.« Wir können das gern im Rahmen der Feedback-Schleifen regelmäßig überprüfen. Letztendlich jedoch gibt es gewisse Rahmenbedingungen, die man als Führungskraft setzen muss. Das wollen auch die Mitarbeitenden, die wollen auch wissen, wo's langgeht: In welchem Kontext arbeite ich, wie arbeiten wir hier, was sind die Regeln, und wie kann ich mitgestalten?

Frage: Spüren eure Kunden denn Unterschiede?

Hoffentlich (beide lachen).

Ich glaube, wir machen einen guten Job, ja. Wir haben jetzt mehrere große Kunden implementiert, die für uns strategische Bedeutung haben. Aufgrund des Kanban-Systems hatten wir die Flexibilität, kurzfristige Änderungen tatsächlich zu berücksichtigen und Aussagen darüber zu treffen, wann wir es fertigbekommen. Serviceklassen haben uns sehr stark geholfen, Eskalationen zu vermeiden. Wir können zuverlässig liefern und auf Probleme z.B. über *Expedites*[6] reagieren. Das ist natürlich nichts, was man möchte, aber wenn man sie denn braucht, sind sie Gold wert. Man darf sie nur nicht missbrauchen (»Okay, noch ein Expedite und noch ein Expedite, dann kriegen wir alles hin!«), aber für den Notfall sind sie ganz gut. Das hat auch dazu geführt, dass wir Kundenimplementierungen zur Zufriedenheit des Kunden hingekriegt haben.

Kanban hilft nicht, magisch die Kapazität zu erhöhen oder Wunder zu produzieren. Falsche und zu hohe Erwartungen kann man auch mit Kanban nicht lösen. Man muss halt auch sagen, dass irgendwann die Optimierungsgrenze erreicht ist (im Sinne von sichtbaren Verbesserungen der Lieferrate und der Laufzeit). Die Frage ist eher, ob die richtigen Sachen fertig werden. Man muss dann über den gelieferten Wert besser werden.

6 Karten mit der Serviceklasse *Beschleunigt*.

Frage: Was hat sich sonst konkret verbessert, und gab es auch Probleme?

Probleme gibt's eigentlich immer. (Überlegt).

Wir sind besser in der Lage, Vorhersagen zu treffen. Unsere Termintreue hat sich verbessert. Langfristige Vorhersagen zu treffen, ist immer noch schwierig, etwa wenn man über die nächsten zwei bis drei Jahren Vorhersagen treffen möchte bzw. muss. Für diese Art der strategischen Planung und Prognose braucht man andere Tools. So etwas wie Visionen oder OKRs[7] stellen Ziel-Alignments her, dafür ist Kanban das falsche Tool. Ziele muss man schon irgendwie anders organisieren.

Es hilft beim Erwartungsmanagement, aber ersetzt dieses auch nicht. Man muss die Hausaufgaben als Managementteam trotzdem noch machen. Führungskräfte werden noch gebraucht, das ist doch sehr beruhigend ;).

Frage: Möchtest du sonst noch etwas berichten?

Vielen Dank, Susanne, dass du damals Kanban zu uns gebracht hast.

Susanne: Und vielen Dank, dass wir zusammen wachsen konnten und dass ihr bereit wart, viele Dinge mit uns auszuprobieren.

Reflexion zu Teil III

1. Was wäre in Ihrer Organisation ein geeigneter Startpunkt für eine Kanban-Implementierung, das heißt in welchem Bereich, mit welchen involvierten Personen und wieso?
2. Welche Unzufriedenheiten gibt es derzeit in der Organisation? Können Sie sich hierzu informell Meinungen von Kolleginnen und Kollegen einholen?

   Ergibt sich nach Ihrer Einschätzung daraus eine ausreichende Motivation zur Veränderung?

7 OKRs (*Objectives and Key Results*) ist eine Methode zum Managen von Zielen über die verschiedenen Ebenen einer Organisation.

Falls nicht, haben Sie Zugriff auf Daten zur Kundenzufriedenheit, um hier weitere Anreize für Veränderungen zu schaffen?

3. Verfügen Sie über die notwendigen Mittel und Möglichkeiten der Einflussnahme, um die organisatorischen Voraussetzungen für Kanban zu schaffen?

   Wen müssen Sie gegebenenfalls noch mit an Bord nehmen? Was wäre der richtige Personenkreis für z.B. Kanban Design Workshops?

4. Welche Erkenntnis oder welche Anregungen nehmen Sie aus den drei beschriebenen Anwendungsbeispielen mit?

TEIL IV

Weiterführende Themen

In diesem abschließenden Teil des Buchs möchte ich Ihnen kurze Einführungen in weiterführende Themen geben, die im Buch berührt werden. Diese Informationen dienen hauptsächlich Ihrer Orientierung und der Entscheidungsfindung, ob Sie diese Themen mithilfe anderer Quellen weiter erkunden möchten.

Folgende Themen werden angesprochen:

- Upstream Kanban: von der Anfrage oder Idee bis zum umsetzungsreifen Arbeitsgegenstand.
- Skalieren: Wie kann die Nutzung der Methode schrittweise über weitere Teile der Organisation ausgedehnt werden?
- Von Scrum zu Kanban: Wann kann es sinnvoll sein, sich auf die ScrumBan-Reise zu begehen?
- Kanban-Coaching: mit zielgerichteten Veränderungen die Organisation erfolgreicher machen.

KAPITEL 13

Upstream Kanban

Das Thema *Upstream Kanban* betrachtet den dem Liefersystem vorgelagerten Teil, nämlich flussaufwärts (*upstream*) bis hin zur ursprünglichen Anforderung. Damit wird die Lücke gefüllt zwischen den Ideen oder vom Kunden kommunizierten Anfragen bis zum umsetzungsreifen Arbeitsgegenstand. Ein Bild, das hierfür sehr gebräuchlich ist, ist ein Trichter. Abbildung 13-1 gibt einen Überblick.

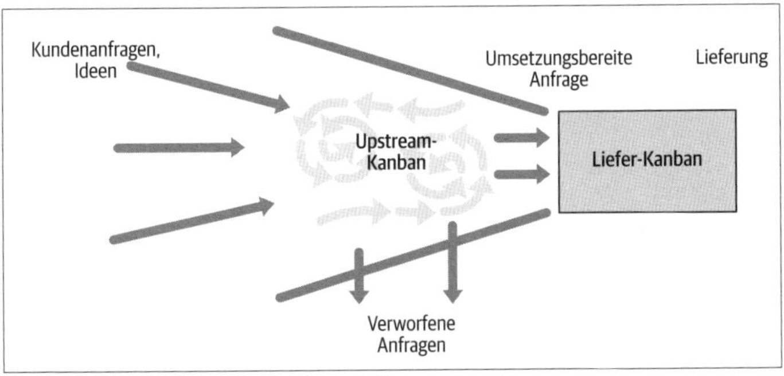

Abbildung 13-1: Upstream und Liefer-Kanban

Sie können aus der Abbildung schon erahnen, dass es im »Trichter« etwas turbulenter zugeht als im Liefersystem. Mehr dazu erfahren Sie in den weiteren Abschnitten.

Es gibt auch Kanban-Systeme mit einem sehr kurzen oder praktisch nicht existenten Upstream-Teil. Diese finden sich überall dort, wo Anfragen sehr klar sind, schnell bearbeitet werden müssen und es wenig Spielraum (inhaltlich) für die Umsetzung gibt, z.B. bei der Behebung von Betriebsstörungen oder der Bearbeitung von Standardkundenanfragen zu Produkten.

Für diejenigen, die einen ausgeprägten Upstream-Bereich haben, bringt Kanban äußerst wirkungsvolle Ansätze und Techniken mit, wie Sie die Steuerung auch in diesem Bereich verbessern können, um sicherzustellen, dass Ihre wertvollen und knappen Umsetzungsfähigkeiten optimal genutzt werden, das heißt maximalen Wert erzeugen.

Dieses Thema ist damit zum einen für diejenigen, die im Produktmanagement arbeiten, besonders interessant, also z.B. für Product Owner oder Produktmanager. Andererseits werden aber auch z.B. Projektmanager oder Teamleiterinnen die beschriebenen Konzepte und Praktiken anwenden können.

Im Rahmen der Möglichkeiten dieses Buchs kann das Thema Upstream natürlich nicht umfänglich behandelt werden. Ich würde mich freuen, wenn Sie ein Bewusstsein für das Thema und einige grundlegende Praktiken mitnehmen würden und sich dann bei Bedarf unter anderem mit den angegebenen weiteren Quellen tiefer in das Thema einlesen.

Das Thema *Upstream*, oder auch »Discovery Kanban«, geht vor allem auf die Arbeit von Patrick Steyaert zurück, einem belgischen Kanban-Coach und -Trainer. Patrick hat gemeinsam mit seiner Partnerin Arlette Vercammen die Okaloa-Flowlab-Simulationen entwickelt und eine Moderatoren- und Trainercommunity darum herum aufgebaut. Patrick ist auch Autor von »Essential Upstream Kanban« [Steyaert 2018] und hat das Thema in den vergangenen Jahren maßgeblich mitentwickelt. Im Internet finden sich zahlreiche seiner Konferenzvorträge (z.B. bei der Konferenz *Lean Kanban North America (LKNA) 2017*, [Steyaert 2017]). Diese sind empfehlenswert, wenn Sie weiterführende Kenntnisse erwerben möchten. Außerdem empfehle ich Ihnen die Teilnahme an einer Upstream-Okaloa-Flowlab-Simulation, in der Sie viele der Konzepte und Praktiken erfahren und erproben können.

In den nächsten Abschnitten bekommen Sie zunächst ein Bild davon, worum es im Upstream Kanban geht und welche besonderen Eigenschaften Upstream im Vergleich zum Liefersystem hat. Abschließend bekommen Sie einen kleinen Einblick in Kanban-Praktiken, die in diesem Bereich angewendet werden können.

Die Herausforderung: optimaler Zufluss von Optionen

Ziel der Flusssteuerung im Bereich des Upstreams ist es, den richtigen Mix umsetzungsbereiter Anforderungen in der richtigen Menge zur rechten Zeit für das Liefersystem bereitzustellen. Der Upstream muss im richtigen Maß vom Fluss im Liefersystem »angezogen« werden und natürlich inhaltlich wertvolle Optionen bereitstellen. Gelingt dies nicht, ist einer der beiden Problemfälle zu beobachten:

- »Überflutung« durch zu viel Nachschub, sodass viele Optionen »auf Halde« landen
- »Verhungern« durch zu wenig Nachschub, sodass dem oder den Umsetzungsteams die Arbeit ausgeht

Leider sind beide Fälle in der Praxis oft zu finden, was in den entsprechenden Organisationen ernst zu nehmende Probleme erzeugt.

Überflutung

Am ersten Fall der »Überflutung« ist zum einen die fehlende Balance beim Einsatz der Personen und sonstigen Ressourcen problematisch: Typischerweise sind in den Upstream-Tätigkeiten (also in allem, was nötig ist, um Optionen für die Umsetzung auszuwählen und vorzubereiten) auch Beteiligte des Liefersystems involviert. Werden diese für Upstream-Tätigkeiten abgezogen, reduziert das die Leistungsfähigkeit in der Umsetzung. Tatsächlich ist es Verschwendung, mehr Optionen vorzubereiten, als umsetzbar sind. Es gilt hier, eine gute Balance zu finden.

Eine einfache Überprüfung können Sie so vornehmen: Wie viele Arbeitspakete haben Sie praktisch umsetzungsbereit verfügbar? Wie groß ist Ihre Lieferrate beispielsweise pro Monat? Wie groß ist der sich daraus ergebende umsetzungsbereite Arbeitsvorrat?

Ein Beispiel: Nehmen wir an, 101 Brands schafft es, ein bis drei Projekte pro Monat abzuschließen (diese sind alle ausreichend ähnlich). Wenn es in *Bereit zur Umsetzung* 20 Projekte gäbe, wäre dies ein ausdefinierter Arbeitsvorrat für ca. ein Jahr.

Es schlummern unglaubliche Mengen an Arbeit in den Arbeitsvorräten und Backlogs der Republik! Nach meiner Einschätzung wirken hier ähnliche Mechanismen, die für zu viel parallele Arbeit sorgen: Aus Angst, dass die Arbeit ausgehen könnte, wird lieber zu viel als zu wenig vorbereitet.

Neben diesem Problem der Menge gibt es bei langen Wartezeiten inhaltliche Auswirkungen auf die Arbeitsgegenstände zu beobachten, die sich durch Unsicherheiten im Umfeld ergeben. So kann es nötig werden, dass Arbeitspakete vor der Umsetzung nochmals überarbeitet werden müssen, da sich in der Zwischenzeit Dinge verändert haben. Dies ist je nach Dynamik der Umgebung mehr oder weniger schädlich. Generell altern vorbereitete Optionen in komplexen Umgebungen nicht gut.

Der zweite Fall des fehlenden Nachschubs, des »Verhungerns«, ist oftmals nicht leicht ersichtlich, da er bewusst oder unbewusst verschleiert wird. In den seltensten Fällen werden Umsetzungsteams rufen: »Hilfe! Wir haben keine Arbeit!« Stattdessen wenden sie sich in Eigenregie anderer Arbeit zu. Dies kann auch in der Form geschehen, dass mehr niedrig priorisierte oder nicht sauber definierte Anforderungen in die Umsetzung gelangen. Dadurch wird weniger Wert als möglich geliefert, oder es entstehen vermeidbare Nacharbeiten.

Ausgleichen von unterschiedlichen Frequenzen

Zu dieser mengenmäßigen Betrachtung kommt noch hinzu, dass sich Taktung bzw. Rhythmus auf beiden Seiten (am Eingang der Anforderungen einerseits und beim Ziehen von Arbeitspaketen ins

Liefersystem andererseits) unterscheiden. Während Anfragen ungleichmäßig und schwer steuerbar eintreffen, gilt es, das Liefersystem kontinuierlich mit Arbeitspaketen zur Umsetzung zu versorgen.

Deshalb braucht es einen Puffer zwischen dem Upstream-Prozess und dem Liefersystem, der dies ausgleicht. Das wird durch Kanban-Praktiken erreicht, in die Sie nachfolgend einen kurzen Einblick bekommen.

Sie werden mit den hier beschriebenen grundlegenden Praktiken des Visualisierens und des Steuerns des Flusses signifikante Verbesserungen erzielen können. Den Upstream-Prozess zu adressieren, ist oftmals ein sehr wirksamer Hebel, sobald das Liefersystem etabliert ist.

Wenn Sie nicht sicherstellen, dass wirklich wertvolle und an Kundenbedarfen orientierte Arbeit ins System kommt, laufen Sie Gefahr, mit Kanban (möglicherweise sehr effizient) Dinge zu leisten, die am Bedarf vorbeigehen (»Produce crap faster«).

Besondere Eigenschaften im Upstream

In Kanban-Liefersystemen (also ab dem Zusagepunkt) bewegen sich Arbeitspakete vorwiegend sequenziell recht gleichmäßig durch den Arbeitsfluss, also von links nach rechts, über das Board. Im Upstream spricht man zum einen von Optionen oder Anfragen, zu denen eine Entscheidung, ob diese geliefert oder vor dem Liefersystem abgelehnt werden, möglich ist. Zum anderen geht es aber auch deutlich turbulenter zu: Die Optionen verschiedenster Arten und Größen »wirbeln« durcheinander, bewegen sich auch mal rückwärts, werden zusammengefasst oder gar verworfen.

Im Gegensatz zum Liefersystem, in dem man sich bemüht, Abbrüche zu vermeiden, ist das aktive Ablehnen bzw. Verwerfen von Optionen im Bereich Upstream gewünscht. Frühzeitiges Aussortieren von Optionen unter Beachtung von Risiken sichert Kapazität und Fokus für die richtigen und aktuell wichtigen Arbeiten.

Häufig (aber nicht immer) tragen im Bereich des Upstream Kanban andere Personen als im Liefersystem die Verantwortung.

Anwendung von Kanban-Praktiken im Upstream

Die meisten Kanban-Praktiken sind auch im Upstream-Bereich anwendbar. Es gibt allerdings Modifikationen, um den gerade beschriebenen Besonderheiten gerecht zu werden. Beachten Sie, dass einige dieser Praktiken für Organisationen mit einem niedrigeren Reifegrad (vor allem bei fehlender Kundenorientierung und Sichtbarkeit des durchgehenden Prozesses) ungeeignet sind.

Eine schematische Darstellung eines Upstream-Bereichs vor dem zugehörigen Liefersystem finden Sie in Abbildung 13-2. Sie können auch schon einige Kanban-Praktiken erkennen, die hier Anwendung finden.

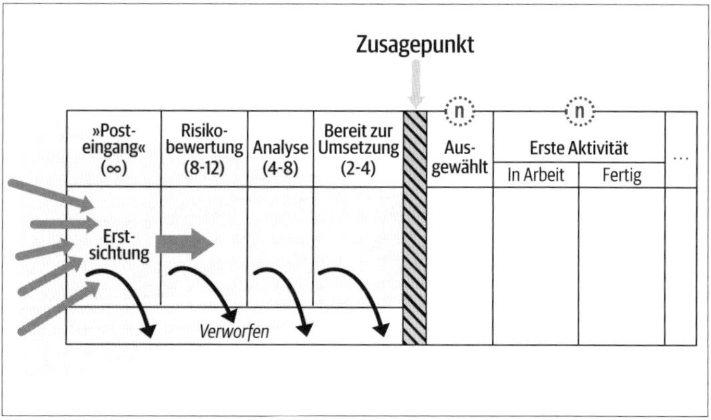

Abbildung 13-2: Beispiel eines Upstream-Boards

Die Spaltenbezeichnungen in der Abbildung sind nur ein Beispiel. Genau wie im Liefersystem bilden sie auch hier natürlich wieder den Prozess Ihrer eigenen Umgebung ab.

Nachfolgend finden Sie eine beispielhafte Auswahl von Kanban-Praktiken, die im Upstream eingesetzt werden können. Mehr Informationen dazu finden Sie in [Anderson/Carmichael 2017] und in der »Practices Map« des KMM-Modells[1].

Analog zum Liefersystem sind auch im Upstream die Arbeit (noch in Form von Optionen) und ihr Fluss durch verschiedene Stufen darzustellen. Der Fokus liegt jedoch typischerweise deutlich stärker auf Entscheidungspunkten und auch dem Verwerfen (*Discard*) von Optionen. Trotz der Unterschiede können Sie die meisten Stufen aus dem Kanban Design Workshop (siehe Kapitel 10) auch hier anwenden.

Um die verschiedenen Aktivitäten im Upstream zu finden, stellen Sie sich die typischen Anfragen vor, die am Eingang Ihres Systems eintreffen. Welche Arten, Formen, Größen gibt es hier? Nun spulen Sie ein Stück nach rechts vor zum Beginn der Umsetzung, das heißt an den Punkt, an dem diese Anfragen tatsächlich umgesetzt oder gelöst werden.

Sie haben den Anfang und das Ende Ihres Upstream-Prozesses gefunden! Welche wesentlichen Stufen durchlaufen die Optionen dazwischen, bis sie als umsetzungsbereite Arbeitspakete in das Liefersystem gezogen werden können? Diese Schritte bilden Sie in Ihrem Upstream-Board ab. Die letzte Spalte des Upstream-Boards ist der Pool, aus dem sich das Nachschubmeeting bedienen kann.

Bei haptischen Kanban-Systemen ist das Upstream-Board typischerweise einfach links vom Liefersystem angeordnet. Bei digitalen Systemen kann das ebenso sein, es können aber auch zwei getrennte Boards sein, die quasi hintereinandergeschaltet werden. Mögliche Elemente für die Visualisierung im Upstream sind:

- Eingangskriterien (welche Anfragen werden akzeptiert, welche direkt abgelehnt oder umgeleitet?).
- Stufen im Prozess und Entscheidungspunkte.

---

1 *https://www.kanbanmaturitymodel.com/?s=Practices+Map* [KMM]. Siehe dazu auch die Website *kmm.plus* sowie das Buch [Anderson/Bozheva 2021].

- Karten für die Optionen mit den wichtigsten Steuerungsinformationen, z. B. Anforderer, Kurzbeschreibung, Datum der Anforderung, Art, gegebenenfalls Fälligkeitstermine.
- Kriterien *Bereit zur Umsetzung* (*Ready to Pull*): Welche Kriterien müssen Optionen erfüllen, damit sie in die Umsetzung gehen können?
- Ein Bereich für verworfene Optionen.
- Modellierung des Trichters (durch Verwerfen und Synthese schrittweise reduzierte Anzahl von Optionen) durch Minimal- und Maximal-Limits.
- Analog zum Liefersystem können verschiedenfarbige Karten oder auch Markierungen zur Unterscheidung von verschiedenen Arten von Anforderungen (z. B. Themengebieten, Fachbereichen etc.) eingesetzt werden.

Aus dem Beispiel in Abbildung 13-2 ist bereits ersichtlich, dass der Fluss im Upstream anders als im Liefersystem gesteuert wird. Anstelle der im Bereich Liefersystem üblichen Maximal-Begrenzungen werden im Upstream-Bereich typischerweise Minimal- und Maximal-Limits genutzt.

Sie erinnern sich an die zu Beginn des Upstream-Abschnitts beschriebene Herausforderung? Das Zuviel und auch das Zuwenig an Nachschub soll damit durch klare Signale vermieden werden. Zu diesem Zweck wird der Trichter modelliert. Dies kann auf unterschiedliche Arten geschehen, z. B. unterstützt durch Regelungen wie Aussonderungskriterien oder auch eine Zeit-Guillotine (das regelmäßige automatische Schließen aller Optionen, die schon länger als x Wochen/Monate im Prozess sind).

Das Steuern der Optionen im Upstream kann durch spezifische Vereinbarungen unterstützt und konsistent gestaltet werden. Beispiele hierfür sind z. B. Eingangskriterien (was darf überhaupt in den Trichter hinein) sowie Kriterien zum Ablehnen in den folgenden Entscheidungsstufen.

Aufgrund der so unterschiedlichen Eigenschaften von Aufgaben gegenüber dem Liefersystem wird im Upstream mit anderen Kennzahlen gearbeitet. Hier ein paar Beispiele dafür, welche Daten gesammelt und ausgewertet werden können:

- Menge und Art der Anfragen
- Ablehnungsraten
- Zeit zwischen Anfrage und Umsetzungsbeginn
- Verweildauern in den einzelnen Stufen

Zur Koordinierung kann ein Upstream-Kanban-Meeting etabliert werden und analog zum Flow Review ein Upstream Review.

Sie haben nun einen kleinen Einblick in Upstream Kanban bekommen. Verfolgen Sie das Thema bei Interesse gern anhand der bereits genannten Quellen weiter. Das Etablieren eines Upstream-Boards ist eine Form des Skalierens, nämlich des Wachsens von Systemen. Diesem wenden wir uns nun im nächsten Abschnitt zu.

KAPITEL 14
Skalieren

In Kapitel 2 im Abschnitt »Skalierungsprinzipien« auf Seite 60 haben Sie bereits die Prinzipien der Skalierung kennengelernt. Im Rahmen dieses Buchs kann das Thema der Skalierung nur kurz angerissen werden. Ich werde Sie in den folgenden Abschnitten zunächst mit einigen typischen Entwicklungsmöglichkeiten vertraut machen. Abschließend finden Sie ein Beispiel, wie ein Netzwerk aus verknüpften Services, das das Ergebnis von Skalierung ist, aussehen kann.

Vielleicht erinnern Sie sich: Ausgehend von einem existierenden Kanban-System (z.B. für ein Team oder einen Service) wird dieses weiterentwickelt und/oder mit anderen Systemen verknüpft. Damit wird die Kanban-Methode auf einen größeren Bereich der Arbeit ausgeweitet und führt zu verbesserter Steuerung gerade im Zusammenspiel verschiedener Teile bzw. Services in der Organisation.

Das Wichtigste vorab: Während Kanban konkrete Prinzipien und Strukturen zur Skalierung mitbringt, liegt der eigentliche Schlüssel in der kontinuierlichen Weiterentwicklung der vorhandenen Kanban-Systeme. In diesem Rahmen werden Abhängigkeiten entdeckt, sichtbar und steuerbar(er) gemacht und durch Vereinbarungen abgedeckt.

Sie skalieren mit Kanban also schlicht und ergreifend durch die Anwendung von Kanban. Dies bedeutet auch, dass die »Skalierungskosten«, das heißt die Aufwände für diese zusätzliche Koordinierung, sehr gering sind.

Ein passendes Bild hierfür ist ein Netzwerk: Die Knotenpunkte stellen Services dar, die durch Kanban-Systeme oder auch anderweitig gesteuert werden (siehe Abbildung 14-1). Die Verbindungen symbolisieren die Interaktion untereinander, vor allem in Form des gegenseitigen Anforderns und Lieferns von Services. Ein Service kann von einem oder mehreren Kanban-Systemen erbracht werden.

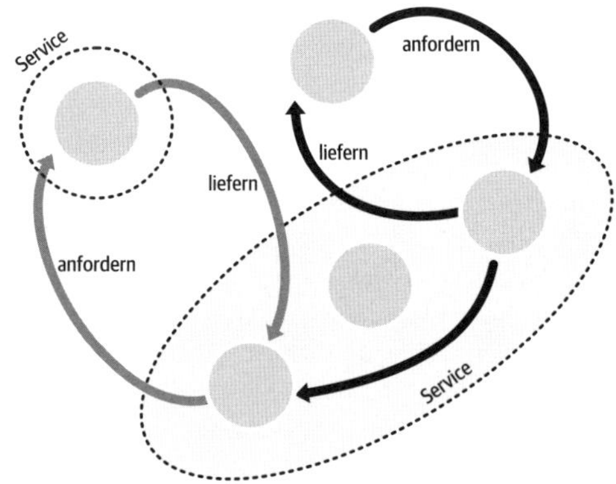

Abbildung 14-1: Skalieren als Services im Netzwerk

Ein Beispiel dafür, wie dies umgesetzt aussehen kann, finden Sie am Ende dieses Abschnitts. Lassen Sie uns vorher anschauen, wie der Weg dahin aussehen kann.

Wichtige Hinweise für die praktische Anwendung der Skalierungsprinzipien finden Sie im folgenden Kasten.

Der Schlüssel zum Skalieren: Folge der Arbeit!

»Manage Work, not Workers« – fokussieren Sie sich auf die Arbeit und darauf, wie sich diese durch die Organisation bewegt. Nutzen Sie die Serviceprinzipien als Basis.

Entdecken und steuern Sie also, wie sich Arbeitsanfragen zwischen dem Netzwerk von Services innerhalb Ihrer Organisation (und gegebenenfalls auch nach außen) bewegen.

Als Konsequenz davon wachsen Kanban-Systeme schrittweise durch ihre Weiterentwicklung in Form eines Netzwerks und folgen *nicht* einfach der Hierarchie in der Organisation.

Machen Sie sich daher bitte nicht direkt auf den Weg zum allumfassenden Über-Kanban-System! Zur Illustration des Vorgehens möchte ich Ihnen noch den »Nebel des Krieges« mitgegeben.

Nebel des Krieges

Diejenigen unter Ihnen, die Strategie- oder Aufbau-Simulationscomputerspiele wie Warcraft oder Command & Conquer kennen, sollten direkt ein Bild vor Augen haben: Gestartet wird mit einer Operationsbasis, nämlich Ihrem jetzigen Kanban-System, das Sie bereits implementiert haben. Darum herum ist zunächst Nebel. Aus diesem tauchen gelegentlich Figuren anderer Spieler, neue Informationen oder eben Arbeitsaufträge auf oder werden von Ihnen in eine bestimmte Richtung losgeschickt in der Hoffnung, dass diese bearbeitet werden.

Auf Ihrem Board zeigt sich das durch entstehende »Pfade« (Anfragen an andere) und ein größeres überschaubares Gebiet – der Nebel lichtet sich! Mit der Zeit ergibt sich ein immer vollständigeres Bild. Dieses sich ergebende Bild hat die Form eines wachsenden Netzwerks miteinander agierender Boards und nicht die eines einzigen riesigen Boards.

Erinnern Sie sich an die evolutionären Veränderungsprinzipien, die wir im Abschnitt »Veränderungsprinzipien« auf Seite 55 besprochen haben? Diese gelten auch hier, gehen Sie also Schritt für Schritt vor.

In verschiedene Richtungen wachsen

Um dieses beschriebene Netzwerk zu erreichen, genügt es also nicht, einfach die Hierarchie einer Organisation abzubilden. Kanban-Systeme können sich in eine oder mehrere Richtungen, auch Skalierungsdimensionen genannt, entwickeln. Wie ein Hefeteig dehnt sich das System in alle Richtungen aus.

Services werden sowohl lateral (also seitwärts auf der gleichen Ebene, z. B. Arbeiten benachbarter Abteilungen oder Teams) als auch in verschiedenen »Flughöhen« (also Arbeitspakete verschiedener Granularität) verknüpft. Außerdem werden »in der Tiefe« die Kommunikation und die Vereinbarungen für das Zusammenspiel der Services verbessert. Dies sind die Skalierungsdimensionen der Breite, Höhe und Tiefe, in die Sie im Folgenden einen kurzen Einblick bekommen.

Bevor es losgeht, nochmals zur Erinnerung: Der Ausgangspunkt hierfür ist stets ein bereits etabliertes Kanban-System! Entsprechend den Veränderungsprinzipien wird zunächst ein recht eigenständiges Kanban-System, also ein Knoten im Netzwerk, aufgebaut. Von diesem ausgehend wird dann Arbeit in sämtliche Richtungen weiterverfolgt, und die betroffenen Systeme werden entsprechend weiterentwickelt. Dies kann Änderungen innerhalb der Services oder Systeme als auch bei den Vereinbarungen zwischen verschiedenen Services nach sich ziehen.

In der Breite skalieren (Upstream und Downstream)

In dieser Richtung werden vor- oder nachgelagerte Aktivitäten im Arbeitsfluss schrittweise entdeckt und sichtbar gemacht. Dabei wird das Ziel verfolgt, den gesamten Arbeitsfluss zwischen Anfrage und Erfüllung der Kundenanfrage abzubilden, oft über mehrere Systeme verteilt. Dies ist eine sehr praktische Anwendung der Serviceorientierung und liefert oft einen wesentlichen Beitrag zu Verbesserungen.

Beim Skalieren in die Breite gibt es zwei typische Szenarien. Im Fall der »Bienen und Blümchen« verfolgt man die Frage »Wo kommen unsere Karten her?« Als Ergebnis wächst das System nach links (flussaufwärts) in Richtung Upstream. Ein weiteres mögliches und häufiges Szenario ist das Verbinden (Aggregieren) der Kanban-Systeme mehrerer Teams. Dabei werden die bisher getrennt umgesetzten Boards der Teams entsprechend der Reihenfolge im Arbeitsfluss in einem neuen Board aneinandergehängt und so im Gesamtbild dargestellt. Das ist reifegradtechnisch ein großer Fortschritt! Sie bewegen sich damit heraus aus der reinen Teamorientierung hin zu einer Serviceorientierung, wo Kundenanfragen von Anfang bis Ende verfolgt werden, unabhängig von den involvierten Parteien.

Nachdem wir nun »in der Breite« dem Arbeitsfluss flussauf- und -abwärts gefolgt sind, verändern wir nun unsere Flughöhe bzw. Zoomstufe.

In der Höhe skalieren

Hier geht es um eine Hierarchie von Arbeitsgegenständen: Beispielsweise werden Projekte oder Initiativen in mehrere Arbeitspakete aufgeteilt (heruntergebrochen), dies wiederum hat Arbeiten auf möglicherweise verschiedenen Team-Boards zur Folge. Das resultiert oftmals in miteinander verbundenen Systemen verschiedener Granularität. Diese werden auch *mehrstufige Systeme* genannt.

Stellen Sie sich das vor wie Google Maps: Je näher Sie heranzoomen, desto genauer werden die einzelnen Planquadrate, und desto mehr Details sehen Sie. Und natürlich ist es nicht möglich, ein ganzes Bundesland und gleichzeitig Details zu sämtlichen Trampolinen auf den Grundstücken zu sehen.

Ein Beispiel hierfür haben Sie bereits im einführenden Abschnitt »Eine Woche mit Kanban« auf Seite 36 kennengelernt: Projektleiter Per z.B. arbeitet hauptsächlich mit dem 101-Brands-Projekte-Board, auf dem alle aktuell in Vorbereitung oder Durchführung befindlichen Projekte auf Karten im Arbeitsfluss dargestellt sind. Dieses wird vom Projektmanagement-Office gemeinsam mit Führungskräften und der Projektleitung zur übergreifenden Steuerung aller Projekte eingesetzt. Projekte, die sich in der Umsetzung befinden, haben korrespondierende Arbeitspakete auf den jeweiligen Kanban-Boards der involvierten Teams. In diesen werden jeweils zugehörige technische und organisatorische Aufgaben abgebildet und gesteuert, die zum Erreichen des Projektziels nötig sind. Als ein Beispiel haben Sie das Team »Delta Machine« kennengelernt, das unter anderem Aufgaben aus dem Projekt bearbeitet. Diese befinden sich neben anderen Arbeiten auf Karten dargestellt auf dem Board des Teams. Diese Karten sind deutlich detaillierter, bilden also kleinere Arbeitsgegenstände ab und durchlaufen den spezifischen Arbeitsfluss des Teams.

Bei einer Hierarchie von Karten schreiten übergeordnete Karten typischerweise abhängig vom Fortschritt der untergeordneten Karten weiter in ihrem Arbeitsfluss voran. Die Projektkarten im Arbeitsfluss des übergeordneten 101-Brands-Projekte-Boards bewegen sich z.B. basierend auf dem Fortschritt der zugehörigen Karten auf dem Board des Teams Delta Machine und weiterer involvierter Teams voran. Weitere Beispiele hierfür haben Sie am Ende von Kapitel 12 in allen drei Interviews kennengelernt.

In den Systemen der verschiedenen Ebenen werden entsprechend passende Steuerungsmechanismen eingesetzt. Jedes System hat also seinen eigenen Satz Kadenzen (Regelmeetings), und einige haben einen übergreifenden Fokus.

In der Tiefe skalieren

Diese Dimension ist wohl am anspruchsvollsten. Die Skalierung in der Tiefe resultiert in Verbesserungen des Servicenetzwerks. Das geschieht vor allem durch Vereinbarungen zwischen den interagierenden Services sowie durch die Etablierung und Anwendung von Feedback-Schleifen. Kanban-Systeme sind ja mehr oder weniger gut gekoppelte Knoten in einem Netzwerk. Beim Skalieren in der Tiefe geht es um die Verbindungen dieser Systeme untereinander! Das Sichtbarmachen und schrittweise verbesserte Steuern dieser Verknüpfungen wirkt wie Leim zwischen den verschiedenen Organisationseinheiten und kann einen großen Effekt auf die Servicequalität haben.

Ich hoffe, Sie konnten sich ein erstes Bild davon machen, wie die Skalierung von Kanban-Systemen in den verschiedenen Richtungen praktisch erfolgen kann und welche Vorteile gewonnen werden können.

Beispiel: Verknüpfte Services

In diesem konkreten Beispiel wurden über den Zeitraum mehrerer Jahre ausgehend von einem Softwareentwicklungsteam, das mit Scrum arbeitete, sämtliche Skalierungsdimensionen verfolgt bis zu einem Zustand, der in Abbildung 14-2 dargestellt wird.

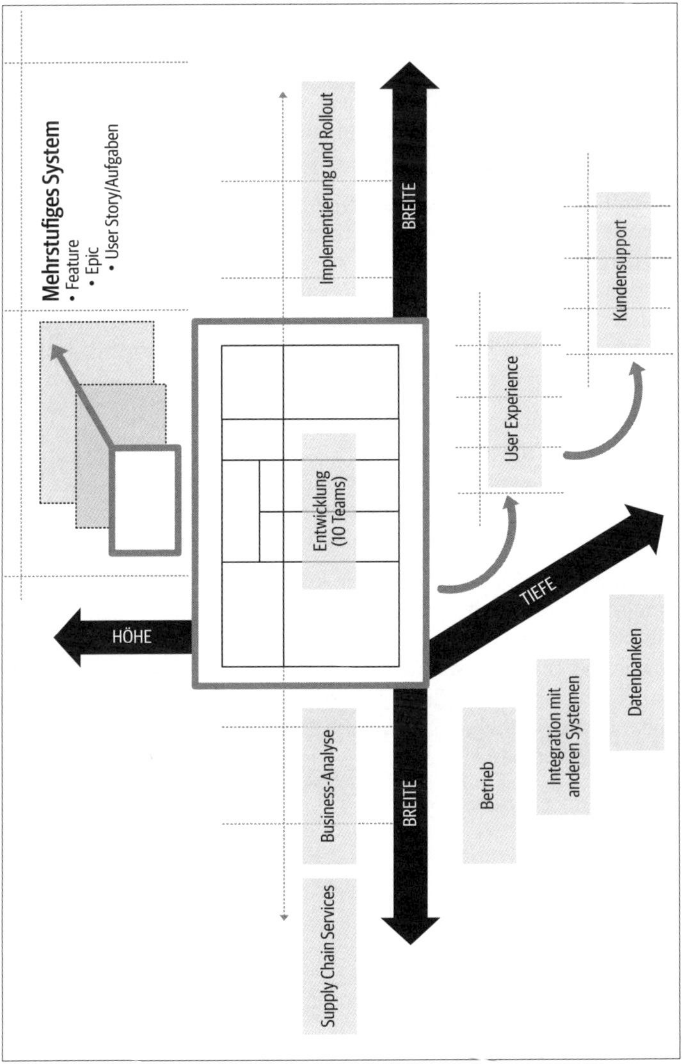

Abbildung 14-2: Beispiel für Skalierungsdimensionen

In der Höhe gibt es verschiedene Arbeitsgegenstände: *Features* werden in sogenannte *Epics*, also größere Funktionen, heruntergebrochen. An der Umsetzung von Epics sind oft mehrere Teams beteiligt, die dafür eigene (Teil-)Arbeitspakete z.B. in Form von *User Stories* oder auch technischen Aufgaben definieren und bearbeiten.

In der Breite war der Ausgangspunkt die Umsetzung von Software durch ein Team aus dem IT-Bereich. Hier wurden schrittweise die Fachbereiche (upstream) sowie downstream die für die Umsetzung bei den Geschäftskunden zuständigen Implementierungs- und Supportteams eingebunden. Schrittweise wurde also die gesamte Kette von der Identifizierung einer Idee oder Anfrage durch den Kunden bis hin zu dessen Verfügbarkeit in der konkreten Softwareapplikation des Kunden sichtbar gemacht.

In der Tiefe gab es deutlich bessere Absprachen beispielsweise zwischen den Fachbereichen und Umsetzungsteams bezüglich vorhandener Kapazitäten. Teams untereinander stimmen sich bei der Umsetzung der gemeinsam verantworteten Epics ab. Beim Start neuer Epics wird die Verfügbarkeit der benötigten Teams berücksichtigt.

Sie haben nun einen Einblick in praktische Wege zur Skalierung und möglicher Ergebnisse bekommen. Mit einer Kanban-Implementierung können Sie übrigens hervorragend Services übergreifend steuern, in die einzelne oder mehrere Scrum-Teams eingebunden sind. Außerdem gibt es mögliche Faktoren für eine Weiterentwicklung von Scrum in Richtung Kanban. Diese betrachten wir kurz im nächsten Abschnitt.

KAPITEL 15

Von Scrum zu Kanban

Wenn Sie nicht wissen, was Scrum ist, und Sie es nicht einsetzen, können Sie dieses Kapitel getrost überspringen.

Sie lesen trotzdem und sind neugierig? Scrum ist ein iterativ-inkrementelles Framework zur agilen Produktentwicklung, das meist zur Softwareentwicklung eingesetzt wird. Dieses Thema habe ich bewusst ganz an das Ende des Buchs gestellt, wollte es jedoch nicht ganz ausblenden. Wie Sie nun hoffentlich verstehen werden, sind Scrum und Kanban zwei ganz verschiedene Tiere. Ich habe gelernt, mich aus sämtlichen »X ist besser als Y«-Diskussionen herauszuhalten. Sowohl Scrum (Framework) als auch Kanban (Managementmethode) haben ihre Daseinsberechtigung.

Es geht viel eher um die Zielsetzung bei der Umsetzung und die Eignung für den jeweiligen konkreten Kontext. Kanban hat hier einen deutlich breiteren Einsatzbereich, den Sie in Kapitel 1 kennengelernt haben.

Der Veränderungsansatz und damit einhergehend die Umsetzung sind grundverschieden. Kanban verfolgt einen evolutionären Ansatz zu Veränderungen und setzt bei der Umsetzung stets auf der aktuellen Arbeitsweise und den vorhandenen organisatorischen Strukturen auf. Der Ansatz bei einer Scrum-Implementierung ist deutlich disruptiver. Bewusst wird hier gerade anfänglich auf Veränderungen in der Organisation, beispielsweise funktionsübergreifende Teams und auch neue Rollen, die etabliert werden, gesetzt, die geschaffen werden müssen, damit Scrum gut funktioniert.

Neben dem Veränderungsansatz gibt es weitere Aspekte. Ein weitverbreitetes Missverständnis ist, dass »ScrumBan« mehr oder weniger gelungene Mischformen von Scrum und Kanban bedeutet. Das ist falsch, und das Ergebnis oft schauderhaft ;). Tatsächlich beruht der Begriff ScrumBan auf dem Buch von Corey Ladas [Ladas 2009] und bezeichnet den schrittweisen Übergang vom einen zum anderen. Ein Scrum-Team wendet also nach und nach immer mehr Kanban-Prinzipien und -Praktiken an. Corey selbst bezeichnet ScrumBan als eine Reise.

In der Praxis sehen wir zwei typische Fälle, in denen es eine Entwicklung von Scrum hin zu Kanban gibt: Häufig hat Scrum einer Organisation anfänglich geholfen, und das Scrum-Team hat gute Ergebnisse damit erzielen können. Mit der Zeit haben sich Verbesserungen verlangsamt, und das Team hat sich schließlich auf einem Plateau wiedergefunden, auf dem Gründe für weitere Veränderungen nicht gesehen oder keine weiteren Verbesserungen initiiert wurden.

Im zweiten Fall waren Teams erfolgreich mit Scrum unterwegs, dann haben sich jedoch die Umstände verändert und zu einem dynamischeren Umfeld oder mehr Komplexität im Handling der Anforderungen geführt. Als ein Resultat war der strikte und in festen Iterationen verlaufende Managementrahmen von Scrum nicht mehr angemessen und führte zu Frustrationen.

Nachfolgend finden Sie ein paar typische Faktoren, die aus meiner Erfahrung heraus darauf hinweisen, dass es Tendenzen weg von Scrum hin zu Kanban gibt bzw. dass über Kanban nachgedacht werden sollte.

- Auf dem Scrum-Board entsteht ein Workflow (z. B. Spalten wie *Analyse*, *In Review* oder *Interaktionsdesign*). Es gibt Spezialisten im Team.
- Diese Spezialisten können nicht gleichmäßig im Sprint arbeiten, sondern haben Lastspitzen, z. B. am Sprintanfang oder Sprintende. (Eine Arbeit im kontinuierlichen Fluss löst dieses Problem einfach und effektiv.)
- Sprintziele/Zusagen können selten eingehalten werden, der Sprintschutz funktioniert nicht, da die Umgebung zu dynamisch ist. Dies findet man häufig z. B. bei Produkten oder Software nach deren Launch: Plötzlich operiert das Entwicklungs-

team nicht mehr geschützt, sondern bekommt z. B. von Kunden und den eigenen Mitarbeitenden aus Vertrieb und Support neuartige und oft dringende Anfragen. Diese betreffen z. B. Fehlerbehebung oder Anfragen zu neuer oder verbesserter Funktionalität.

- Es gibt wiederholte Experimente mit verkürzten Sprintlängen, da das Umfeld zu dynamisch ist, um den Sprintschutz sinnvoll aufrechterhalten zu können.
- Das Team kann nicht (mehr) autonom agieren und hat signifikante Abhängigkeiten mit anderen Bereichen der Organisation.
- Artefakte (User Stories) werden künstlich klein gehackt, um in einen Sprint zu passen.

Falls Sie einen oder mehrere dieser Faktoren bei sich beobachten, experimentieren Sie doch einfach mit ein paar Kanban-Praktiken und schauen, ob es hilfreich ist. Übrigens kann das im vorherigen Abschnitt beschriebene Upstream Kanban vorgelagert vor einem Scrum-Team eine spannende und effektive Kombination ergeben.

KAPITEL 16

Kanban-Coaching

Wahrscheinlich haben die meisten von Ihnen schon vom *Agile Coaching* bzw. von der Rolle des *Agile Coach* gehört. Diese Begriffe sind eher unscharf definiert und werden unter den verschiedensten Interpretationen genutzt. Die Spannbreite auch in der Effektivität ist sehr groß. Häufig ist mit Agile Coach im Scrum-Umfeld eine Weiterentwicklung eines Scrum Master gemeint, der nicht »nur« in Teams aktiv ist, sondern auch innerhalb der umgebenden Organisation arbeitet.

Typischerweise haben Agile Coaches Kenntnisse bzw. Schwerpunkte in verschiedenen Frameworks oder Methoden wie z.B. Scrum, Kanban oder SAFe. Leider ist gerade das Kanban-Wissen oftmals eher limitiert. Auch deshalb werden seitens der Kanban University die Prinzipien des Kanban-Coachings und die zugehörige Rolle explizit beschrieben. Da sich diese deutlich vom üblichen, eher allgemeinen Verständnis eines agilen Coachs abhebt, möchte ich an dieser Stelle die Chance nutzen, ein wenig die Werbetrommel dafür zu rühren.

Kanban-Coaching und auch die Rolle des Kanban-Coachs ist über den Ausbildungspfad als *Kanban Coaching Professional* recht eng definiert. Im Folgenden bekommen Sie einen kleinen Einblick in die Prinzipien des Kanban-Coachings und die Rolle des Kanban-Coachs. Damit können Sie sich ein grobes Bild machen und das Thema dann bei Interesse weiterverfolgen.

Kanban-Coach

Beginnen wir mit der Frage nach der Bestimmung eines Kanban-Coachs. Wozu gibt es ihn oder sie?

Die Kanban-Coaches unterstützen die Organisation dabei, verbesserte Geschäftsergebnisse zu erzielen. Sie beschleunigen Veränderungen, die in evolutionärer Weise (Schritt für Schritt) ohne massive Störungen im Geschäftsbetrieb durchgeführt werden. Wirkung:

- schnellere Ergebnisverbesserung mit geringeren Risiken
- verbesserte Dienstleistung(en)
- höhere Kundenzufriedenheit
- höherer organisatorischer Reifegrad
- die Möglichkeit, Verbesserungen nachhaltig auszuweiten

Um das zu erreichen, leistet der Kanban-Coach Hilfestellung bei der Einführung und Anwendung der Kanban-Praktiken, und zwar der zur richtigen Zeit für den Kontext passenden Praktiken. Dadurch wird die Leistungsfähigkeit für die im Fokus befindlichen Services oder in Teilen der Organisation verbessert.

Der Kanban-Coach unterstützt Führungskultur und Übernahme von Verantwortung für das eigene Arbeitssystem auf allen Stufen. Er oder sie moderiert Kanban-Regelmeetings bzw. nimmt beobachtend teil und gibt Verbesserungsimpulse.

Ein wichtiger Ansatz ist stets »Hilfe zur Selbsthilfe«: Kanban-Coaches übertragen schrittweise methodisches Wissen und bringen ihre Erfahrungen ein, um die Einführung möglichst glatt zu gestalten. Neben z.B. Trainings oder Workshops arbeiten sie gezielt mit benannten Schlüsselpersonen, da tieferes Wissen nicht gleichzeitig bei allen Beteiligten aufgebaut werden kann (siehe auch den Abschnitt »Trainingsstrategie« auf Seite 222). Als solche Schlüsselpersonen haben sich Mitarbeitende bewährt, die sich z.B. durch großes Interesse am Thema und/oder durch Vorbildung in Kanban oder angrenzenden Bereichen auszeichnen. Diese werden durch »Coach the Coach« unterstützt.

Abschließend noch eine Abgrenzung dazu, was Kanban-Coaches (zumindest in dieser Rolle) nicht tun. Ein Kanban-Coach wird nicht die operative Steuerung der Dienstleistung übernehmen. Er verfügt über keine Entscheidungsbefugnisse in der Organisation. Der Kanban-Coach ist beratend und coachend tätig. Die Führungsverantwortung liegt weiterhin in der Organisation.

Es ist wichtig, dass Führungskräfte mit dem Coach arbeiten, um ihre eigene Aufgabe besser erfüllen zu können. Sie sollten nicht versuchen, den Führungsjob an den Coach auszulagern.

Grundprinzipien des Kanban-Coachings

Hier finden Sie einen Kurzüberblick über die Kanban-Coaching-Prinzipien. Dies soll Ihnen einen ersten Eindruck vermitteln.

Das Kanban-Coaching basiert auf den in Kapitel 2 dieses Buchs beschriebenen evolutionären Veränderungsprinzipien. Darauf aufbauend, gibt es folgende Leitlinien:

- Verstehe den Kontext: Agiere pragmatisch, ausgehend von der Realität.
- Denke in Systemen: Betrachte stets das gesamte System im Netzwerk der Services. Wende Serviceorientierung an und vermeide den Fokus auf einzelne Teams. Beziehe Führungkräfte mit ein.
- Sei wie Wasser! Vermeide die Felsen. Betrachte Reorganisation als eine letzte, nicht die Standardoption.
- Begleite die Organisation dabei, den eigenen Weg zu finden.
- Führe mit Werten, mit Fokus auf Geschäftsergebnissen.
- Soziologie vor individueller Psychologie.

Ein wesentlicher Punkt ist in diesem Zusammenhang die kritische Betrachtung von Rahmenwerken oder Frameworks, die Organisationsstrukturen vorgeben. Vordefinierte, starre Rezepte sind aus Veränderungssicht schwierig und münden oftmals nicht in eine wirklich passende Lösung. Die Kanban-Coaching-Prinzipien empfehlen, gemeinsam mit allen Beteiligten durch Experimente in kleinen Schritten eine individuelle Lösung zu entwickeln. Es wird stets ein pragmatisches Vorgehen ohne Wunschdenken angestrebt. Dem vorhandenen Sozialgefüge wird Achtung entgegengebracht und hier üblicherweise Stabilität angestrebt. Reorganisation ist eine letzte Option, nachdem andere Möglichkeiten ausgeschöpft wurden.

Das langfristige Ziel von Veränderungen ist stets, positive Auswirkungen auf die Geschäftsergebnisse (wie z. B. Kundenzufriedenheit) zu erreichen. Dies wird in der Regel gemeinsam mit Verbesserungen des Arbeitsumfelds für Einzelne und Teams erreicht statt auf deren Kosten.

Sie sehen, hier spannt sich ein neuer Themenbereich auf, der eng mit Veränderungsprozessen und auch der Entwicklung von Führungskräften sowie Leadership verknüpft ist. Weitere Informationen finden Sie z. B. auf der Website *kmm.plus* und natürlich in der Coaching-Ausbildung.

Quellen

[Anderson 2011] David J. Anderson. Kanban: Evolutionäres Change Management für IT-Organisationen. dpunkt.verlag 2011. Auf Englisch das sogenannte Blue Book: Successful Evolutionary Change for Your Technology Business. Blue Hole Press 2010

[Anderson/Bozheva 2020] David J. Anderson, Teodora Bozheva. Kanban Maturity Model: A Map to Organizational Agility, Resilience, and Reinvention. Kanban University Press 2020

[Anderson/Bozheva 2021] David J. Anderson, Teodora Bozheva. Kanban Maturity Model: Handbuch für Agilität, Resilienz und Neuausrichtung in Organisationen, dpunkt.verlag 2021

[Anderson/Carmichael 2017] David J Anderson, Andy Carmichael. Die Essenz von Kanban – kompakt. dpunkt.verlag 2017

[Anderson/Zheglov 2018] David J Anderson, Alexei Zheglov. Fit for Purpose: Wie Unternehmen Kunden finden, zufriedenstellen und binden. dpunkt.verlag 2018

[Argyris/Schön 2018] Chris Argyris, Donald A. Schön. Die lernende Organisation: Grundlagen, Methode, Praxis. Schäffer-Poeschel 2018

[Baethge/Rigotti 2010] Anja Baethge, Thomas Rigotti. Arbeitsunterbrechungen und Multitasking. Dortmund: Bundesanstalt für Arbeitsschutz und Arbeitsmedizin 2010

[Burke 2023] W.Warner Burke. Organization Change: Theory and Practice. 6. Auflage. Sage Publications 2023

[Burrows 2015] Mike Burrows. Kanban: Verstehen, einführen, anwenden. dpunkt.verlag 2015

[Carmichael 2018] Andy Carmichael. *The Optics of Kanban: Lens and Filters*, 7. Sept. 2018: *https://www.infoq.com/presentations/kanban-lens-filters/*

[Dräther 2014] Rolf Dräther. Retrospektiven – kurz & gut. O'Reilly 2014

[Drucker 1969] Peter Ferdinand Drucker. The Age of Discontinuity: Guidelines to Our Changing Society. Butterworth-Heinemann 1969

[Goldratt 2013] Eliyahu M. Goldratt, Jeff Cox. Das Ziel: Ein Roman über Prozessoptimierung. Campus 2013

[Kahneman 2016] Daniel Kahneman. Schnelles Denken, langsames Denken. Penguin Verlag 2016

[Kanban Lens] *https://djaa.com/the-kanban-lens/*

[Kanter 1982] Rosabeth M. Kanter. *Dilemmas of managing participation*. Organizational Dynamics, 11(1) 1982, 5–27.

[Kim 2015] Gene Kim, Kevin Behr, George Spafford. Projekt Phoenix: Der Roman über IT und DevOps – Neue Erfolgsstrategien für Ihre Firma, O'Reilly 2015

[KMM] Kanban Maturity Model – Practices Map *https://www.kanbanmaturitymodel.com/?s=Practices+Map*

[Little] Informationen zum Gesetz von John D. C. Little siehe *https://de.wikipedia.org/wiki/Littles_Gesetz*

[Ladas 2009] Corey Ladas. ScrumBan: Essays on Kanban Systems for Lean Software Development. Modus Cooperandi Press 2009

[Steyaert 2017] LKNA17: End-to-End Flow with Customer and Upstream Kanban - Patrick Steyaert, *https://youtu.be/7nsdTZJss_8*

[Steyaert 2018] Patrick Steyaert. Essential Upstream Kanban. Lean-Kanban University Press 2018

[Weinberg 1992] Gerald M. Weinberg. Quality Software Management: Systems Thinking. Dorset House 1992, S. 284.

Index

U

V

W

Z

Über die Autorin

Susanne Bartel ist eine Kanban-Trainerin, Beraterin und Coach aus Hamburg. Unter der Flagge von flow.hamburg unterstützt sie gemeinsam mit ihrem Mann Andreas Organisationen dabei, Kanban passgenau und zielgerichtet einzuführen und effektiv anzuwenden.

Nach dem Studium der Technischen Informatik war sie bei Sun Microsystems zehn Jahre in verschiedenen Rollen – von der Projektingenieurin bis hin zur Programmmanagerin – tätig und hat vielfältige praktische Erfahrungen gesammelt und umfangreiches methodisches Wissen erworben. Im Anschluss an einen berufsbegleitenden MBA hat ihr Weg als Freiberuflerin sie 2009 über Scrum und das agile Coaching zu Kanban geführt. Seitdem ist sie begeistert dabeigeblieben.

An Kanban schätzt sie vor allem den sehr wirksamen und menschenorientierten Veränderungsansatz und die oft erstaunlichen Effekte durch die Anwendung vermeintlich einfacher Praktiken. Außerdem kann sie mit Organisationen verschiedenster Branchen auch außerhalb der IT zusammenarbeiten, was stets spannend und bereichernd ist.

Sie ist aktives und führendes Mitglied der weltweiten Kanban Community, arbeitet eng mit der *David J. Anderson School of Management* zusammen und unterstützt die Kanban University unter anderem bei der stetigen Weiterentwicklung des Kanban-Schulungsprogramms. Sie ist *Distinguished Fellow* der Kanban University, akkreditierte Trainerin und Beraterin.

Kolophon

Die Fische auf dem Cover von *Kanban – kurz & gut* sind Catlabarben (Labeo catla). Diese Fischart gehört zu den wichtigsten Speisefischen Asiens und wird vor allem in Aquakulturen gezüchtet. In natürlicher Umgebung kommt der große Karpfenfisch in Flüssen und Seen in Indien, Bangladesch, Myanmar, Nepal und Pakistan vor.

Auffällig sind der große Kopf mit dem hervorgestülpten Unterkiefer, der große, abgeflachte Körper, der von gräulich-silbrigen bis goldfarbenen Schuppen bedeckt ist, die weiße Unterseite und die etwas dunkleren Flossen.

Da die Tiere relativ jung abgefischt werden, ist nicht genau bekannt, wie alt und wie groß sie werden können. Man geht bei einem ausgewachsenen Fisch von einer Länge von 1,80 Meter und einem Gewicht von bis zu 110 Kilogramm aus. Das schwerste jemals geangelte Exemplar wog 36 Kilogramm. Für den Verzehr werden Tiere zwischen zwei und drei Kilogramm bevorzugt.

Catlabarben halten sich zum Fressen im Oberwasser und in den mitteltiefen Zonen der Gewässer auf und ernähren sich dort von Zoo- und Phytoplankton. Zum Laichen wandern die Fische normalerweise in der Monsunzeit die Flüsse hinauf. Wenn sie in Aquakulturen gehalten werden, wird die Fortpflanzung mit Hormoninjektionen befördert.

Die farbige Illustration auf dem Umschlag dieses Buchs stammt von Karen Montgomery, die hierfür einen antiken Stich von Goldsmith verwendet hat. Der Umschlag wurde von Karen Montgomery und Michael Oréal entworfen. Auf dem Cover nutzen wir die Schriften Gilroy Semibold und Guardian Sans, als Textschrift die Linotype Birka, die Überschriftenschrift ist die Adobe Myriad Condensed, und die Nichtproportionalschrift für Codes ist LucasFonts TheSans Mono Condensed. Das Kolophon hat Geesche Kieckbusch geschrieben.